信息技术应用创新系列丛书
新形态融媒体教材

达梦数据库应用与实践

姚 明 ◎丛书主编

邓小飞 张守帅 ◎主 编

李春红 高见斌 项阳阳 ◎副主编

电子工业出版社

Publishing House of Electronics Industry

北京·BEIJING

内 容 简 介

本书以"工资管理系统"后台数据库的规划、设计、部署、实例配置、应用和运维为主线,以项目任务的形式将全书划分为 9 个项目,主要包括数据库管理系统发展与现状、达梦数据库软件安装与卸载、达梦数据库实例创建与管理、达梦数据库体系结构说明、达梦数据库表空间管理、DMSQL 应用、达梦数据库用户管理、达梦数据库备份与还原、达梦数据库 Web 应用。本书最后 1 个项目通过 Web 技术(HTML、JavaScript、CSS、Node.js)和达梦数据库管理系统 V8,完成了工资管理系统的制作。

本书契合国产数据库市场人才需求,内容实用,示例丰富,形式新颖。为了帮助读者更好地学习和使用达梦数据库,本书配有微课视频、实验源码、电子教案、习题答案等资源,读者可登录华信教育资源网免费下载。本书适合职业院校、应用型本科院校相关专业的学生使用,也适合达梦数据库的初学者使用。

图书在版编目(CIP)数据

达梦数据库应用与实践 / 邓小飞,张守帅主编. —北京:电子工业出版社,2023.11

ISBN 978-7-121-46768-4

Ⅰ. ①达… Ⅱ. ①邓… ②张… Ⅲ. ①关系数据库系统 Ⅳ. ①TP311.138

中国国家版本馆 CIP 数据核字(2023)第 226833 号

责任编辑:关雅莉   特约编辑:徐 震
印   刷:涿州市京南印刷厂
装   订:涿州市京南印刷厂
出版发行:电子工业出版社
        北京市海淀区万寿路 173 信箱   邮编   100036
开   本:787×1 092   1/16   印张:18   字数:460.8 千字
版   次:2023 年 11 月第 1 版
印   次:2023 年 11 月第 1 次印刷
定   价:56.00 元

前言 | PREFACE

随着我国数字经济的高速发展，"十四五"时期，信息化进入加快数字化发展、建设数字中国的新阶段。加快数字化发展、建设数字中国，是顺应新发展阶段形势变化、抢抓信息革命机遇、构筑国家竞争新优势、加快建成社会主义现代化强国的内在要求，是贯彻新发展理念、推动高质量发展的战略举措，是推动构建新发展格局、建设现代化经济体系的必由之路，是培育新发展动能，激发新发展活力，弥合数字鸿沟，加快推进国家治理体系和治理能力现代化，促进人的全面发展和社会全面进步的必然选择。数据库管理系统是信息化建设的基座，发展具有自主知识产权的国产数据库管理系统，为我国信息化建设提供安全可控的基础软件，是推动信息化发展、维护信息安全的重要手段。

为推动国产数据库管理系统的人才培养，促进国产数据库的广泛应用，培养亟需的国产数据库开发、运维、迁移适配人才，解决国产数据库教材较少，传统数据库教学模式多偏重理论，缺乏数据库项目实践等痛点，本书在总结职业院校"数据库原理及应用"课程的基础上，以达梦数据库为蓝本，结合 1+X 证书《数据库管理系统职业技能等级标准》，由武汉职业技术学院与武汉达梦数据库股份有限公司共同开发，具备职业教育特色的《达梦数据库应用与实践》教材。教材内容以真实企业任务实践为基础构建，推动产教深度融合下数据库课程研发和师资队伍建设。教材按照项目式组织编写，内容涵盖国产数据库的发展现状，达梦数据库的安装部署，达梦数据库对象管理、数据管理和安全管理，以及达梦数据库备份和恢复等内容。读者掌握本书知识点后，可以参加 1+X 数据库管理系统（初、中）级认证考试，能够从事数据库开发、运维和迁移适配等工作岗位。

本书由姚明担任丛书主编，由张守帅、邓小飞担任主编，由李春红、高见斌、项阳阳担任副主编。本书具体编写分工如下：项目 1 和项目 9 由邓小飞编写，项目 4 由张守帅编写，项目 2 和项目 7 由李春红编写，项目 3 和项目 5 由高见斌编写，项目 6 和项目 8 由项阳阳编写，全书由张守帅统稿。

本书示例丰富、格式规范、形式新颖，采用项目式编写，在每个项目结束后，都有相应的练习题供读者巩固知识点。为了帮助读者更好地学习和使用达梦数据库，本书配有微课视频、实验源码、电子教案、习题答案等资源，读者可登录华信教育资源网免费下载。

由于作者水平有限，加之编写时间仓促，书中难免存在疏漏或不妥之处，恳请广大读者批评指正，欢迎读者通过电子邮件 zzs@dameng.com 与我们交流。

编　者

2022 年 7 月于武汉

本书微课视频资源

项目1　数据库管理系统发展与现状

达梦数据库软件安装与卸载　项目2

项目3　达梦数据库实例创建与管理

达梦数据库体系结构说明　项目4

项目5　达梦数据库表空间管理

DMSQL 应用　项目6

项目7　达梦数据库用户管理

达梦数据库备份与还原　项目8

项目9　达梦数据库Web应用

CONTENTS | 目录

项目 1

扫一扫获取微课

数据库管理系统发展与现状

>> ● **项目场景**

某公司因业务需求增长，需要开发工资管理系统，要求该系统需要具有协助人事部门管理员工的功能，还需要具有协助财务部门管理员工薪酬等功能。该公司引入计算机并结合数据库管理系统，这样不仅可以节省大量的人力资源，使事务处理更加规范，而且还能极大地提高工作效率。

本项目主要包括认识数据库系统、关系数据库常用概念、国产数据库现状与未来，以及"工资管理系统"需求分析说明等任务。通过本项目的学习，读者可以掌握设计工资管理系统中的创建数据库部分的方法。

>> ● **项目目标**

完成"工资管理系统"数据库的设计。

>> ● **技能目标**

❶ 了解数据库技术的相关概念。

❷ 了解关系数据库的相关理论知识。

❸ 了解国产数据库的现状及未来。

❹ 掌握 1NF、2NF、3NF 的定义和关系数据库的规范化。

❺ 掌握 E-R 图的设计过程。

>> ● **素养目标**

❶ 科学技术是第一生产力，努力学习国产数据库知识，践行强国有我的初心。

❷ 熟练使用国产数据库软件，建立科技自信。

任务 1.1　认识数据库系统

➤ 任务描述

学习数据库系统的基本概念、数据管理技术的产生和发展，了解常见的数据库，为开发"工资管理系统"数据库做准备。

➤ 任务目标

（1）了解数据库系统的基本概念。
（2）了解数据管理技术的产生和发展。
（3）了解数据库系统的特点。
（4）了解常见的数据库。

➤ 知识要点

1. 数据库系统的基本概念

数据库（Database）是一个长期存储在计算机内的、有组织的、可共享的、统一管理的大量数据的集合。数据库可以看作当年人们存放数据的电子文件柜，用户可以对数据库文件中的数据进行增加、删除、修改、查找等一系列操作。

在数字时代（又称数据时代），人们的生产和生活中充斥着大量的数据，数据的来源有很多，比如出行记录、消费记录、生产数据、浏览的网页内容、发送的消息等。这里的数据，除了文本类型的数据，还包括图像、声音等。也就是说，存储在计算机中并用来描述事物的记录都是数据。

在数字时代，充分有效地管理和利用各类信息资源，是进行科学研究和决策管理的前提条件。数据库技术是管理信息系统、办公自动化系统、决策支持系统等各类信息系统的核心部分，是进行科学研究和决策管理的重要技术手段。

数据库技术涉及许多基本概念，主要包括信息、数据、数据库、数据库管理系统、数据库管理员、数据库开发工程师和数据库系统等。

（1）信息。

信息（Information）是指现实世界事物的存在方式或运动状态的反映。信息具有可感知、可存储、可加工、可传递和可再生等自然属性，信息也是社会上各行各业不可缺少的、具有社会属性的资源。

信息论创始人克劳德·香农（Claude Elwood Shannon）认为："信息是人们对事物了解的不确定性的减少或消除的内容。"控制论之父诺伯特·维纳（Norbert Wiener）则指出："信息是人与外界相互作用的过程、互相交换内容的名称"。据不完全统计，有关信息的定义有100多种，它们从不同的侧面、不同的层次揭示了信息的特征与性质。在信息管理系统领域，一种被普遍接受的观点为"信息是经过加工的数据，它对接收者有用，对决策或行为有现实或潜在的价值。"参照这些定义，可以辨识出信息有三个方面的特征。

第一，信息是客观世界各种事物特征的反映。客观世界中任何事物都在不停地运动和变化，呈现出不同的特征，这些特征包括事物的有关属性状态，如时间、地点、程度、方式等。信息的范围极广，如气温变化属于自然信息，遗传密码属于生物信息，企业报表属于管理信息等。

第二，信息是可以通信的。信息是构成事物联系的基础。由于人们通过感官直接获得周围的信息极为有限，因此大量的信息需要通过各种仪器设备来获取和传输。

第三，信息形成知识。人们掌握了一定的信息就可以消除不确定性，更好地认识事物、区别事物并改造世界。

（2）数据。

数据（Data）是描述现实世界事物的符号记录，是指用物理符号记录下来的可以鉴别的信息。数据一般是指那些未经加工的事实或对客观事物的描述，它是信息的载体、信息的具体表现形式。数据的表现形式多种多样，不仅有数字、文本形式，还有图形、图像、声音、视频、学生的档案记录、商家的订单情况等形式，如当前的温度、一个人的体重及身高等。数据只是一种描述，没有特定的背景和意义。例如，单独看"20200828"就只是一组数字，不具有任何特定的含义，既可以将它视为日期，又可以视为文件的编号。

在实际应用中，数据和信息常常混淆，难以辨别。数据和信息的辨别取决于语义环境。例如，一个职工的工资对其个人来说是信息，但是对代办工资的银行系统来说就是数据。信息和数据是两个不同的概念，但两者之间又有着密切的联系。

第一，信息的表现形式是数据。数据是记录信息的一种形式，同样的信息也可以用文字或图像来表述。

第二，信息是经过加工后，并对客观世界产生影响的数据。例如，行驶中的汽车里程表上显示的数据是 120km/h，它仅仅是人们通过对汽车的行驶状态进行描述的数据符号而已，不一定成为信息。只有当驾驶员观察到里程表上的数据，经过思考与判断汽车行驶速度是快还是慢，从而做出加速或减速的决定时，120km/h 这个数据才成为信息。决策活动是信息存在的必要条件，这个属性可以很好地区分数据和信息。

（3）数据库。

数据库（Database，DB）是一个长期存储在计算机内的、有组织的、可共享的、统一管理的大量数据的集合。数据库中的数据按照一定的数据模型组织、存储和描述，具有较小的冗余、较高的数据独立性和易扩展性，并可为各种用户共享。

通过建立数据库，用户可以收集并抽取出应用所需要的大量数据，并将其保存，以供进一步加工处理，然后筛选出有用的信息，转换为有价值的知识。

（4）数据库管理系统。

数据库管理系统（Database Management System，DBMS）是一种用来建立、组织、存储和管理数据库的大型复杂的软件系统。该系统属于基础软件领域，是位于用户应用和操作系统之间的一层数据管理软件。

通过数据库管理系统，数据库管理员可以科学地组织和存储数据，高效地获取和维护数据，可以建立、使用和维护数据库，对数据库进行统一的管理和控制，保障数据库的安全性和完整性。

通过数据库管理系统，允许多个应用程序和用户使用不同的方法在同一时刻或者不同时刻去建立、修改和查询数据库，保证数据的安全性、完整性、多用户对数据的并发使用、发生故障后的系统恢复数据库等。访问用户可以通过 DBMS 访问数据库存储的数据、增加新的数据、修改数据和删除数据，数据库管理员也可以通过 DBMS 进行数据库的修改和查询。

数据库管理系统提供了数据定义语言（Data Definition Languages，DDL）、数据操纵语言（Data Manipulation Language，DML）、数据查询语言（Data Query Language，DQL）、数据控制语言（Data Control Language，DCL），如图 1-1 所示。DDL 用来定义数据库对象，即创建库、表、列等操作；DML 用来定义数据库记录（数据）；DQL 用来查询数据（记录）；DCL 用来定义访问权限和安全级别。

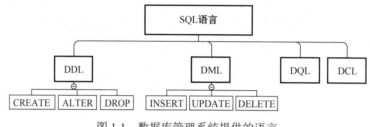

图 1-1　数据库管理系统提供的语言

（5）数据库管理员。

数据库管理员（Database Administrator，DBA）是负责管理和维护数据库管理系统的相关工作人员的统称，侧重于运维管理，属于运维工程师的一个分支，主要负责业务数据库从设计、测试到部署交付的全生命周期管理，包括数据库的安装、监控、备份、恢复等基本工作。

数据库管理员的核心工作是保证数据库管理系统的稳定性、安全性、完整性和高性能。

（6）数据库开发工程师。

数据库开发工程师（Database Developer）是负责数据库管理系统和数据库应用软件设计研发的相关工作人员的统称，侧重于基础软件和应用软件开发，属于软件研发工程师，但又有一部分运维工作的内容。他们主要从事软件研发的工作，但同时也参与数据库生产环境的问题优化和解决，工作过程会覆盖需求、设计、编程和测试四个阶段。

研发的软件在内容上分为基础软件和应用软件，所以数据库开发工程师可以分为两大发展方向：数据库内核研发和数据库应用软件研发。

① 数据库内核研发：主要负责设计和研发数据库管理系统，重点关注的是数据库管理系统内部架构的设计和实现，比如 MySQL 分支的开发、Oracle 10g 新特性开发等。

② 数据库应用软件研发：主要负责设计和研发数据库管理系统衍生的各种应用软件产品，重点关注的是数据库外部应用软件产品架构的设计和实现，比如分布式数据库、数据库中间件等。数据库开发工程师需要掌握的技术栈如图 1-2 所示。

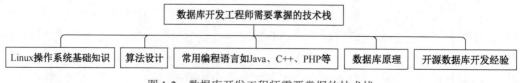

图 1-2　数据库开发工程师需要掌握的技术栈

数据库开发工程师属于专项领域的高质量技术人才，市场需求旺盛，薪酬较高，往往高于软件研发工程师。随着经验和技术的深度积累，越资深的数据库开发工程师往往薪酬越高。

（7）数据库系统。

数据库系统（Database System，DBS），是指在计算机系统中引入数据库后的系统构成，由硬件和软件共同组成。硬件部分主要用于数据库中的数据存储，包括计算机、存储设备等。软件部分主要包括数据库管理系统、支持数据库管理系统运行的操作系统，以及支持多种语言进行应用开发的访问技术等。数据库在计算机系统中的位置如图1-3所示。

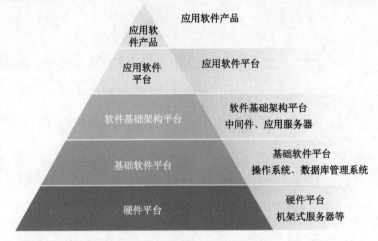

图1-3　数据库在计算机系统中的位置

一个完整的数据库系统一般由数据库、硬件、软件和人员组成。硬件配置应满足整个数据库系统的需要，主要包含服务器等。软件包括应用程序、服务器操作系统（如麒麟操作系统）、数据库管理系统（如达梦数据库）等，数据库系统结构如图1-4所示。

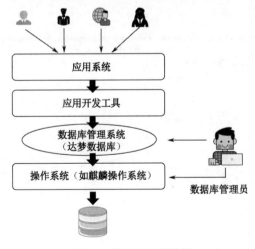

图1-4　数据库系统结构

2．数据管理技术的产生和发展

数据管理是指对各种数据进行分类、组织、编码、查询和维护，主要经历了三个阶段，即人工管理阶段、文件系统阶段和数据库系统阶段。每个阶段都是以减少数据冗余、增强数据独立性和方便操作数据为目的进行发展。

（1）人工管理阶段。

在计算机出现之前，人们主要利用纸张和计算工具（如算盘和计算尺）来进行数据的记录和计算，依靠大脑来管理和利用数据。

到了 20 世纪 50 年代中期，这时计算机刚刚开始萌芽，还没有类似于磁盘等专门管理数据的存储设备，只有纸带、卡片和磁带等外存。所以计算机只能局限于科学技术方面，主要用于科学计算。

也就是说，在人工管理阶段，数据主要存储在纸带、磁带等介质上，或者直接通过手工来记录。

人工管理阶段的特点如下。

① 数据不能长期保存，数据主要用于科学计算，对数据保存的需求不迫切。

② 不便于查询数据。

③ 数据不能共享，数据是面向程序的，一组数据只能对应一个程序，冗余度大。

④ 数据不具有独立性，程序依赖数据，如果数据的类型、格式、输入输出方式等逻辑结构或者物理结构发生变化，则必须对应用程序做出相应的修改。

（2）文件系统阶段。

在 20 世纪 50 年代末到 20 世纪 60 年代中期，计算机中的磁盘和磁鼓等直接存储设备开始普及。这时可以将数据存储在计算机的磁盘上，这些数据都是以文件的形式存储，然后通过文件系统来管理这些文件。

与人工管理阶段相比，文件系统阶段使数据管理变得简单。但是这些文件中的数据没有进行结构化管理，查询起来仍旧不方便。

麒麟操作系统的文件系统界面如图 1-5 和图 1-6 所示。

图 1-5　麒麟操作系统的文件系统界面 1

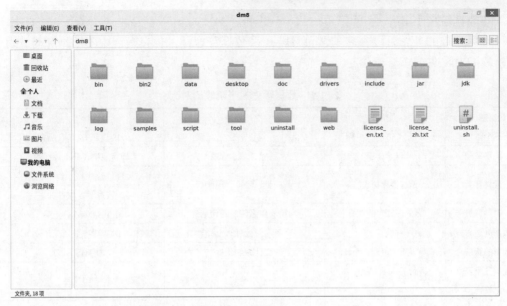

图 1-6　麒麟操作系统的文件系统界面 2

文件系统阶段的特点如下。

① 数据可以长期保存。

② 数据由文件系统来管理。

③ 数据冗余大，共享性差。

④ 数据独立性差。

⑤ 无法应对突发事故（如文件误删，磁盘故障等）。

（3）数据库系统阶段。

在 20 世纪 60 年代后期，随着计算机网络技术的发展和计算机软/硬件的进步，出现了数据库技术，该阶段就是所谓的数据库系统阶段。

数据库系统阶段使用专门的数据库来管理数据，用户可以在数据库系统中建立数据库，然后在数据库中建立表，最后将数据存储在这些表中。用户可以直接通过数据库管理系统来实现对表中数据的增删改查。数据库系统阶段的工作原理如图 1-7 所示。

相对于文件系统来说，数据库系统实现了数据结构化。在文件系统中，独立文件内部的数据一般是有结构的，但文件之间不存在联系，因此整体来说是没有结构的。数据库系统虽然也常常被分成许多单独的数据文件，但是它更注意同一数据库中各数据文件之间的相互联系。

数据库系统阶段的特点如下。

① 数据由数据库管理系统统一管理和控制，保证了数据的安全性、完整性，及并发性控制。

② 数据结构化。

③ 数据共享性高、冗余度低且容易扩充。不同的应用程序根据处理要求从数据库中获取需要的数据，这样就减少了数据的重复存储。

④ 数据独立性高。

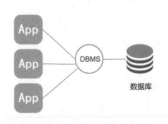

图 1-7　数据库系统阶段的工作原理

⑤数据粒度小。

数据管理的各个阶段都有其背景及特点，数据管理技术也在发展中不断地完善，其三个阶段的对比见表1-1。

表1-1　数据管理三个阶段的对比

数据管理的三个阶段	人工管理（20 世纪 50 年代中期）	文件系统（20 世纪 50 年代末至 60 年代中期）	数据库系统（20 世纪 60 年代后期）
应用背景	科学计算	科学计算、管理	大规模数据、分布数据的管理
硬件背景	无直接存储设备	磁带、磁盘、磁鼓	大容量磁盘、可擦写光盘、按需增容磁带机等
软件背景	无专门管理的软件	利用操作系统的文件系统	由 DBMS 支撑
数据处理方式	批处理	联机实时处理、批处理	联机实时处理、批处理、分布处理
数据的管理者	用户/程序管理	文件系统代理	DBMS 管理
数据应用及其扩充	面向某一应用程序，难以扩充	面向某一应用系统，不易扩充	面向多种应用系统，容易扩充
数据的共享性	无共享、冗余度极大	共享性差、冗余度大	共享性好、冗余度小
数据的独立性	数据的独立性差	物理独立性好、逻辑独立性差	具有高度的物理独立性、具有较好的逻辑独立性
数据的结构化	数据无结构	记录内有结构、整体无结构	统一数据模型、整体结构化
数据的安全性	应用程序保护	文件系统保护	由 DBMS 提供完善的安全保护

3．常见的数据库

（1）Access 数据库。

Microsoft Office Access 是一种由微软发布的关系数据库管理系统，是适用于小型企业或大公司的部门制作、处理数据的桌面系统。

（2）MySQL 数据库。

MySQL 是一种小型的关系数据库管理系统，由瑞典 MySQL AB 公司开发，后被 Oracle 公司收购。MySQL 是较为流行的关系数据库管理系统之一，目前主要用于教学和搭建小型数据库管理系统。

（3）Oracle 数据库。

Oracle Database，又名 Oracle RDBMS，简称 Oracle。Oracle 数据库系统是美国 Oracle 公司（甲骨文）提供的以分布式数据库为核心的一组软件产品，支持多用户，大事务量的事务处理，在保持数据安全性和完整性方面性能优越。

（4）SQL Server 数据库。

SQL Server 是由微软公司开发的一种关系数据库管理系统产品。

（5）DB2 数据库。

DB2 是美国 IBM 公司开发的一种关系数据库管理系统，它的主要运行环境为 UNIX、Linux、IBM i（旧称 OS/400）、z/OS 及 Windows 服务器等操作系统。

（6）SQLite 数据库。

SQLite 是一种轻型的数据库，它的设计目标是用于嵌入式开发，占用存储空间较少。

（7）PostgreSQL 数据库。

PostgreSQL 是一种功能非常强大的且源代码开放的客户/服务器关系数据库管理系统。

 # 任务 1.2　关系数据库常用概念

> ## 任务描述

学习数据模型的概念、数据模型的分类、关系数据库、数据的规范化、E-R 图的设计，为开发"工资管理系统"数据库做准备。

> ## 任务目标

（1）了解数据模型的概念。
（2）了解数据模型的分类。
（3）了解关系数据库。
（4）了解数据的规范化。
（5）掌握 E-R 图的设计方法。

> ## 知识要点

1．数据模型的概念

数据模型（Data Model）是现实世界数据特征的抽象，用于描述一组数据的概念和定义。数据模型是数据库中的数据存储方式，是数据库系统的基础。

在数据库中，数据模型描述了在数据库中结构化和操纵数据的方法，模型的结构部分规定了数据如何被描述（如树、表等），模型的操纵部分规定了数据的添加、删除、显示、维护、查找、选择、排序和更新等操作。

2．数据模型的分类

按照数据的组织形式分，常用数据库的数据模型可以分为层次模型、网状模型和关系模型三种。

（1）层次模型。

层次模型（Hierarchical Model）表示数据间的从属关系结构，是一种以记录某一事物的类型为节点的树状结构。

层次模型像一棵倒置的树，也像网页的 DOM 结构，树根节点在上，层次最高，树干节点和子节点在下面，逐层排列。

层次模型的主要特征如下。

① 根节点仅有一个。

② 根节点以外的子节点，向上只有一个父节点，向下有若干子节点。

层次模型表示从根节点到子节点的一个节点对多个节点，或从子节点到父节点的多个节点对一个节点的数据间的关系。

（2）网状模型。

网状模型（Network Model）是层次模型的扩展，表示多个从属关系的层次结构，呈现一种交叉关系的网络结构。

网状模型是以记录为节点的网络结构。它的主要特征如下。

① 有一个以上的节点无双亲。

② 至少有一个节点有多个双亲。

网状模型可以表示较为复杂的数据结构，即可以表示数据间的纵向关系和横向关系。这种数据模型在概念上和结构上都比较复杂，操作上也有很多不便。

（3）关系模型。

关系模型（Relational Model）的"关系"有特定的含义，从广义上说，任何数据模型都可以描述一定的事物、数据之间的关系；从狭义上说，又特指那种虽然具有相关性而非从属性的平行数据之间按照某种序列排列的集合关系。

员工工资信息登记表就是一种关系模型，见表 1-2。

表 1-2　员工工资信息登记表

员工编号	姓名	部门编号	部门名称	岗位名称	总工资	入职日期
1001	马学铭	101	总经理办	总经理	30000	2018-05-30
11142	林子程	1105	技术支持部	技术支持工程师	9809	2019-06-16
11143	张智春	1105	技术支持部	技术支持工程师	9799	2019-08-06
11144	沈连连	1105	技术支持部	技术支持工程师	9790	2019-09-26

关系模型的主要特征如下。

① 关系中每一个数据项不可再分，是最基本的单位。

② 每一竖列的数据项是同属性的。列数根据需要而定，且各列的顺序是任意的。

③ 每一横行的记录由一个事物的诸多属性项构成，记录的顺序可以是任意的。

④ 一个关系是一张二维表，不允许有相同的字段名，也不允许有相同的记录行。

关系模型是目前运用较为广泛的一种数据模型，也是理论研究较为完备的一种数据模型。

3．关系数据库

关系数据库是若干个按照关系模型设计的数据表文件的集合。也就是说，关系数据库是由若干张完成关系模型设计的二维表组成的。一张二维表为一个数据表，数据表包含数据及数据间的关系。

一个关系数据库由若干个数据表组成，数据表又由若干个记录组成，而每一个记录由若干个以字段属性加以分类的数据项组成。

通常，一个关系数据库中会有许多独立的数据表，而且它们是相关的，这为数据资源实现共享并充分利用提供了极大的便利。

关系数据库以与数学方法相一致的关系模型设计的数据表为基本文件，每个数据表之间具有独立性，而且若干个数据表之间又具有相关性，这一特点使其具有极大的优越性，并被广泛应用。

关系数据库的主要特点如下。

① 以面向系统的观点组织数据，使数据具有最小的冗余度，支持复杂的数据结构。

② 数据和程序具有高度独立性，用户的应用程序与数据的逻辑结构和物理存储方式无关。

③ 由于数据具有共享性，数据库中的数据可以为多个用户服务。

④ 关系数据库允许多个用户同时访问，而且提供了各种控制功能，保证数据的安全性、完整性和并发性控制。安全性控制可防止未经允许的用户存取数据；完整性控制可以保证数据的正确性、有效性和相容性；并发性控制可以防止多用户并发访问数据时，由于相互干扰而产生的数据不一致。

4．数据的规范化

关系模型是以关系集合理论中重要的数学原理为基础的，通过创建某一关系中的规范化原则，既可以方便数据库中数据的处理，又可以给程序设计带来方便。这一规范化准则称为数据规范化（Data Normalize）。

关系模型的规范化理论是研究如何将一个不合理的关系模型转化为一个最佳的关系模型的理论，它是围绕范式而建立的。

范式（Normal Form）是由英国人 E.F.Codd 博士在 20 世纪 70 年代提出关系数据库模型后总结出来的，主要是为了解决关系数据库中数据冗余、更新异常、插入异常、删除异常等问题而引入的设计理念。简单来说，数据库范式可以避免数据冗余，减少数据库的存储空间，并且减少维护数据完整性的成本。范式是关系数据库的核心技术之一，也是从事数据库开发人员的必备知识，是在设计数据库结构过程中所要遵循的规则和指导方法。

规范化理论认为，关系数据库中的每个关系都要满足一定的规范。根据满足规范条件的不同，可以划分为 5 种等级，满足最低要求的范式是第一范式（1NF）。在第一范式的基础上进一步满足更多规范要求的范式被称为第二范式（2NF），其余范式依次类推，各种范式之间的关系如图 1-8 所示。

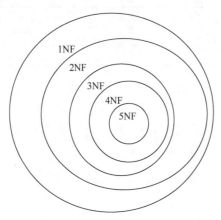

图 1-8　各种范式之间的关系

一般来说，数据库只需要满足第三范式（3NF）即可。第一范式、第二范式、第三范式定义如下。

（1）第一范式（1NF）：是指在关系模型中，对于添加的一个规范要求，所有的域都应该是原子性的，即数据库表的每一列都是不可分割的原子数据项，而不能是集合、数组、记录等非原子数据项。即实体中的某个属性有多个值时，必须拆分为不同的属性。

（2）第二范式（2NF）：要求实体的属性完全依赖于主关键字，消除非主属性对主码的部分函数依赖。

（3）第三范式（3NF）：任何非主属性不依赖于其他非主属性，消除传递依赖。

以表 1-2 中的员工工资信息登记表为例，首先分析是否满足第一范式。为区别员工的唯一性，所以一般选择员工编号作为主键（又称为主码）。在一般的场景中，总工资包含基本工资、奖金和扣除三项，所以可以将表 1-2 中的工资信息列拆分为三列，见表 1-3。

表 1-3　对总工资表按照第一范式拆分

员工编号	基本工资	奖金	扣除
1001	18 000	12 000	0
11142	8 000	1 809	191
11143	8 000	1 799	201
11144	8 000	1 790	210

其次，分析是否满足第二范式。每位员工只能在一个部门，每个部门存在唯一的编号和部门名称，部门名称依赖于部门编号而非员工编号。因此，需要将表 1-3 中剩下的 5 列拆分成两张表，拆分情况见表 1-4 和表 1-5。

表 1-4　员工信息表

员工编号	姓名	部门编号	岗位名称	入职日期
1001	马学铭	101	总经理	2018-05-30
11142	林子程	1105	技术支持工程师	2019-06-16
11143	张智春	1105	技术支持工程师	2019-08-06
11144	沈连连	1105	技术支持工程师	2019-09-26

表 1-5　部门信息表

部门编号	部门名称
101	总经理办
1105	技术支持部

如果将这三张表的数据汇总到一个表中，表的结构会十分复杂，且部门信息有很多重复数据出现，这样会造成数据冗余，必将浪费数据存储空间。按照数据规范化准则可以建立多个相互关联的数据表，并让这些分开的数据表依靠关键字段保持一定的关联，就可以有效地改进上述缺点。

5. 设计 E-R 图

概念模型用于信息世界的建模，是现实世界到信息世界的第一层抽象，是用户与数据库设计人员之间进行交流的语言。概念模型一方面应该具有较强的语义表达能力，能够方便、直接地表达应用中的各种语义知识，另一方面还应该简单、清晰、易于用户理解。

概念模型中常用的方法为实体-联系方法（Entity-Relationship Approach），简称 E-R 方法。该方法直接从现实世界中抽象出实体和实体之间的联系，然后用 E-R 图来表示数据模型。

E-R 图，也称实体关系图，用于显示实体集之间的关系。它提供了一种表示实体类型、属性和连接的方法，用来描述现实世界的概念模型。E-R 模型是数据库的设计或蓝图。在数据分析的基础上，就可以着手设计概念结构，即设计 E-R 图。

（1）E-R 图的基本要素。

① 实体（Entity）：是客观上可以相互区分的事物，可以是具体的人或物，也可以是抽象的概念与联系。例如，一个员工、一个部门都是实体。

② 联系（Relationship）：是信息世界中反映实体内部或实体之间的关联。例如，员工和部门之间的"属于"关系。

③ 属性（Attribute）：是实体所具有的某一特性。一个实体可以由若干个属性来刻画。例如，员工实体包含员工编号、姓名、部门编号、入职日期、岗位名称等属性。

（2）E-R 图的组成。

① 矩形框：表示实体，在框中记入实体名，如产品、零件等。

② 菱形框：表示联系，在框中记入联系名，如组成、材料等。

③ 椭圆框：表示属性，在框中记入属性名，如产品名、价格、材料名、零件名等。

（3）设计 E-R 图的步骤。

① 先设计局部 E-R 图（也称用户视图），步骤如下。

a. 确定局部概念模型的范围。

b. 定义实体。

c. 定义联系。

d. 定义属性。

e. 逐一画出所有的局部 E-R 图，并附上相应的说明文件。

② 综合各局部 E-R 图，形成总 E-R 图，即用户视图的集成，步骤如下。

a. 确定公共实体类型。

b. 合并局部 E-R 图。

c. 消除不一致因素。

d. 优化全局 E-R 图。

e. 画出全局 E-R 图，并附上相应的说明文件。

（4）E-R 图中的实体之间是存在联系的，用无方向的实线表示，线的两端分别标识实体之间的对应关系，对应关系一共分为 3 类：一对一、一对多和多对多的关系。

① 一对一联系（1∶1 联系）。

对于数据表 A 或者实体集 A 中的每一个实体，实体集 B 中最多有一个实体与之联系，反之亦然，则称实体集 A 与实体集 B 具有一对一联系，记为 1∶1。

② 一对多联系（1∶n）。

对于实体集 A 中的每一个实体，实体集 B 中有 n 个（$n \geqslant 0$）实体与之联系。反之，对于实体集 B 中的每个实体，实体集 A 中最多有一个实体与之联系，则称实体集 A 与实体集 B 具有一对多联系，记为 1∶n。例如，部门与员工之间的关系是 1∶n 的联系。一个部门可以有多名员工，但是每个员工只能属于一个部门。

③ 多对多联系（m∶n）。

对于实体集 A 中的每一个实体，实体集 B 中有 n 个（$n \geqslant 0$）实体与之联系。反之，对于实体集 B 中的每一个实体，实体集 A 中也有 m 个（$m \geqslant 0$）实体与之联系，则称实体集 A 与实体集 B 具有多对多联系，记为 $m:n$。

任务 1.3　国产数据库的现状和未来

> **任务描述**

了解国产数据库的现状及未来，为开发"工资管理系统数据库"做准备。

> **任务目标**

（1）了解国产数据库的发展历史。
（2）了解国产数据库的发展趋势。
（3）了解国产数据库的典型行业应用。

> **知识要点**

1.　国产数据库的发展趋势

数据库是计算机行业的核心基础软件，所有应用软件的运行、数据处理及分析都要与数据库进行数据交互，完成数据库的增删改查工作。伴随着计算架构的变化、计算载体的变化和计算场景的变化，人们不仅对计算的操作系统有了较高的要求，而且对数据库也提出了更高的需求。

随着信息技术产业的发展和我国经济数字化转型的需要，数据库应用市场蓬勃发展，因此很多企业客户对基础软件的付费意愿和 IT 占比逐年提升，国产数据库长期发展的趋势越来越好。据统计，2020 年我国数据库市场规模达到 247.1 亿美元，同比增长 16.2%。到 2025 年，我国数据库市场规模有望接近 700 亿美元。

数据库作为提供数据存储与处理能力的基础软件产品，是助力数据价值释放的核心引擎。随着数据逐步跃升为生产要素和建设数字中国的发展愿景，其重要性也进一步提高，市场格局正在悄悄变化，国产数据库从市场边缘逐渐走上舞台中央，成为一股不可忽视的新兴力量，我国数据库产业也将引来新一轮变局。

从产业角度看，随着信息技术的推进，新一轮科技革命和产业变革方兴未艾，给社会经济发展带来深远影响。一方面新技术、新变革催生新需求，数据成为数字经济时代的关键生产要素，数据管理在企业发展中的战略地位日益凸显，我国数据库市场正展示出巨大的发展潜力，国产数据库产业进入飞速发展的黄金时期。另一方面，新型基础设施的建设将传统数据库市场转移到了线上。

从产业发展角度看，开源模式提高了数据库产品开发迭代的效率，同时开源也有助于产品的技术创新，企业可以围绕产品布局推进产品的生态建设，包括人才培养、企业文化、配套周边产品等。在移动互联网向产业互联网转型和发展的过程中，开源成为国产数据库厂商的驱动模式。

从技术角度看，随着产业互联网的发展，数据每日呈指数级增长，且呈现了多模态特性。面对海量、复杂的数据，越来越多种类的数据库出现，需要数据库管理员手动调试的范围越来越广，人工能力逐步跟不上数据库技术的发展和数据的海量增长。如何通过 AI 优化算法，对查询优化、缓存优化、数据处理、负载均衡设计等任务进行有效预测、分析和自动化，减少人工成本，提升数据库的性能，将成为国内各数据库厂商的努力方向。

在我国云计算、"上云用数赋智"发展的大背景下，国内企业正在推动数据库向云端迁移和云原生能力的使用，以实现资源弹性和业务敏捷性，同时节约成本。

未来几年，随着达梦、人大金仓、华为、阿里等企业的不断创新，数据库的云迁移将进入客户的核心业务场景。

随着数字化技术的发展和电子设备产品的普及，产生了大量的照片、视频、文档等非结构化数据，人们也想通过大数据技术找到这些数据的关系，所以设计了一个比数据仓库还要大的系统，可以把非结构化和结构化数据共同存储和做一些处理，这个系统叫作数据湖。

随着当前大数据技术应用趋势，越来越多的企业对单一的数据湖和数据仓库架构并不满意，开始融合数据湖和数据仓库的平台，不仅可以实现数据仓库的功能，同时还实现了不同类型数据的处理功能、数据科学、用于发现新模型的高级功能。

湖仓一体是一种新型开放式架构，也是国产数据库技术的发展方向。将数据湖和数据仓库的优势充分结合，它构建在数据湖低成本的数据存储架构之上，又继承了数据仓库的数据处理和管理功能，打通数据湖和数据仓库两套体系，让数据和计算在湖和仓之间自由流动。

2．国产数据库的发展历史

我国数据库的发展历程可分为技术萌芽期（20 世纪 70 年代至 90 年代）、国产萌芽期（21 世纪初）、快速发展期（21 世纪 10 年代至今）。

1977 年 11 月 9 日，在黄山召开第一次数据库年会。中国计算机学会下设的数据库专业委员会就是我国开始数据库研究的起源。中国高校和企业先后研发了 Kingbase 系列数据库产品、达梦数据库产品、南大通用数据库、TDSQL（稳定支撑腾讯海量计费交易）、神州通用数据库等。伴随着互联网、云计算、大数据等技术的发展，许多国内云计算厂商纷纷加入国产数据库建设市场，先后研发出分布式数据库 OceanBase、分布式数据库 SequoiaDB、分布式关系数据库 TiDB、云原生数据库 CynosDB、openGauss 等。国产数据库行业进入百花齐放、百家争鸣的阶段。截至目前，国产数据库的厂商数量已经超过 200 家。国产数据库软件从性能到易用性，已经达到行业领先水平。

3．国产数据库的典型行业应用

金融、电信、政务、制造和互联网是国内数据库产品及服务采购份额位列前五名的行业，采购总和占据数据库市场份额的八成以上。

传统金融机构（银行、证券、保险）和电信运营商行业对数据一致性要求极高，主要应用以关系数据库为主，根据相关行业数据统计，我国金融行业各类数据库占比分别为 Oracle 占比 55%，DB2 占比 19%，MySQL 占比 13%，PostgreSQL 占比 6%，其他数据库占比 7%。近几年，金融和电信行业的数据库产品都陆续向国产数据库升级。金融行业核心系统数据库的升级案例见表 1-6。

表 1-6　金融行业核心系统数据库的升级案例

机构主体	项目描述	项目实践
湖北银行	达梦数据库承载核心系统	2019 年
张家港银行	腾讯云 TDSQL 上线核心系统	2020 年
邮储银行	开源数据库 openGauss 上线新一代核心系统	2021 年

 任务 1.4　"工资管理系统"需求分析说明

> ➤　**任务描述**

对"工资管理系统"需求进行分析说明，为开发"工资管理系统"数据库做准备。

> ➤　**任务目标**

（1）了解"工资管理系统"需求。
（2）掌握设计"工资管理系统"E-R 图的方法。

> ➤　**知识要点**

本书依托"工资管理系统"项目设计，以"工资管理系统"数据库系统的设计为主线，介绍了设计数据库系统需要掌握的相关知识及技巧，最后结合 Web 前端相关技术完成一个包含 Web 网页、服务器端和数据库系统的"工资管理系统"的子项目：部门管理 Web 网站，如图 1-9 所示。

图 1-9　"工资管理系统"的子项目：部门管理网站

为方便读者了解本书的内容范围，下面对"工资管理系统"进行需求分析并绘制 E-R 图。

1. "工资管理系统"需求分析

"工资管理系统"主要面向公司的人事及财务部门，对公司的员工进行管理及薪酬发放，需要包含员工管理、部门管理、岗位管理、薪资等级管理、工资查询等功能。下面对以上功能模块做具体描述。

（1）员工管理：需要登记员工的基本信息，包含员工编号、员工姓名、所在部门信息、岗位信息、入职日期、部门经理信息等。员工管理需要满足公司日常的员工管理，如处理员工入职、员工调动、员工离职等功能。

（2）部门管理：主要记录公司的部门信息，包含部门编号、部门名称、部门所在地信息。部门管理需要满足日常部门管理，如部门名称修改、增加新的部门或者解散存在的部门。当解散存在的部门时，需将该部门的员工安排到其他部门。

（3）岗位管理：主要展示数据，统计本公司每个岗位的人数等信息。

（4）薪资等级管理：主要指定公司的薪资等级，用于协助人事和财务部门给入职员工确定工资标准，需要记录某个等级的最低工资和最高工资。薪资等级管理需要满足增加薪资等级、修改某个等级的薪资范围或者删除某个工资等级的功能需求。

（5）工资查询：主要用于财务对员工进行工资发放，该模块需要包含员工的工资统计，对员工的工资进行修改，如增加奖金、增加扣除项、调整基本工资等功能。

2. 设计"工资管理系统"E-R 图

分析以上需求在本项目中的实体及对应的属性，得到以下实体集合，括号中的内容为实体的属性，带双下画线的属性用于标志实体的唯一性，为实体的主码。

（1）员工（员工编号、员工姓名、岗位名称、入职日期、部门编号）。

（2）部门（部门编号、部门名称、部门地址）。

（3）工资等级（等级、最低工资、最高工资）。

（4）工资（员工编号、基本工资、奖金、扣除工资）。

根据实体集合及实体间的关系，绘制"工资管理系统"E-R 图，如图 1-10 所示。

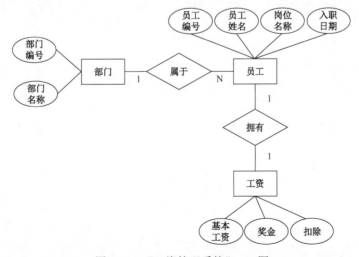

图 1-10　"工资管理系统"E-R 图

项目总结

　　本项目介绍了数据库系统的基本概念、数据管理技术的产生和发展、数据库系统的特点、常见的数据库、数据模型的概念和分类、关系数据库、数据的规范化、E-R 图、国产数据库的发展历史、国产数据库厂商、国产数据库的技术背景和国产数据库的发展趋势。本项目涵盖了数据库的系统认知、关系数据库常用概念和国产数据库的现状与未来，从理论视角结合我国正在进行的新型基础设施建设和信息技术应用创新产业发展趋势，分析了发展国产数据库的重要性和必要性。

　　最后结合数据库系统的基本概念，引入"工资管理系统"项目，介绍了设计该项目 E-R 图和表结构的过程。通过本项目的学习，用户可以掌握将"工资管理系统"信息化的方法和步骤。

考核评价

评价项目	评价要素		分值	得分
素养目标	了解国产数据库的发展历史		4 分	
	掌握数据库设计的范式，遵守数据库设计的规范		5 分	
技能目标	了解数据库技术的相关概念	数据库系统	3 分	
		数据库管理系统	3 分	
		SQL 语言	4 分	
	了解数据管理技术的三个阶段		6 分	
	了解关系数据库的数据模型		10 分	
	了解实体关系图（E-R 图）的概念和绘制方法		25 分	
	了解国产数据库的主要厂商和产品		10 分	
	能够撰写工资管理系统的需求分析文档及数据库设计文档		30 分	
合计				
收获与反思	通过学习，我的收获： 通过学习，发现不足： 我还可以改进的地方：			

思考与练习

一、单选题

1．数据管理技术在发展过程中，经历了人工管理阶段、文件系统阶段和数据库系统阶段。在这几个阶段中，数据独立性最高的是（　　）阶段。

　　A．数据库系统　　B．文件系统　　　　C．人工管理　　　　D．数据项管理

2．数据库系统与文件系统的主要区别是（　　）。

　　A．数据库系统复杂，而文件系统简单

　　B．文件系统不能解决数据冗余和数据独立性问题，而数据库系统可以解决

　　C．文件系统只能管理程序文件，而数据库系统能够管理各种类型的文件

　　D．文件系统管理的数据量较少，而数据库系统可以管理庞大的数据量

3．支持数据库各种操作的软件系统叫作（　　）。

　　A．命令系统　　　　　　　　　　　B．数据库管理系统

　　C．数据库系统　　　　　　　　　　D．操作系统

4．由计算机、操作系统、DBMS、数据库、应用程序及用户等组成的一个整体叫作（　　）。

　　A．文件系统　　　B．数据库系统　　C．软件系统　　　　D．数据库管理系统

5．数据库具有（　　）、最小冗余度、较高的程序与数据独立性的特点。

　　A．程序结构化　　B．数据结构化　　C．程序标准化　　　D．数据模块化

6．数据库技术主要应用于（　　）。

　　A．劳动密集型领域　　　　　　　　B．数据密集型领域

　　C．保密性强的领域　　　　　　　　D．自动化高的领域

7．达梦数据库的最新版本是（　　）。

　　A．7　　　　　　　B．8　　　　　　　C．9　　　　　　　D．10

8．达梦数据库源于（　　）。

　　A．华中科技大学　　　　　　　　　B．天津大学

　　C．南开大学　　　　　　　　　　　D．中国人民大学

9．根据满足规范的条件不同，数据库系统可以划分为（　　）个等级。

　　A．3　　　　　　　B．4　　　　　　　C．5　　　　　　　D．6

二、实践题

了解目前市场上国产数据库的性能信息，做一份调研报告，报告需要包含至少 10 个数据库产品的对比信息。

项目 **2**

扫一扫获取微课

达梦数据库软件安装与卸载

>> ● **项目场景**

  该公司根据"工资管理系统"的业务需求,在保障数据安全和数据库运行稳定、高性能的条件下,经过严格分析、测试和筛选,最终选用国产数据库——达梦数据库版本8(以下简称 DM8 数据库)为"工资管理系统"的后台数据库,选用银河麒麟操作系统V10 版本为服务器操作系统。在本项目中,用户将实现 DM8 数据库软件在银河麒麟操作系统 V10 下的安装与卸载,为"工资管理系统"创建好数据库环境,为规划"工资管理系统"的后台数据库做好准备。

>> ● **项目目标**

  创建"工资管理系统"后台数据库环境——达梦数据库管理系统 DM8。

>> ● **技能目标**

❶ 了解 DM8 数据库的主要特点。

❷ 了解基本的 Linux 操作系统命令。

❸ 掌握在银河麒麟操作系统 V10 中安装 DM8 数据库软件的方法。

>> ● **素养目标**

❶ 了解国产操作系统、国产数据库等基础软件的发展状况,树立科技报国的远大理想。

❷ 从正确的渠道获取软件,建立产权保护意识。

任务 2.1　DM8 数据库简介

> ➤ **任务描述**

选择 DM8 数据库作为"工资管理系统"的后台数据库。

> ➤ **任务目标**

了解 DM8 数据库的相关背景和 DM8 数据库的相关特点。

> ➤ **知识要点**

　　DM8 数据库是武汉达梦数据库股份有限公司（以下简称达梦数据库公司）在总结达梦数据库系列产品研发与应用经验的基础上，坚持开放创新、简洁实用的理念，推出的新一代自研数据库。DM8 数据库是基于成熟的关系数据模型和标准接口来进行开发的，是一个跨越多种软/硬件平台、具有大数据管理与分析能力、高效稳定的数据库管理系统。

　　DM8 数据库吸收借鉴当前先进的新技术思想与主流数据库产品的优点，融合了分布式、弹性计算与云计算的优势，从灵活性、易用性、可靠性、高安全性等方面，在之前版本的达梦数据库上进行了大规模改进，多样化架构充分满足不同场景需求，支持超大规模并发事务处理和事务-分析混合型业务处理，支持动态分配计算资源，实现更精细化的资源利用、更低成本的投入。该数据库能够满足用户多种需求，让用户能更加专注于业务发展。

 ## 任务 2.2　DM8 数据库软件安装前的准备工作

> ➤ **任务描述**

了解 DM8 数据库软件安装前的准备工作，为开发"工资管理系统"数据库做准备。

> ➤ **任务目标**

（1）了解 DM8 数据库软件安装前需要做的前期准备。
（2）了解 DM8 数据库安装包的类型分类和下载途径。
（3）掌握在银河麒麟操作系统 V10 中查看操作系统版本、内存、CPU 等相关信息，以及检查相关 Linux 包、查看磁盘空间、切换用户、创建目录等基本操作。

> ➤ **知识要点**

1. DM8 数据库安装包的下载

为了方便用户体验和测试 DM8 数据库系统，用户可以到达梦数据库官网下载 DM8 数据库的安装包。DM8 数据库安装包下载路径，如图 2-1 所示。在"服务与合作"下拉列表中选择"下载中心"选项，进入"下载中心"界面，如图 2-2 所示；在"DM8 开发版"这一类中，选择安装服务器的 CPU 类型，如"X86"；在"请选择操作系统"下拉列表中选择安装服务器的操作系统类型，如"Centos7"（此版本的安装包和银河麒麟操作系统 V10 下的安装包版本通用）。选择完成后，单击"立即下载"按钮即可。下载完成后，此安装包就可以在银河麒麟操作系统 V10 中进行安装部署了。

图 2-1　DM8 数据库安装包下载路径

图 2-2　"下载中心"界面

2. 软/硬件环境要求

安装包下载好后，用户在安装 DM8 数据库之前，需要检查当前操作系统的相关信息，确认 DM8 数据库的安装程序是否与当前操作系统匹配，以保证 DM8 数据库能够正确安装和运行。在 2023 年之前的版本，需要用户手动设置系统最大文件打开数（open files）的参数为 65536，其余均保持默认设置即可。2023 年之后的版本，系统会自动调整最大文件打开数，无须用户手动设置，简化了用户安装操作。

（1）登录银河麒麟操作系统 V10。

使用系统管理员账号（root）登录银河麒麟 V10，在桌面空白处单击鼠标右键，在弹出的快捷菜单中选择"在终端中打开"选项，如图 2-3 所示。打开"银河麒麟操作系统 V10"终端窗口，如图 2-4 所示，使用 Linux 相关命令在终端窗口中查看服务器的软/硬件环境。

图 2-3 选择"在终端中打开"选项

图 2-4 "银河麒麟操作系统 V10"终端窗口

（2）查看软/硬件环境。

① 查看操作系统版本。输入"uname -ra"命令，查看操作系统的版本信息，如图 2-5 所示。根据查询信息可知，当前操作系统为"麒麟 V10:ky10"，Linux 内核的发行版本号为 "4.19.90-24.4.v2101.ky10.x86_64"，系统处理器的体系结构为"x86_64"。

图 2-5　查看操作系统的版本信息

② 查看服务器中 CPU 的相关信息，如图 2-6 所示，输入"cat /proc/cpuinfo"命令来查看 CPU 的相关信息，可以看到用户 CPU 的型号为"GenuineIntel Inter Core i7"。

图 2-6　查看服务器中 CPU 的相关信息

③ 查看操作系统中是否安装了 glibc2.2 以上的版本。输入“rpm -aq|grep glibc”命令，如图 2-7 所示，可知当前操作系统已安装好 glibc2.28 的版本，满足了 DM8 数据库的安装要求。

我的电脑
回收站
个人
root@localhost:~/桌面
文件(F) 编辑(E) 查看(V) 搜索(S) 终端(T) 帮助(H)
[root@localhost 桌面]# rpm -aq|grep glibc
glibc-2.28-49.p02.ky10.x86_64
glibc-help-2.28-49.p02.ky10.noarch
glibc-devel-2.28-49.p02.ky10.x86_64
glibc-common-2.28-49.p02.ky10.x86_64
[root@localhost 桌面]#

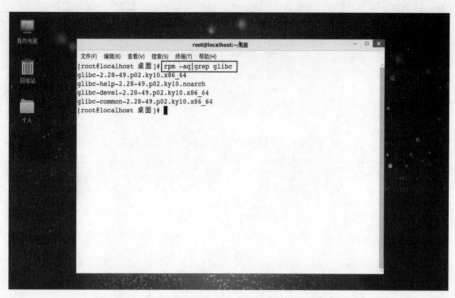

图 2-7 查看是否安装了 glibc 2.2 以上的版本

④ 查看内存信息。输入“free -m”命令，查看当前服务器的内存信息，如图 2-8 所示。

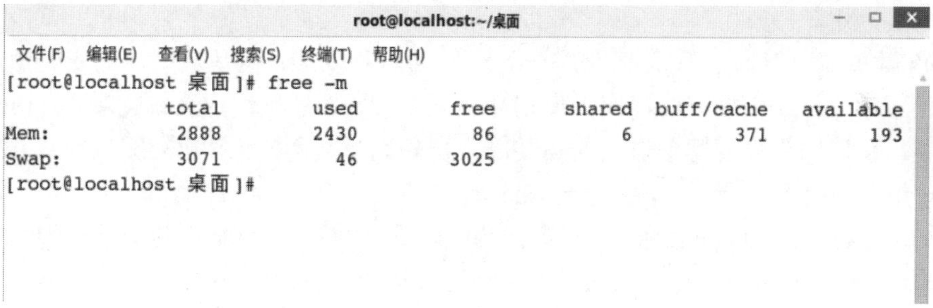

root@localhost:~/桌面
文件(F) 编辑(E) 查看(V) 搜索(S) 终端(T) 帮助(H)
[root@localhost 桌面]# free -m
total used free shared buff/cache available
Mem: 2888 2430 86 6 371 193
Swap: 3071 46 3025
[root@localhost 桌面]#

图 2-8 查看当前服务器的内存信息

⑤ 查看剩余磁盘空间。输入“df -h”命令，查看当前服务器剩余磁盘空间，如图 2-9 所示。目前剩余可用空间为 12 GB（/dev/mapper/klas-root），对于安装一套单机版的 DM8 数据库系统来说，只需要 1 GB 的磁盘空间即可，目前的空间已经完全够用。

（3）规划安装路径。

用户需要先规划一下安装的路径，如果没有规划，则会安装到默认路径中。在 root 账号下输入“mkdir /dm8”命令来新建一个“/dm8”目录，并将 DM8 数据库软件安装到“/dm8”目录下，如图 2-10 所示。

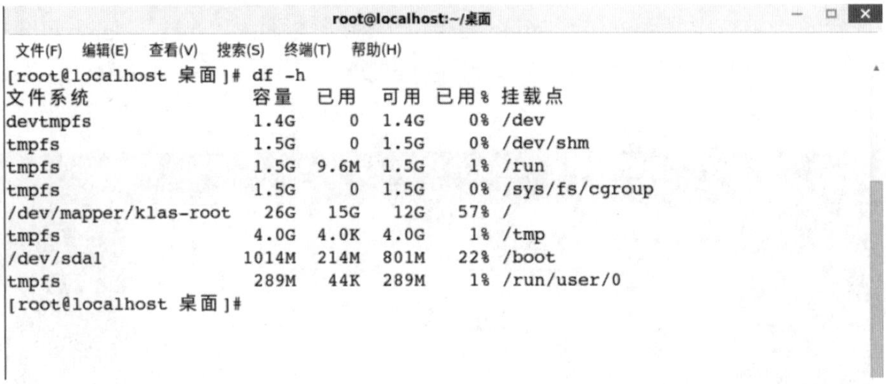

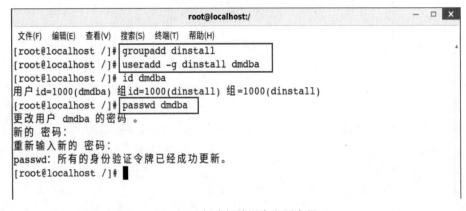

图 2-9　查看当前服务器剩余磁盘空间

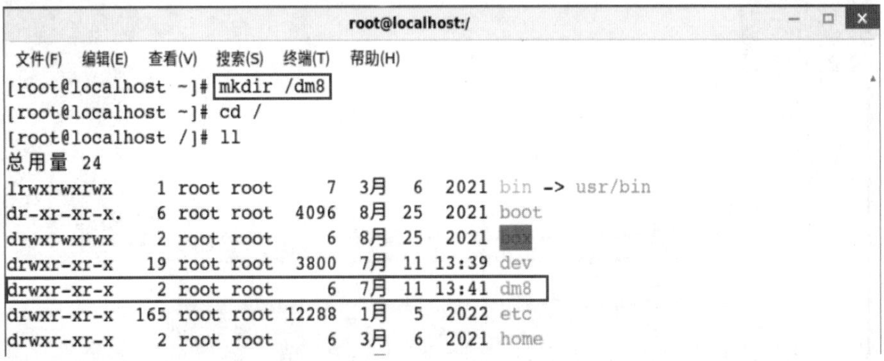

图 2-10　创建 dm8 安装目录

（4）规划用户。

DM8 数据库可以通过系统管理员（root）账号进行安装，但是从用户的安全角度出发，为了防止恶意软件在未授权的情况下使用高权限功能，不建议使用系统管理员（root）账号进行安装，所以用户需要规划自己的安装用户。规划安装用户为"dmdba"，并创建相关用户和用户组，如图 2-11 所示。输入"groupadd　dinstall"命令，创建"dinstall"用户组；输入"useradd　-g　dinstall dmdba"命令，创建"dmdba"用户，并使"dmdba"的初始组为"dinstall"；输入"passwd　dmdba"命令，设置"dmdba"账号的密码。

图 2-11　创建相关用户和用户组

　　赋予"/dm8"目录的拥有者为"dmdba"用户，属组为"dinstall"。此时，当用户使用
"dmdba"用户账号安装数据库时，就有"/dm8"目录的访问和写入权限。输入"chown
dmdba:dinstall -R /dm8"命令，修改目录权限，带"-R"参数表示修改该目录及该目录下所
有子目录的属性，如图2-12所示。

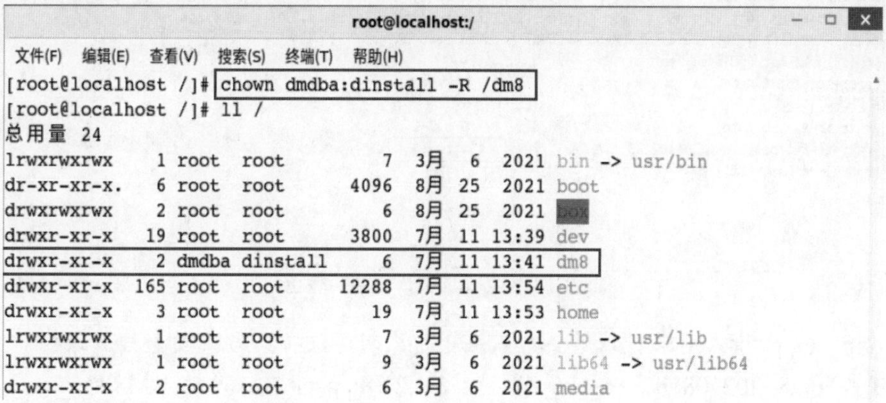

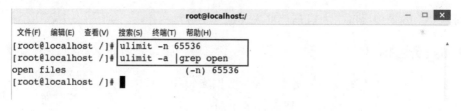

图2-12　修改"/dm8"目录权限

（5）设置文件最大打开数目。

　　在安装 DM8 数据库之前，首先设置最大文件打开数目（open files），比如将其设置为
"65536"，如未设置，在安装过程会显示最大文件打开数不够，可能出现安装失败之类的警
告。在系统管理员（root）账号下输入"ulimit -n 65536"命令，设置最大文件打开数为"65536"
（仅当前会话有效）；输入"ulimit -a |grep open"命令，查看是否修改成功，如图2-13所
示。

```
                                    root@localhost:/                    _  □  ×
文件(F)  编辑(E)  查看(V)  搜索(S)  终端(T)  帮助(H)
[root@localhost /]#  ulimit -n 65536
[root@localhost /]#  ulimit -a |grep open
open files                       (-n) 65536
[root@localhost /]# █
```

图2-13　设置最大文件打开数

（6）安装介质准备。

　　DM8 数据库根据不同的 CPU 架构，对不同的操作系统有不同的安装包，安装包的类
型分为 iso、tar.gz、zip 等。以 iso 类型的安装包为例，首先在操作系统中进行 iso 安装包的
挂载，然后开始安装数据库软件，如图2-14所示。在系统管理员（root）账号下输入"mount
-o loop　/opt/dm8_20210818_x86_rh6_64_ent_8.4.2.18_ pack14.iso /mnt"命令挂载安装包。
其中，进入挂载目录"/mnt"可以看到两个文件，"DM8_Install.pdf"为安装说明文档，
"DMInstall.bin"为 DM8 的安装文件。

　　至此，DM8 数据库安装前的准备工作就完成了。

　　注意：使用"mount"命令挂载光盘的使用方法。

　　mount -o loop /opt/dm8_20210818_x86_rh6_64_ent_8.4.2.18_ pack14.iso　 /mnt

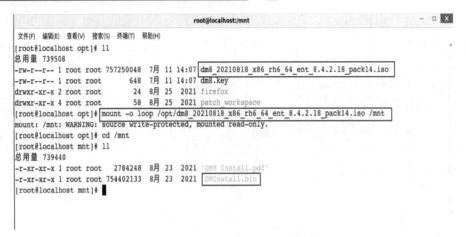

图 2-14　挂载数据库 iso 安装包

-o loop：loop 模式用来挂载 iso 镜像和自定义回环设备，当成硬盘挂载该操作系统中。

本例中"dm8_20210818_x86_rh6_64_ent_8.4.2.18_pack14.iso"为 DM8 的 iso 安装光盘，"/mnt"为光盘挂载的目录。此命令可以将安装光盘挂载到"/mnt"目录中，这样我们就可以直接在"/mnt"目录中访问到光盘中的内容。

 ## 任务 2.3　DM8 数据库软件安装

➢　任务描述

创建"工资管理系统"的后台数据库环境。

➢　任务目标

在银河麒麟操作系统 V10 中安装 DM8 数据库软件，具体要求如下。

（1）用 dmdba 账号来安装 DM8 数据库软件。

（2）数据库软件要求语言为"简体中文"，时区为"中国标准时间"。

（3）安装类型为"典型安装"，安装路径为"/dm8"。

➢　任务实践

（1）输入"su - dmdba"命令，切换到 dmdba 账号下，设置 DISPLAY 变量，输入"export DISPLAY=:0.0"命令，执行"xhost +"命令，调用图形化界面，然后运行 DM8 安装文件"DMInstall.bin"，开始安装数据库软件，如图 2-15 所示。

注意：如果使用图形界面来安装，在调用图形界面前，需要设置 DISPLAY 变量的值，如"export　DISPLAY=:0.0"，这里的 DISPLAY 值与 root 账号下面的 DISPLAY 值应设置一致，否则调用图形界面会报错。

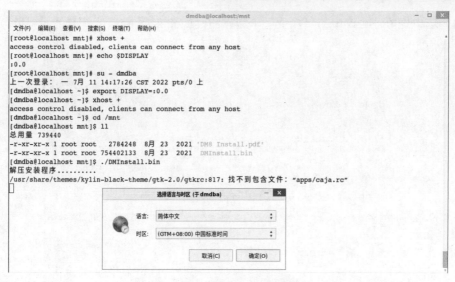

图 2-15　开始安装数据库软件

（2）弹出"选择语言与时区"对话框，如图 2-16 所示。在"语言"和"时区"下拉列表中分别选择"简体中文"和"（GTM+08:00）中国标准时间"选项，然后单击"确定"按钮。

图 2-16　"选择语言与时区"对话框

（3）进入"达梦数据库 V8"安装向导，如图 2-17 所示，单击"下一步"按钮。

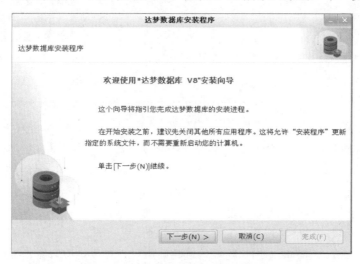

图 2-17　"达梦数据库 V8"安装向导

（4）选中许可证协议中的"接受"单选按钮，如图 2-18 所示，单击"下一步"按钮。

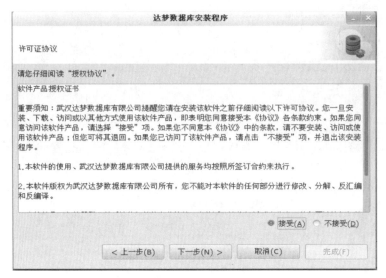

图 2-18　许可证协议

（5）设置 key 文件路径，如图 2-19 所示。如果没有 key 文件，则直接单击"下一步"按钮。

图 2-19　设置 key 文件路径

（6）选择安装类型，达梦数据库安装程序提供了 4 种安装方式，包括"典型安装"、"服务器安装"、"客户端安装"和"自定义安装"，用户可根据实际情况灵活进行选择。

① 典型安装：包括服务器、客户端、驱动、用户手册、数据库服务。

② 服务器安装：包括服务器、驱动、用户手册、数据库服务。

③ 客户端安装：包括客户端、驱动、用户手册。

④ 自定义安装：包括根据用户需要勾选相应组件，可以是服务器、客户端、驱动、用户手册、数据库服务的任意组合。

安装类型选择"典型安装"选项，即可实现服务器、客户端、驱动、用户手册、数据库服务等组件的安装，如图 2-20 所示。

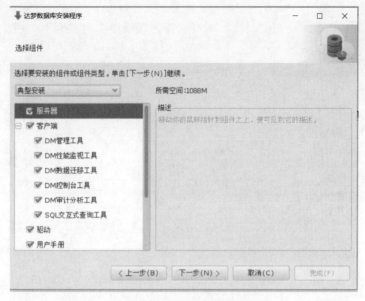

图 2-20　选择安装类型

（7）选择安装位置，如图 2-21 所示。达梦数据库默认安装目录为"$HOME/dmdbms"（如果安装用户为 root 系统用户，则默认安装目录为"/opt/dmdbms"，但不建议使用 root 系统用户来安装达梦数据库），用户可以通过单击"浏览"按钮自定义安装目录。如果用户所指定的目录已经存在，则会弹出警告消息框提示用户该路径已存在。若确定在该指定路径下安装，单击"确定"按钮后，该路径下已经存在的达梦数据库某些组件将会被覆盖；如果不想覆盖原有的达梦数据库组件，单击"取消"按钮，重新选择安装目录即可。

图 2-21　选择安装位置

说明：安装路径里的目录名由英文字母、数字和下画线等组成，不建议使用包含空格和中文字符的路径。

（8）安装前的相关信息如图 2-22 所示。该界面显示了用户即将进行的安装的相关信息，如产品名称、版本信息、安装类型等，用户检查无误后单击"安装"按钮，开始安装数据库软件。

图 2-22　安装前的相关信息

（9）达梦数据库安装界面如图 2-23 所示。

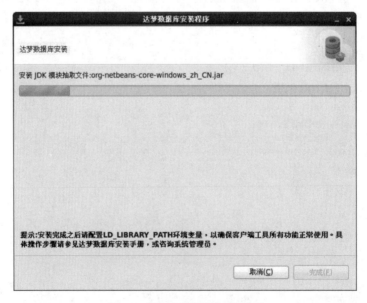

图 2-23　达梦数据库安装界面

注意：当安装进度完成时将会弹出对话框，提示使用 root 账号执行相关命令。

（10）执行安装脚本，如图 2-24 和图 2-25 所示。根据"执行配置脚本"对话框的说明，使用 root 账号完成相关操作。单击"确定"按钮，关闭"执行配置脚本"对话框。

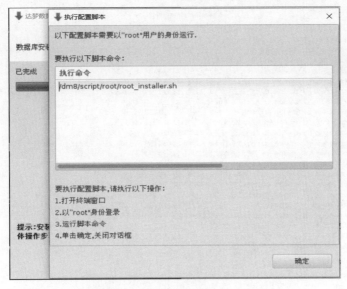

图 2-24 "执行配置脚本"对话框

图 2-25 执行安装脚本命令

（11）当数据库安装完成后，单击"完成"按钮即可结束安装，如图 2-26 所示。

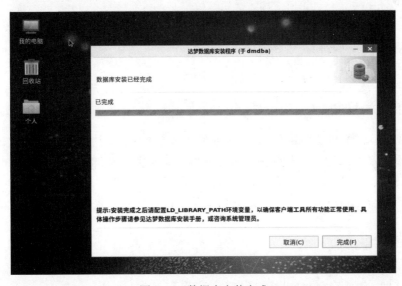

图 2-26 数据库安装完成

（12）数据库安装完成后，可查看安装目录"/dm8"中的内容，如图 2-27 所示。

```
                              dmdba@localhost:/dm8              _  □  ×
文件(F)  编辑(E)  查看(V)  搜索(S)  终端(T)  帮助(H)
[dmdba@localhost ~]$ cd /dm8
[dmdba@localhost dm8]$ ll
总用量 36
drwxr-xr-x  8 dmdba dinstall 8192  7月 11 14:34 bin
drwxr-xr-x  2 dmdba dinstall   30  7月 11 14:33 bin2
drwxr-xr-x  3 dmdba dinstall   19  7月 11 14:33 desktop
drwxr-xr-x  2 dmdba dinstall 4096  7月 11 14:33 doc
drwxr-xr-x 12 dmdba dinstall  131  7月 11 14:33 drivers
drwxr-xr-x  2 dmdba dinstall 4096  7月 11 14:33 include
drwxr-xr-x  2 dmdba dinstall   94  7月 11 14:33 jar
drwxr-xr-x  7 dmdba dinstall   68  7月 11 14:33 jdk
-rwxr-xr-x  1 dmdba dinstall 1071  7月 11 14:33 license_en.txt
-rwxr-xr-x  1 dmdba dinstall 1146  7月 11 14:33 license_zh.txt
drwxr-xr-x  2 dmdba dinstall  117  7月 11 14:34 log
drwxr-xr-x  5 dmdba dinstall   74  7月 11 14:33 samples
drwxr-xr-x  3 dmdba dinstall   37  7月 11 14:33 script
drwxr-xr-x  9 dmdba dinstall 4096  7月 11 14:33 tool
drwxr-xr-x  3 dmdba dinstall   97  7月 11 14:33 uninstall
-rwxr-xr-x  1 dmdba dinstall 2146  7月 11 14:33 uninstall.sh
drwxr-xr-x  2 dmdba dinstall   92  7月 11 14:33 web
[dmdba@localhost dm8]$ █
```

图 2-27　查看安装目录"/dm8"中的内容

至此，DM8 数据库软件安装完毕。

任务 2.4　DM8 数据库软件卸载

➤ 任务描述

当安装参数或安装方式不对，未按照"工资管理系统"的需求进行安装时，用户需要对 DM8 数据库软件进行卸载并重新安装，尝试以图形化方式或命令行方式卸载 DM8 数据库软件。

➤ 任务目标

掌握图形化方式卸载 DM8 数据库软件。

➤ 任务实践

1. 图形化方式卸载

如果只安装了 DM8 数据库软件，还未初始化数据库实例，则可以直接输入"uninstall.sh"命令，卸载程序。如果已经初始化了数据库实例，则需要停止 DM8 数据库软件中的所有实例服务，再输入"uninstall.sh"命令，卸载程序进行卸载操作。进入 DM8 安装目录，找到卸载程序，输入"uninstall.sh"命令，然后使用 dmdba 账号输入"uninstall.sh"命令启动图形化卸载程序。

卸载步骤如下。

（1）进入 DM8 安装目录。

（2）执行卸载脚本 uninstall.sh。

```
[dmdba@localhost ~]$ cd /dm8
[dmdba@localhost dm8]$ ./uninstall.sh
```

此时会弹出"确认"提示框,确认是否卸载程序,如图 2-28 所示。单击"确定"按钮,则会进入达梦数据库卸载程序界面;单击"取消"按钮,则会取消程序卸载。

（3）单击"确定"按钮后,在打开的窗口中会显示 DM8 数据库的卸载目录信息。单击"卸载"按钮,开始卸载 DM8 数据库,如图 2-29 所示。

图 2-28　"确认"提示框

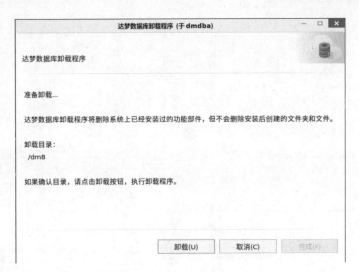

图 2-29　开始卸载 DM8 数据库

（4）单击"卸载"按钮后,弹出"确认"提示框,提示是否删除 dm_svc.conf 配置文件,单击"是"按钮,如图 2-30 所示。

图 2-30　提示是否删除 dm_svc.conf 配置文件

（5）显示卸载进度,如图 2-31 所示。在 Linux（UNIX）操作系统下,使用非 root 用户卸载完成时，会弹出"执行配置脚本"对话框，提示使用 root 执行相关命令，用户可根据对话框的说明执行配置脚本，待完成相关操作后，单击"确定"按钮即可关闭此对话框，如图 2-32 所示。

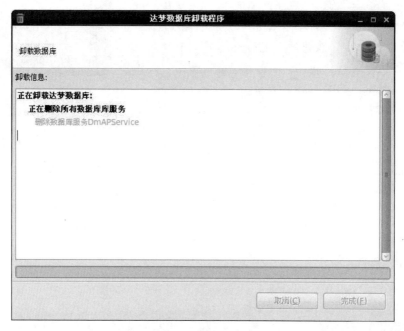

图 2-31　显示卸载进度

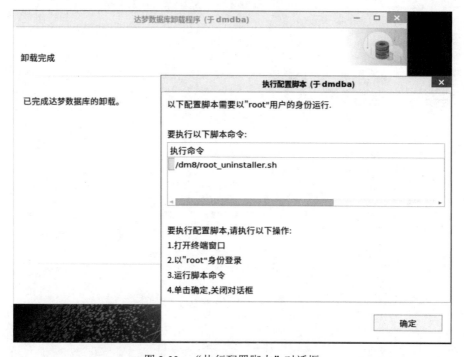

图 2-32　"执行配置脚本"对话框

（6）根据提示，以 root 账号执行删除脚本，如图 2-33 所示。

图 2-33 执行删除脚本

（7）删除脚本执行完成后，关闭"执行配置脚本"对话框，如图 2-34 所示。

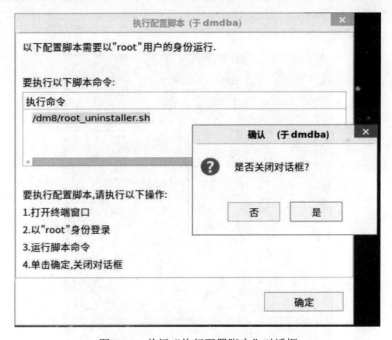

图 2-34 关闭"执行配置脚本"对话框

（8）单击"完成"按钮后卸载完成，如图 2-35 所示。

注意：卸载程序并不会删除安装目录下保存的用户数据的库文件，也不会删除使用 DM8 数据库过程中产生的一些文件，用户可以根据需要手工删除这些文件。

图 2-35　卸载完成

2．命令行方式卸载

如果服务器不支持图形化方式，可以使用命令行方式来卸载数据库，进入 DM8 安装目录，找到卸载程序 uninstall.sh，使用 dmdba 账号执行"uninstall.sh　-i"命令即可使用命令行方式来卸载达梦数据库软件，如图 2-36 所示。

图 2-36　使用命令行方式卸载达梦数据库

项目总结

在本项目中，用户能够熟悉 Linux 的一些基本命令和相关操作，学会在银河麒麟操作系统 V10 中安装并配置 DM8 数据库，并且可以熟练创建数据库实例。用户熟悉了达梦数据库安装的整套流程和必要的安装环境，可为后期使用达梦数据库奠定良好的基础。

在本项目中，涉及使用"图形化工具"方式安装数据库软件、创建实例和卸载数据库软件。用户需要熟练掌握图形化工具的相关操作，能够了解并使用"命令行工具"安装 DM8 数据库。

考核评价

评价项目	评价要素及标准		分值	得分
素养 目标	了解国产操作系统、国产数据库等基础软件的发展状况，树立科技报国的远大理想		5 分	
	能够从正确的渠道获取软件，树立产权保护意识		5 分	
技能 目标	掌握在银河麒麟操作系统 V10 中的基本操作	创建组命令 groupadd	3 分	
		创建用户命令 useradd	3 分	
		创建文件夹命令 mkdir	3 分	
		查看磁盘空间命令 df	3 分	
		切换用户命令 su	3 分	
		rpm 包相关操作命令 rpm	3 分	
		查看内存命令 free	3 分	
		查看操作系统版本 uname　-ra	3 分	
		查看 cpu 信息 cat /proc/cpuinfo	3 分	
		修改目录权限命令 chown	3 分	
		设置最大文件打开数目 ulimit　-n　65536	3 分	
		挂载光盘命令 mount　-o　loop	3 分	
	掌握图形化界面安装数据库软件的方法		25 分	
	了解 DM8 数据库的安装类型：典型安装、服务器安装、客户端安装和自定义安装		5 分	

续表

评价项目	评价要素及标准	分值	得分
技能	使用命令方式来安装 DM8 数据库软件	12 分	
目标	掌握图形化界面卸载 DM8 数据库软件(uninstall.sh 命令)的方法	12 分	
合计			
收获与反思	通过学习，我的收获： 通过学习，发现不足： 我还可以改进的地方：		

思考与练习

一、单选题

1. 在银河麒麟操作系统 V10 中，以下（　　）命令可以查看操作系统的发行版本。
   - A．uname -ra
   - B．free -m
   - C．cat /proc/uname
   - D．df -h
2. 以下（　　）操作可以将 rpm 包安装在操作系统中。
   - A．rpm -e
   - B．rpm -aq
   - C．rpm -Uvh
   - D．rpm -ivh

二、判断题

1. 达梦数据库卸载程序能将安装目录全部删除干净。 （　　）
2. 在 DM8 数据库中，卸载数据库的脚本工具为"uninstall.sh"。 （　　）

三、简答题

1. 如何在银河麒麟操作系统 V10 中调出安装的图形化界面？
2. DM8 数据库有哪些特点？

四、操作题

1. 使用图形化工具安装 DM8 数据库软件。
2. 使用图形化工具卸载 DM8 数据库软件。

项目 **3**

扫一扫获取微课

达梦数据库实例创建与管理

>> ● **项目场景**

项目 2 已经安装了 DM8 数据库软件,接下来公司需要创建"工资管理系统"的后台数据库 SALDB。用户可以利用图形化工具达梦数据库配置助手创建数据库,也可以利用命令行工具"dminit"命令创建数据库。达梦数据库配置助手可以引导用户一步步地创建数据库实例,简单方便,是用户的首选方式。"dminit"命令创建数据库需要使用一些初始化参数,数据库创建完成后,还需 root 用户在 Linux 操作系统中手动注册达梦数据库实例服务,并启动达梦数据库实例服务。

root 用户可以利用图形化工具 DM 服务查看器启动或停止达梦数据库实例服务,也可以利用命令行工具"systemctl"等命令启动或停止达梦数据库实例服务。普通用户推荐使用"DmService 实例名"启动或停止达梦数据库实例服务。数据库实例服务只有处于启动状态时,用户才能连接达梦数据库。用户可以利用命令行工具 DISQL 连接登录达梦数据库,也可以利用图形化工具 DM 管理工具连接登录达梦数据库。

>> ● **项目目标**

❶ 创建"工资管理系统"的后台数据库 SALDB。
❷ 注册数据库 SALDB 的实例服务 DmServiceSALINST。
❸ 分别利用 DISQL 工具和 DM 管理工具连接数据库 SALDB。
❹ 启动和停止实例服务 DmServiceSALINST。

>> ● **技能目标**

❶ 掌握创建达梦数据库实例的方法。
❷ 掌握注册与删除达梦数据库实例服务的方法。
❸ 熟练使用 DISQL 工具。

❹ 熟练使用DM管理工具。

❺ 掌握启动和停止达梦数据库实例服务的方法。

>> **素养目标**

善于利用网络作为学习的工具，掌握学习方法。

 # 任务 3.1 创建达梦数据库实例

➤ **任务描述**

创建"工资管理系统"的后台数据库实例，学会利用达梦数据库配置助手和"dminit"命令创建"工资管理系统"的后台数据库 SALDB 及实例 SALINST。

➤ **任务目标**

（1）了解数据库和实例的概念。

（2）了解数据库和实例的关系。

（3）学会创建后台数据库及实例。

➤ **知识要点**

1. 达梦数据库配置助手创建数据库实例

（1）数据库。

有些情况下，达梦数据库的概念包含的内容很广泛。例如，在单独提到达梦数据库时，可能指的是达梦数据库产品，也可能指的是正在运行的达梦数据库实例，还可能指的是达梦数据库运行中所需的一系列物理文件的集合等，但是当同时出现达梦数据库和实例时，达梦数据库指的是存放在磁盘上的数据集合，一般包括数据文件、日志文件、控制文件及临时数据文件等。

（2）实例。

实例一般由一组正在运行的达梦数据库后台进程/线程及一个大型的共享内存组成。简单来说，实例是操作达梦数据库的一种手段，是用来访问数据库的内存结构及后台进程的集合。达梦数据库存储在服务器的磁盘上，而达梦数据库实例则存储于服务器的内存中。通过运行达梦数据库实例，可以操作达梦数据库中的内容。在任何时候，一个实例只能与一个数据库进行关联。在大多数情况下，一个数据库也只有一个实例对其进行操作。但是在达梦数据库共享存储集群（DM Data Shaved Cluster，DMDSC）中，多个实例可以同时装载并打开一个数据库，此时用户可以同时从多台不同的计算机访问这个数据库。

（3）达梦数据库配置助手。

达梦数据库配置助手是在安装目录的 tool 子目录下的脚本命令文件"dbca.sh"，是一个图形化工具，用来引导用户创建数据库实例、删除数据库实例、注册数据库服务和删除数据库服务。用户既可以用达梦数据库配置助手来创建数据库实例，又可以用"dminit"命令来创建数据库实例。前者是用户的首选方法，因为此方法更简单，更趋于自动化。达梦数据库配置助手可以在达梦数据库软件安装之后作为一个独立的工具来启动。

2. 使用"dminit"命令创建数据库实例

（1）"dminit"命令。

"dminit"是达梦数据库的初始化命令工具。在安装达梦数据库软件的过程中，用户可以选择是否创建数据库，如果未创建，则可在达梦数据库软件安装完成后，利用"dminit"命令来创建。用户可以利用"dminit"命令提供的各种参数来设置数据库存放路径、段页大小、是否对大小写敏感、是否使用 UNICODE 等项，创建出满足用户需要的数据库。该命令位于达梦数据库软件安装目录中的 bin 子目录下。

（2）"dminit"命令用法。

"dminit"命令需要从命令行启动，在终端命令窗口中，进入达梦数据库软件安装目录的 bin 子目录下，输入"./dminit"命令和参数后按回车键执行。"dminit"命令语法如下。

```
dminit KEYWORD=value { KEYWORD=value }
```

KEYWORD：参数关键字。多个参数之间排列顺序无影响，参数之间使用空格间隔。

value：参数取值。

说明：dminit 如果没有带参数，系统会引导用户进行设置。参数、等号和值之间不能有空格，如 PAGE_SIZE=16。

dminit 参数较多，常用参数详解见表 3-1。用户可输入"./dminit help"命令来查看各参数名及其作用。用户根据需要和要求选用参数，若未选择，则默认为默认值。

表 3-1 dminit 常用参数详解

参数	说明
INI_FILE	初始化文件 dm.ini 存放的路径，指定一个已经存在的 dm.ini 文件所在的绝对路径。 作用是将现有 INI 文件复制到新库，作为新库的 INI 文件直接使用。可选参数。 如果不指定该参数，那么"dminit"工具会直接生成一个新的 dm.ini 文件。如果指定了该参数，指定的 INI 文件不存在，那么"dminit"工具会报错成无效的 INI 文件，同时生成一个新的 dm.ini 文件
PATH	初始数据库存放的路径。默认路径为 dminit.exe 当前所在的工作目录。可选参数
PAGE_SIZE	数据文件使用的页大小。取值为 4、8、16、32，单位为 KB，默认值为 8。可选参数。 选择的页大小越大，则 DM 支持的元组长度也越大，但同时空间利用率可能下降
SYSDBA_PWD	初始化时设置 SYSDBA 的密码，默认为 SYSDBA。密码长度为 9~48 个字符。可选参数
DB_NAME	初始化数据库名称，默认为 DAMENG。名称为字符串，长度不能超过 128 个字符。可选参数
INSTANCE_NAME	初始化数据库实例名称，默认为 MSERVER。名称为字符串，长度不能超过 128 个字符。可选参数
PORT_NUM	初始化时设置 dm.ini 中的监听端口号，默认为 5236。服务器配置此参数，有效值范围为 1024~65534，发起连接端的端口在 1024~65535 之间随机分配。可选参数
EXTENT_SIZE	数据文件使用的簇大小，即每次分配新的段空间时连续的页数。取值为 16、32、64，单位为页数，默认值为 16。可选参数
LOG_SIZE	重做日志文件大小。取值范围在 64~2048 之间的整数，单位为 MB，默认值为 256。可选参数。 每个 DM 数据库实例至少有两个重做日志文件，循环使用，LOG_SIZE 设置每个重做日志文件的大小。修改日志文件路径可以使用 LOG_PATH 参数
LOG_PATH	初始数据库日志文件的路径。在 Linux 操作系统下默认值为 PATH/DB_NAME/DB_NAME01.log 和 PATH/DB_NAME/DB_NAME02.log（PATH 和 DB_NAME 表示各自设置的值），日志文件路径个数不能超过 10 个。可选参数
CTL_PATH	初始数据库控制文件的路径。Linux 操作系统下默认值为 /PATH/DM_NAME/dm.ctl（PATH 和 DB_NAME 表示各自设置的值）。可选参数

> ➤ **任务实践**

创建数据库实例，要求如下。

（1）设置数据库名为"SALDB"，实例名为"SALINST"，端口号为"5236"。

（2）将数据库存放到"/dm8/data"目录下。

（3）将数据库管理员 sysdba 的密码设为"Dameng123"。

（4）将页大小设置为 8KB，簇大小为"16"。

1．使用达梦数据库配置助手创建数据库实例

（1）启动达梦数据库配置助手。在 Linux 终端命令窗口中，切换到 dmdba 用户，输入"/dm8/tool/dbca.sh"命令后按回车键执行，打开"达梦数据库配置助手"对话框，如图 3-1 所示。

启动达梦数据库配置助手，命令如下。

```
[root@localhost ~]# su - dmdba
[dmdba@localhost ~]$ /dm8/tool/dbca.sh
```

图 3-1　"达梦数据库配置助手"对话框

（2）选中"创建数据库实例"单选按钮，单击"开始"按钮，打开如图 3-2 所示的窗口，在这个窗口中选择需要创建的数据库模板（达梦数据库预定义了一些模板，如一般用途模板、联机分析处理模板、联机事务处理模板）。在"请选择指定的数据库模板"选区中，选中"一般用途"单选按钮，然后单击"下一步"按钮。

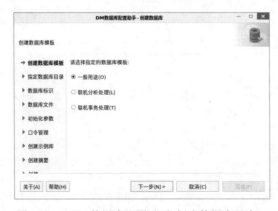

图 3-2　"DM 数据库配置助手-创建数据库"窗口

（3）选择实例初始化路径。单击"浏览"按钮，指定"/dm8/data"为数据库存储目录，如图 3-3 所示，单击"下一步"按钮。

图 3-3　指定数据库存储目录

（4）创建数据库标识。输入数据库名、实例名和端口号，如图 3-4 所示，单击"下一步"按钮。

图 3-4　创建数据库标识

（5）创建数据库文件。"数据库文件"界面如图 3-5 所示，其中包含四个选项卡："控制文件""数据文件""日志文件"和"初始化日志"。在数据库文件所在位置上，用户可以采用默认设置，也可以根据需要进行修改。然后单击"下一步"按钮。

图 3-5　"数据库文件"界面

"数据库文件"界面中的四种选项卡说明如下。

① 控制文件。与配置文件类似，控制文件对系统的运行及性能有很大的影响，但不同的是，配置文件中的配置项可以随意更改，而控制文件中的控制信息一般在系统第一次创建完毕后就无法随意更改了，所以控制文件不是一个文本文件，而是一个二进制文件。控制文件记录了达梦数据库的一些基本信息，主要包含数据库名称、数据库服务器模式、OGUID 唯一标识、数据库服务器版本、数据文件路径、数据库自初始以来启动的次数、数据库最近一次启动的时间、表空间信息等。达梦数据库实例在启动时会检查控制文件，确认无误后打开数据库。

由于控制文件对系统至关重要，如果控制文件损坏，系统将无法启动，因此达梦数据库允许在创建数据库时指定多个控制文件的镜像。这些控制文件的内容是相同的，系统每次写控制文件时会按照顺序对其进行修改。如果系统在写某一个控制文件时发生硬件故障，导致该文件损坏，那么可以通过其他的控制文件来恢复这个损坏的控制文件，之后重新启动数据库。

② 数据文件。"数据文件"选项用来指定系统表空间路径、用户表空间路径、回滚表空间路径和临时表空间路径，同时还可以指定系统表空间镜像路径、用户表空间镜像路径、回滚表空间镜像路径。三个镜像文件分别是与系统表空间、用户表空间、回滚表空间相同的文件。当系统表空间、用户表空间、回滚表空间文件损坏时，就可以使用相应的镜像文件来替换。

数据文件是数据库中较为重要的文件类型之一，这是数据最终要存储的地方，每个数据库至少有一个与之相关的数据文件，通常情况下会有多个。要想理解数据库是如何组织这些文件，以及数据在它们内部是如何组织的，就必须理解数据页和簇的概念，它们都是达梦数据库用于保存数据库对象的分配单元。数据页是系统进行磁盘 IO 和缓冲区调度的单元，其大小在数据库创建时就固定下来了，而且一旦固定就不可更改，它们的容量也都是相同的。所有数据页的格式大致相同。簇是数据文件中一个连续的分配空间，簇由多个数量固定的数据页组成。数据文件对空间的标识都以簇为单位，每个数据文件都维护着两条链，一条为半空簇的链，另一条为自由簇的链，其中半空链用于标识文件中所有被用过一部分的簇，自由链则标识文件中所有未被用过的簇。通常情况下，系统在分配空间时，以簇为单位分配会更有效。

③ 日志文件。重做日志文件对于达梦数据库是至关重要的，其用于存储数据库的事务日志，以便系统在出现系统故障和介质故障时能够进行故障恢复。在达梦数据库中，任何修改数据库的操作都会产生重做日志。当系统出现故障时，分析日志可以了解在故障发生前系统做了哪些动作，并可以重做这些动作使系统恢复到故障之前的状态。

④ 初始化日志。初始化日志用来指定初始化过程中生成的日志文件所在路径。

（6）设置初始化参数。用户根据实际要求，输入数据库相关参数（一般设置为默认值即可），如簇大小、页大小、日志文件大小等，如图3-6所示，单击"下一步"按钮。

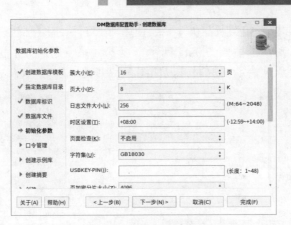

图 3-6　设置初始化参数

（7）口令管理。为了使数据库管理更加安全，达梦数据库提供了 SYSDBA 和 SYSAUDITOR 系统用户指定新口令功能。如果安装版本为安全版，将会增加 SYSSSO 和 SYSDBO 用户的密码修改。用户可以选择为每个系统用户设置不同口令，也可以为所有系统用户设置同一口令。不设口令表示使用默认口令，即口令与用户名相同。选中"所有系统用户使用同一口令"单选按钮，然后输入"口令"和"确认口令"，单击"下一步"按钮，如图 3-7 所示。

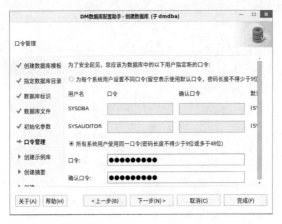

图 3-7　口令管理

（8）创建示例库。用户可选择是否创建示例库 BOOKSHOP 和 DMHR，如图 3-8 所示。创建示例库后，会生成 DMHR、PERSON、SALES、SCOTT 四个模式及模式下的相关对象，单击"下一步"按钮。

（9）创建摘要。在如图 3-9 所示的窗口中列举了创建数据库实例的参数信息，即创建时指定的数据库名、实例名、数据库目录、端口、控制文件路径、数据文件路径、日志文件路径、簇大小、页大小、日志文件大小、字符集、标识符大小写是否敏感等信息，方便用户确认创建信息是否符合自己的需求。若不符合或参数有误，可单击"上一步"按钮返回修改；若参数无误，单击"完成"按钮即可。

（10）创建数据库。核对完创建信息后，开始创建数据库和创建并启动实例，如图 3-10 所示。

（11）执行创建数据库实例所需脚本。当使用非 root 系统用户创建数据库完成时，将弹出"执行配置脚本"对话框，如图 3-11 所示。以 root 系统用户分别执行对话框中所示的 3 条脚本命令，用来注册并启动实例服务，如图 3-12 所示。

图 3-8　创建示例库　　　　　　　　　　　　　图 3-9　创建摘要

图 3-10　创建数据库　　　　　　　图 3-11　"执行配置脚本"对话框

图 3-12　执行实例初始化所需脚本

（12）执行实例初始化所需脚本完成后，单击如图 3-11 所示对话框中的"确定"按钮，弹出"确认"提示框，如图 3-13 所示，单击"是"按钮后，系统创建数据库和实例，并启动实例服务，最后弹出"创建数据库完成"窗口，如图 3-14 所示，单击"完成"按钮。至此，DM8 初始化实例操作完成。

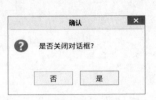

图 3-13 "确认"提示框   图 3-14 "创建数据库完成"窗口

2. 使用 "dminit" 命令创建数据库实例

使用 "dminit" 命令创建数据库实例,命令如下。

```
[dmdba@localhost ~]$ /dm8/bin/dminit path=/dm8/data db_name=SALDB
instance_ name=SALINST port_num=5236 sysdba_pwd=Dameng123 extent_size=16
page_size=8
```

执行结果如下。

```
initdb V8
db version: 0x7000c
file dm.key not found, use default license!
License will expire on 2022-07-09
Normal of FAST
Normal of DEFAULT
Normal of RECYCLE
Normal of KEEP
Normal of ROLL
 log file path: /dm8/data/SALDB/SALDB01.log
 log file path: /dm8/data/SALDB/SALDB02.log
write to dir [/dm8/data/SALDB].
create dm database success. 2022-05-08 21:06:24
```

使用 "dminit" 命令创建数据库实例完成后,后续还需 root 用户将该实例服务手动注册到 Linux 操作系统中,然后启动该实例服务,这样才能连接和使用数据库。需要说明的是,使用达梦数据库配置助手创建的数据库实例,实例服务会自动注册到 Linux 操作系统中。

 ## 任务 3.2 注册与删除达梦数据库实例服务

➤ 任务描述

分别通过命令行工具和图形化工具,注册和删除"工资管理系统"后台数据库 SALDB 的实例服务 DmServiceSALINST。

> ➤ 任务目标

（1）了解达梦数据库服务程序的概念和作用。

（2）了解服务脚本及其参数用法。

（3）掌握使用命令行工具注册和删除实例服务的方法。

（4）掌握使用图形化工具注册和删除实例服务的方法。

> ➤ 知识要点

1. 服务说明

在 Linux（UNIX）操作系统中，很多程序的进程是以后台运行的方式启动的，这样能够保证进程不因终端窗口的关闭而关闭，而且这些进程大多常驻于内存，需要长期运行且不中断。达梦数据库也有许多这样的程序，这些程序的稳定运行保证了达梦数据库实例或达梦数据库集群的正常运行，这些程序就是达梦数据库服务程序。为了方便用户能够使达梦数据库服务程序以后台运行的方式启动，达梦数据库提供了对应的服务脚本模板。

（1）查看达梦数据库服务脚本名。

DM8 提供了 14 个服务脚本模板，分别是 DmAPService、DmAuditMonitorService、DmInstanceMonitorService、DmJobMonitor、DmCSSService、DmDRSService、DmService、DmASMSvrService、DmDCSService、DmDSSService、DmWatcherService、DmCSSMonitorService、DmDRASService、DmMonitorService，其中前 4 个在 DM8 安装目录的"bin"目录下，其余在"/dm8/bin/service_template"目录下，如下所示。

```
[dmdba@localhost bin]$ pwd
/dm8/bin
[dmdba@localhost bin]$ ll Dm*
-rwxr-xr-x 1 dmdba dinstall 13819 11月 22 14:46 DmAPService
-rwxr-xr-x 1 dmdba dinstall 14483 11月 22 14:46 DmAuditMonitorService
-rwxr-xr-x 1 dmdba dinstall 13647 11月 22 14:46 DmInstanceMonitorService
-rwxr-xr-x 1 dmdba dinstall 14120 11月 22 14:46 DmJobMonitorService
-rwxr-xr-x 1 dmdba dinstall 16324  4月  2 17:15 DmServiceSALINST
[dmdba@localhost bin]$ cd service_template
[dmdba@localhost service_template]$ ls
DmAPService            DmCSSService      DmDRSService      DmService
DmASMSvrService        DmDCSService      DmDSSService      DmWatcherService
DmCSSMonitorService  DmDRASService  DmMonitorService
[dmdba@localhost service_template]$
```

（2）服务脚本及其参数说明。

① DmAPService。

达梦数据库辅助插件服务。dmap 对应的服务脚本模板，不需要修改脚本参数。DmAPService 为单实例，即当前达梦数据库系统只可运行一个 DmAPService。参数说明如下。

DFS_INI_PATH：服务脚本所需要的 ini 文件路径，即 dfs.ini 文件路径。

IS_DISABLED：是否禁用服务脚本，若为 True，则禁用此脚本。

② DmAuditMonitorService。

达梦数据库实时审计监控服务。dmamon 对应的服务脚本模板，DmAuditMonitor 为单实例，即当前达梦数据库系统只可运行一个 DmAuditMonitorService。参数说明如下。

INI_PATH：服务脚本所需要的 ini 文件路径，即 dmamon.ini 文件路径。

DCR_INI_PATH：服务脚本所需要的 ini 文件路径，即 dmdcr.ini 文件路径。

USER_ID：数据库连接字符串，格式为 username/password@servername:port。

SSL_PATH：加密通信（SSL）数据库的 SSL 文件的路径。

SSL_PWD：加密通信（SSL）数据库的 SSL 文件的密码。

IS_DISABLED：是否禁用服务脚本，若为 True，则禁用此脚本。

③ DmJobMonitorService。

达梦数据库实时作业监控。dmjmon 对应的服务脚本模板，DmJobMonitorService 为单实例，即当前达梦数据库系统只可运行一个 DmJobMonitorService 服务。参数说明如下。

USER_ID：数据库连接字符串，格式为 username/password@servername:port。

SSL_PATH：加密通信（SSL）数据库的 SSL 文件的路径。

SSL_PWD：加密通信(SSL)数据库的 SSL 文件的密码。

IS_DISABLED：是否禁用服务脚本，若为 True，则禁用此脚本。

④ DmInstanceMonitorService。

达梦数据库实例实时监控服务。dmimon 对应的服务脚本模板，不需要修改脚本参数。DmInstanceMonitorService 为单实例，即当前达梦数据库系统只可运行一个 DmInstanceMonitorService。

⑤ DmService。

达梦数据库实例服务。dmserver 对应的服务脚本模板，一台物理主机可以运行多个 dmserver 实例，同样一台物理主机也可以运行多个 dmserver 的服务脚本。用户可以将服务脚本模板复制到其他目录，并修改脚本名称。建议用户将 DmService 作为新服务脚本的名称前缀。参数说明如下。

INI_PATH：服务脚本所需要的 ini 文件路径，即 dm.ini 文件路径。

DCR_INI_PATH：服务脚本所需要的 ini 文件路径，即 dmdcr.ini 文件路径。

START_MODE：服务启动模式，即 dmserver 启动模式，参数为 open 和 mount。

IS_DISABLED：是否禁用服务脚本，若为 True，则禁用此脚本。

⑥ DmWatcherService。

达梦数据库数据守护服务（V4.0）。dmwatcher 对应的服务脚本模板。参数说明见下。

INI_PATH：服务脚本所需要的 ini 文件路径，即 dmwatcher.ini 文件路径。

IS_DISABLED：是否禁用服务脚本，若为 True，则禁用此脚本。

⑦ DmMonitorService。

达梦数据库数据守护监视器服务（V4.0）。dmmonitor 对应的服务脚本模板。参数说明如下。

INI_PATH：服务脚本所需要的 ini 文件路径，即 dmmonitor.ini 文件路径。

IS_DISABLED：是否禁用服务脚本。若参数值为 True ，则禁用该脚本。

⑧ DmASMSvrService。

达梦数据库集群同步服务。dmasmsvr 对应的服务脚本模板。参数说明如下。

DCR_INI_PATH：服务脚本所需要的 ini 文件路径，即 dmdcr.ini 文件路径。

IS_DISABLED：是否禁用服务脚本，若为 true，则禁用此脚本。

⑨ DmCSSService。

达梦数据库集群同步监控服务。dmcss 对应的服务脚本模板。参数说明如下。

DCR_INI_PATH：服务脚本所需要的 ini 文件路径，即 dmdcr.ini 文件路径。

DFS_INI_PATH：服务脚本所需要的 ini 文件路径，即 dmdfs.ini 文件路径。

IS_DISABLED：是否禁用服务脚本，若为 True，则禁用此脚本。

⑩ DmCSSMonitorService。

达梦数据库自动存储管理器服务。dmcssm 对应的服务脚本模板。参数说明如下。

INI_PATH：服务脚本所需要的 ini 文件路径，即 dmcssm.ini 文件路径。

IS_DISABLED：是否禁用服务脚本，若为 True，则禁用此脚本。

⑪ DmDRSService。

分布式日志服务器服务。dmdrs 对应的服务脚本模板。参数说明如下。

INI_PATH：服务脚本所需要的 ini 文件路径，即 drs.ini 文件路径。

IS_DISABLED：是否禁用服务脚本，若为 True，则禁用此脚本。

⑫ DmDCSService。

分布式目录服务器服务。dmdcs 对应的服务脚本模板。参数说明如下。

INI_PATH：服务脚本所需要的 ini 文件路径，即 dcs.ini 文件路径。

SERVER：需要连接的数据库信息（IP:PORT）。

IS_DISABLED：是否禁用服务脚本，若为 True，则禁用此脚本。

⑬ DmDSSService。

分布式存储服务器服务。dmdss 对应的服务脚本模板。参数说明如下。

INI_PATH：服务脚本所需要的 ini 文件路径，即 dss.ini 文件路径。

IS_DISABLED：是否禁用服务脚本，若为 True，则禁用此脚本。

⑭ DmDRASService。

分布式日志归档服务器服务。dmdras 对应的服务脚本模板。参数说明如下。

INI_PATH：服务脚本所需要的 ini 文件路径，即 dras.ini 文件路径。

IS_DISABLED：是否禁用服务脚本，若为 True，则禁用此脚本。

其中，⑥～⑭中的服务脚本模板对应的达梦数据库服务程序，每种进程均可在同一物理主机上运行多个，同样一台物理主机也可以运行多种服务脚本。用户可以将服务脚本模板复制到其他目录，并修改脚本名称。建议用户将服务脚本模板名称作为新服务脚本名称的前缀。

（3）服务脚本参数修改。

用户在使用服务脚本前，需要先手动修改服务脚本的参数。修改方法是使用编辑器（如Vim）来编辑服务脚本中有关的参数，然后保存。

2．命令行注册和删除服务

命令行注册服务是指在终端输入命令行，通过脚本命令"dm_service_installer.sh"将达梦数据库实例服务注册成 Linux 操作系统服务。命令行删除服务是指在终端命令行，通过脚本命令"dm_service_uninstaller.sh"将达梦数据库实例服务从 Linux 操作系统中删除。这两个脚本命令都在安装目录的 scripts/root 子目录下。注册和删除服务时，用户都要告诉系统数据库配置文件 dm.ini 的位置。数据库配置文件是在初始化数据库时生成的，记录了数据库的有关信息，如数据库名、实例名、端口号、数据库存放路径等，默认在安装目录的

data/SALDB 子目录下。需要注意的是，用户必须以系统用户 root 注册和删除服务。

脚本命令"dm_service_installer.sh"和"dm_service_uninstaller.sh"的用法，如下所示。

```
[root@localhost ~]# cd /dm8/script/root
[root@localhost root]# ls
dm_service_installer.sh  dm_service_uninstaller.sh  root_installer.sh
[root@localhost root]#./dm_service_installer.sh -h
Usage: dm_service_installer.sh -t service_type [-p service_name_postfix]
[-dm_ini dm_ini_file]
          [-watcher_ini watcher_ini_file ] [-monitor_ini monitor_ini_file]
[-cssm_ini cssm_ini_file]
          [-dfs_ini dfs_ini_file] [-dcr_ini dcr_ini_file]
          [-dss_ini dss_ini_file] [-drs_ini drs_ini_file] [-dras_ini
dras_ini_file] [-dcs_ini dcs_ini_file] [-server server_info]
          [-dmap_ini dmap_ini_file] [-dpc_mode SP|MP|BP] [-m open|mount] [-y
dependent_service] [-auto true|false]
       or dm_service_installer.sh [-s service_file_path]
       or dm_service_installer.sh -h

    -t              服务类型,包括dmimon,dmap,dmserver,dmwatcher,dmmonitor,
dmcss,dmcssm,dmasmsvr,dmdcs,dmdrs,dmdras,dmdss.
    -p              服务名后缀,对于dmimon,dmap服务类型无效.
    -dm_ini         dm.ini文件路径.
    -watcher_ini    dmwatcher.ini文件路径.
    -monitor_ini    dmmonitor.ini文件路径.
    -dcr_ini        dmdcr.ini文件路径.
    -cssm_ini       dmcssm.ini文件路径.
    -dss_ini        dss.ini文件路径.
    -drs_ini        drs.ini文件路径.
    -dras_ini       dras.ini文件路径.
    -dcs_ini        dcs.ini文件路径.
    -dfs_ini        dfs.ini文件路径.
    -dmap_ini       dmap.ini文件路径.
    -dpc_mode       DPC节点类型.
    -server         服务器信息(IP:PORT)
    -auto           设置服务是否自动启动,值为true或false，默认true.
    -m              设置服务器启动模式open或mount,只针对dmserver服务类型生效,可选.
    -y              设置依赖服务,此选项只针对systemd服务环境下的dmserver和dmasmsvr
服务类型生效.
    -s              服务脚本路径, 设置则忽略除-y外的其他参数选项.
    -h              帮助.
[root@localhost root]# ./dm_service_uninstaller.sh -h
Usage: dm_service_uninstaller.sh [-n service_name]
    -n   服务名,删除指定服务.
    -h   帮助.
```

3. 图形化工具注册和删除服务

注册和删除服务的图形化工具是达梦数据库配置助手，它可以引导用户注册和删除服务。达梦数据库配置助手注册和删除服务时，用户同样也要告诉系统数据库配置文件 dm.ini

的位置。

➢ **任务实践**

前面已使用"dminit"工具创建了"工资管理系统"的后台数据库 SALDB，该数据库配置文件"dm.ini"在"/dm8/data/SALDB"路径下，现需要在 Linux 操作系统中注册该数据库的实例服务 DmServiceSALINST，以便用户后期能访问到该数据库。用户分别尝试通过命令行工具和图形化工具，注册和删除"工资管理系统"的后台数据库 SALDB 的实例服务 DmServiceSALINST。

1．通过图形化工具注册和删除实例服务

（1）利用数据库配置助手工具注册服务。

① 在终端窗口中，输入"/dm8/tool/dbca.sh"命令并按回车键，打开如图 3-15 所示的"达梦数据库配置助手"对话框。在该对话框中选中"注册数据库服务"单选按钮。

图 3-15 "达梦数据库配置助手"对话框

② 在如图 3-15 所示的对话框中单击"开始"按钮，打开如图 3-16 所示的"DM 数据库配置助手-注册数据库服务"窗口。在"INI 配置文件"文本框中输入数据库配置文件路径或单击其右侧的"浏览"按钮，选择数据库配置文件所在路径。

图 3-16 "DM 数据库配置助手-注册数据库服务"窗口

③ 在如图 3-16 所示的窗口中单击"完成"按钮，打开如图 3-17 所示的窗口。打开一

个终端命令窗口，以 root 用户分别执行"执行配置脚本"对话框中的三条脚本命令，然后单击"确定"按钮，最后单击"完成"按钮。

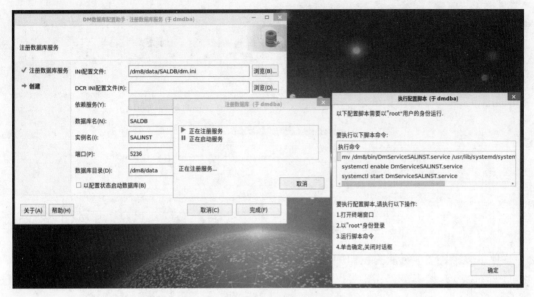

图 3-17　执行配置脚本和注册服务

（2）利用数据库配置助手工具删除服务。

删除上述已经注册了的实例服务 DmServiceSALINST，操作过程如下。

① 停止实例服务 DmServiceSALINST。

```
[dmdba@localhost ~]$/dm8/bin/DmServiceSALINST  stop
Stopping DmServiceSALINST:                        [ok]
```

② 在终端窗口中，输入"/dm8/tool/dbca.sh"命令并按回车键，打开如图 3-18 所示的"达梦数据库配置助手"对话框，选中"删除数据库服务"单选按钮。

图 3-18　"达梦数据库配置助手"对话框

③ 在如图 3-18 所示的对话框中单击"开始"按钮，打开如图 3-19 所示的窗口。选中"选择要删除的数据库服务"单选按钮，再单击"DmServiceSALINST"选项，最后单击"下一步"按钮。

图 3-19   "DM 数据库配置助手-删除数据库服务"窗口

④ 在如图 3-20 所示的窗口中，确认将要删除的资源信息，如果有误，单击"上一步"按钮返回修改；如果无误，单击"完成"按钮即可。

图 3-20   确认要删除的数据库信息

⑤ 在弹出的"确认"提示框中确认要删除的数据库服务信息，无误后单击"确定"按钮，如图 3-21 所示。

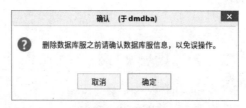

图 3-21   确认要删除的数据库服务信息

⑥ 确定删除数据库服务信息后，弹出"达梦数据库配置助手"窗口和"执行配置脚

本”对话框，如图 3-22 所示。

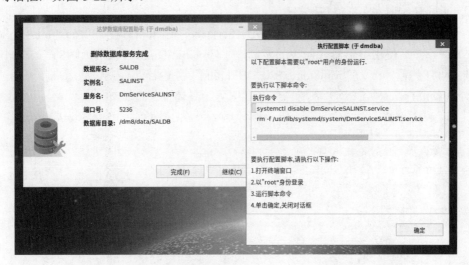

图 3-22　"达梦数据库配置助手"窗口和"执行配置脚本"对话框

⑦ 以系统用户 root 身份，执行如下脚本命令。

```
[root@localhost dmdba]# systemctl disable DmServiceSALINST.service
Removed /etc/systemd/system/multi-user.target.wants/
DmServiceSALINST.service.
    [root@localhost dmdba]# rm -f
/usr/lib/systemd/system/DmServiceSALINST.service
```

⑧ 单击如图 3-22 所示对话框中的"确定"按钮，弹出如图 3-23 所示的"确认"提示框，单击"是"按钮。最后单击如图 3-22 所示窗口中的"完成"按钮。

2. 通过命令行工具注册和删除实例服务

（1）通过脚本命令"dm_service_installer.sh"注册实例服务。

图 3-23　"确认"对话框

① 通过指定服务类型注册服务。

在命令行中输入如下命令后执行，将在 Linux 操作系统中注册达梦数据库实例服务 DmServiceSALINST。

```
    [root@localhost ~]# cd /dm8/script/root
    [root@localhost root]# ls
    dm_service_installer.sh  dm_service_uninstaller.sh  root_installer.sh
    [root@localhost root]# ./dm_service_installer.sh -t dmserver -dm_ini
/dm8/data/SALDB/dm.ini -p SALINST
```

说明：-t 表示服务类型；-dm_ini 表示数据库配置文件；-p 表示服务名后缀。

执行结果如下。

```
    Created symlink
/etc/systemd/system/multi-user.target.wants/DmServiceSALINST.service →
/usr/lib/systemd/system/DmServiceSALINST.service.
    创建服务(DmServiceSALINST)完成
```

```
[root@localhost root]#
```

② 通过服务脚本文件注册服务。

首先复制 "/dm8/bin/service_template/DmService" 文件并改名为 "/dm8/bin/DmService SALINST"，然后使用编辑器（如 Vim）修改 "/dm8/bin/DmServiceSALINST" 文件，将参数 INI_PATH 的值修改为 "/dm8/data/SALDB/dm.ini" 并进行保存。最后用户就可通过服务脚本文件 DmServiceSALINST 注册操作系统服务。具体操作过程如下。

```
[dmdba@localhost bin]$ cp /dm8/bin/service_template/DmService
/dm8/bin/DmServiceSALINST
[dmdba@localhost bin]$ vim /dm8/bin/DmServiceSALINST
```

修改 DmServiceSALINST 文件，设置 INI_PATH 参数的值。

```
INI_PATH="/dm8/data/SALDB/dm.ini"
[root@localhost root]# pwd
/dm8/script/root
[root@localhost root]# ./dm_service_installer.sh -s
/dm8/bin/DmServiceSALINST
```

执行结果如下。

```
Created symlink
/etc/systemd/system/multi-user.target.wants/DmServiceSALINST.service →
/usr/lib/systemd/system/DmServiceSALINST.service.
创建服务(DmServiceSALINST)完成
```

（2）通过脚本命令 "dm_service_uninstaller.sh" 删除实例服务。

删除已经注册成 Linux 操作系统的实例服务 DmServiceSALINST，步骤如下。

第一步：停止服务。

方法 1. 通过命令停止 DmServiceSALINST 服务，命令如下。

```
[root@localhost root]# systemctl stop DmServiceSALINST
```

方法 2. 通过 dmservice.sh 工具停止服务。

① 让 root 系统用户在终端窗口中输入 "cd /dm8/tool" 命令后按回车键，然后输入 "./dmservice.sh" 命令后按回车键，打开如图 3-24 所示的 "DM 服务查看器" 窗口。

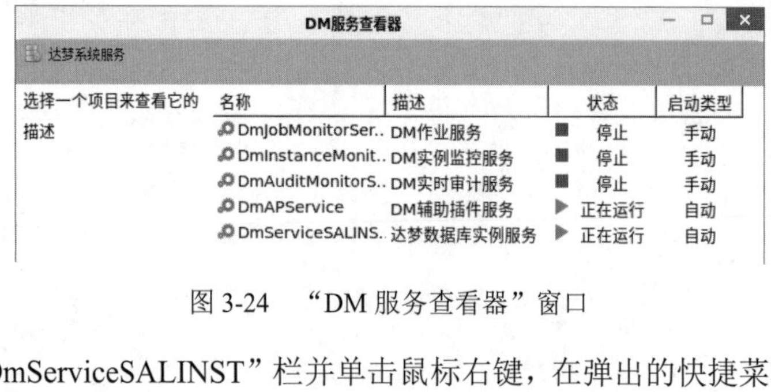

图 3-24　"DM 服务查看器" 窗口

② 选中 "DmServiceSALINST" 栏并单击鼠标右键，在弹出的快捷菜单中选择 "停止" 选项，如图 3-25 所示。

第二步：删除服务，命令如下。

```
[root@localhost root]# ./dm_service_uninstaller.sh -n DmServiceSALINST
```

执行结果如下。

```
是否删除服务(DmServiceSALINST)?(Y/y:是 N/n:否): y
Removed
```

/etc/systemd/system/multi-user.target.wants/DmServiceSALINST.service.
删除服务文件(/usr/lib/systemd/system/DmServiceSALINST.service)完成
删除服务(DmServiceSALINST)完成

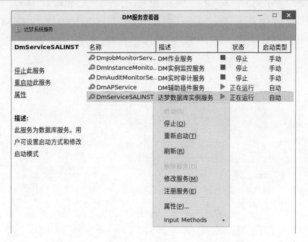

图 3-25 停止 DmServiceSALINST 服务

 任务 3.3 DISQL 工具使用

> 任务描述

已知用户名是"SYSDBA",密码是"g123","工资管理系统"的后台数据库 SALDB 服务器的 IP 地址是"192.168.80.151",端口号是"5236"。现需要通过 DISQL 工具连接登录数据库 SALDB,具体要求如下。

(1)连接默认的达梦数据库 SALDB。

(2)使用 IP 地址和端口连接达梦数据库 SALDB。

(3)使用 service name 连接达梦数据库 SALDB。

(4)能够成功连接登录"工资管理系统"的后台数据库 SALDB,没有错误提示。

> 任务目标

(1)熟悉 DISQL 功能,掌握启动、退出 DISQL 及切换登录的方法。

(2)使用 DISQL 工具连接默认的"工资管理系统"的后台数据库 SALDB。

(3)通过 DISQL 工具,使用 IP 地址和端口连接"工资管理系统"的后台数据库 SALDB。

(4)通过 DISQL 工具,使用 service name 连接"工资管理系统"的后台数据库 SALDB。

> 知识要点

1. DISQL 工具简介

(1)DISQL 功能简介。

DISQL 是达梦数据库的一个命令行客户端工具,以命令行的方式与达梦数据库服务器进行交互。DISQL 是达梦数据库自带的客户端工具,只要安装了达梦数据库,就可以在应用菜单和安装目录中找到它。

DISQL 可以识别用户输入，将用户输入的 SQL 语句打包发送给达梦数据库服务器执行，并接收数据库服务器的执行结果，然后按照用户的要求将执行结果展示给用户。为了更好地与用户交互和展示执行结果，用户也可以在 DISQL 中执行 DISQL 命令，这些命令由 DISQL 工具自身进行处理，不会被发送给数据库服务器。

（2）启动 DISQL。

用户使用 DISQL 前必须先启动 DISQL。在达梦数据库安装目录的 bin 和 tool 子目录下都有 DISQL，通过输入 "./disql -h" 命令查看其用法。

```
[dmdba@localhost ~]$ cd /dm8/bin
[dmdba@localhost bin]$ disql SASDBA/Dameng123@localhost:5236
服务器[localhost:5236]:处于普通打开状态
登录使用时间 : 5.405(ms)
DISQL V8
SQL>
```

启动 DISQL 之后，当出现 "SQL>" 符号时，用户就可以利用达梦数据库提供的 SQL 语句和数据库进行交互操作了。需要注意的是，在 DISQL 中 SQL 语句应以 ";" 结束。在执行语句块，创建触发器、存储过程、函数、包、模式等命令时需要用 "/" 结束。

（3）切换登录。

用户进入 DISQL 界面后，如果想切换到其他的达梦数据库实例中有两种实现方式：一是使用 LOGIN 命令；二是使用 CONN 命令。想要远程登录数据库，用户必须在服务名处使用 IP 地址或网络服务名。因为使用 LOGOUT 或 DISCONN 命令退出远程数据库，是断开连接而不是退出 DISQL。

① LOGIN 登录，建立会话。

直接输入 "login" 命令后，屏幕会提示输入登录信息，如下所示。

```
SQL> login
服务名:
用户名:SYSDBA
密码:
SSL路径:
SSL密码:
UKEY名称:
UKEY PIN码:
MPP类型:
是否读写分离(y/n):
协议类型:
服务器[LOCALHOST:5236]:处于普通打开状态
登录使用时间 : 3.264(ms)
SQL>
服务名:数据库服务名、或 IP 地址、或 UNIXSOCKET文件路径名。LOCALHOST 表示本地服务器。默认为 LOCALHOST。
用户名和密码:默认均为 SYSDBA，密码不回显。
端口号:默认为 5236。
SSL 路径和 SSL 密码:用于服务器通信加密，不加密的用户不用设置，默认为不设置。
UKEY名称和 UKEY PIN 码:供使用UKEY 的用户使用，普通用户不用设置，默认为不使用。
```

> MPP类型：是MPP 登录属性，此属性的有效值为 GLOBAL 和 LOCAL，默认为 GLOBAL。
>
> 是否读写分离(y/n)：默认为n。如果输入y，会提示：读写分离百分比(0~100)。用户根据需要输入相应的百分比，如果输入的百分比不合法，那就相当于没有设置。
>
> 协议类型：默认为TCP，可选 TCP|UDP|IPC（共享内存）|RDMA（远程直接内存访问）
> |UNIXSOCKET。

登录成功后会显示登录时间。

② LOGOUT 注销会话。

```
SQL>LOGOUT
```

③ CONN/CONNECT 连接。

使用 CONN 或 CONNECT 命令建立新会话时，会自动断开先前会话。

示例如下。

```
SQL> conn SALM/Dameng123@192.168.80.153:5236
服务器[192.168.80.153:5236]:处于普通打开状态
登录使用时间:4.354(ms)
SQL>
```

④ DISCONN 断开连接。

```
SQL> disconn
```

（4）退出 DISQL。

使用 EXIT/QUIT 命令退出 DISQL，如下所示：

```
SQL>exit
```

2. 连接默认的达梦数据库实例

这种连接方式是指通过 DISQL 把客户端连接到本机达梦数据库服务器，默认的端口号是"5236"，默认的登录名是"SYSDBA"，默认的密码是"SYSDBA"。

3. 使用 IP 地址和端口连接

这种连接方式是指通过 DISQL 把客户端连接到任意达梦数据库服务器，只要 IP 地址和端口号正确即可。它的连接方法为"./disql 用户名/密码@IP 地址:端口号"，其中 IP 地址是指达梦数据库服务器所在机器的 IP 地址，端口号是安装数据库时指定的端口号，默认端口号是"5236"。

4. 使用 service name 连接

这种连接方式是指通过 DISQL 把客户端连接到指定的达梦数据库服务器，其特点是把指定的达梦数据库服务器的 IP 地址和端口号预先写入配置文件"dm_svc.conf"中，具体方法是在配置文件"/etc/dm_svc.conf"中加入一行：服务名=（IP 地址：端口号）。它的连接方法为"./disql 用户名/密码@服务名"。

➤ 任务实践

已知用户名是"SYSDBA"，密码是"Dameng123"，达梦数据库 SALDB 服务器的 IP 地址是"192.168.80.151"，端口号是"5236"。操作要求如下。

（1）连接默认的达梦数据库 SALDB 实例。

（2）使用 IP 地址和端口连接达梦数据库 SALDB 实例。

（3）使用 service name 连接达梦数据库 SALDB 实例。

1．连接默认的达梦数据库 SALDB 实例

此处假设 SYSDBA 用户的登录密码是"SYSDBA"，连接方法如下。

```
[dmdba@localhost bin]$ pwd
/dm8/bin
[dmdba@localhost bin]$ ./disql
DISQL V8
用户名：
密码：
服务器[LOCALHOST:5236]:处于普通打开状态
登录使用时间:1.672(ms)
SQL>
```

注意：以上用户名和密码不用输入，直接按回车键。

2．使用 IP 地址和端口连接达梦数据库 SALDB 实例

```
[dmdba@localhost ~]$ cd /dm8/bin
[dmdba@localhost bin]$ ./disql SYSDBA/Deameng123@192.168.80.151:5236
服务器[192.168.80.151:5236]:处于普通打开状态
登录使用时间 : 1.404(ms)
DISQL V8
SQL>
```

3．使用 service name 连接达梦数据库 SALDB 实例

（1）修改"/etc/dm_svc.conf"文件并保存退出。

```
[dmdba@localhost etc]$ vim dm_svc.conf
在"dm_svc.conf"文件中加入一行：
myserver=(192.168.80.151:5236)
```

（2）使用 service name 连接。

```
[dmdba@localhost etc]$ /dm8/bin/disql SYSDBA/Dameng123@myserver
服务器[192.168.80.151:5236]:处于普通打开状态
登录使用时间:1.417(ms)
DISQL V8
SQL>
```

任务 3.4　DM 管理工具使用

➤　任务描述

已知用户名为"SYSDBA"，密码为"Dameng123"，"工资管理系统"的后台数据库 SALDB 服务器的 IP 地址为"192.168.80.151"，端口号为"5236"。现需要通过 DM 管理工具成功连接登录"工资管理系统"后台数据库 SALDB，且没有错误提示。

➢ 任务目标

（1）了解 DM 管理工具的主要功能，掌握启动 DM 管理工具的方法，掌握利用 DM 管理工具连接数据库的方法，熟悉 DM 管理工具的操作界面。

（2）了解 DM 管理工具显示语言修改为中文的方法。

（3）掌握启用 DM 管理工具中 SQL 助手功能的方法。

（4）利用 DM 管理工具连接"工资管理系统"的后台数据库 SALDB。

➢ 知识要点

1．DM 管理工具简介

（1）DM 管理工具的主要功能。

DM 管理工具是数据库自带的图形化工具，可以方便快捷地对数据进行管理。DM 管理工具通过单个管理工具，对多个数据库实例进行管理，方便简化 DBA 对数据库的日常运维操作要求。具体来说，利用 DM 管理工具可以连接数据库，管理服务器，管理用户，管理表空间，管理模式，管理表、索引、视图、存储过程、函数、触发器、数据约束等，备份库、表、表空间和归档，管理作业，新建 SQL 查询并执行查询，设置窗口显示样式和功能选项等。

（2）启动 DM 管理工具。

DM 管理工具在安装目录的 tool 子目录下，在终端窗口输入"/dm8/tool"命令后按回车键，即可打开如图 3-26 所示的"DM 管理工具"窗口。启动过程如下。

```
[dmdba@localhost ~]$ cd /dm8/tool
[dmdba@localhost tool]$ ./manager
```

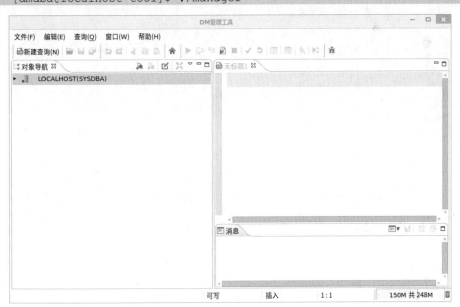

图 3-26　"DM 管理工具"窗口

（3）DM 管理工具界面简介。

① 菜单栏。

菜单栏如图 3-27 所示。用户利用菜单栏，可以新建查询、编辑和保存编辑器中的内容，执行编辑器中的 SQL 语句或脚本，设置窗口显示样式和功能选项等。

图 3-27　菜单栏

② 工具栏。

工具栏如图 3-28 所示，它不仅包括新建查询、打开、保存、编辑等工具按钮，还包括执行、调试 SQL 语句等工具按钮。

图 3-28　工具栏

③ "对象导航"窗格。

"对象导航"窗格如图 3-29 所示，用户在"对象导航"窗格可以连接多个数据库，可以管理数据库中所有的对象。在此界面，用户可以图形窗口方式实现几乎所有的操作，如创建表空间、用户、模式、表、视图等，备份和还原，管理作业等。

图 3-29　"对象导航"窗格

④ 编辑器和消息框。

编辑器和消息框如图 3-30 所示。用户在编辑器中可以输入和编辑 SQL 语句或脚本代码。用户在消息框中可以看到显示的语句代码执行情况或提示消息。

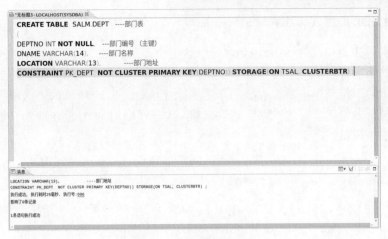

图 3-30 编辑器和消息框

2. 修改 DM 管理工具显示语言

如果安装操作系统时选择的语言是英文，那么 DM 管理工具也会默认用英文显示。如果想改成中文显示，Linux 操作系统下 DM 管理工具是一个 Shell 脚本，可直接使用 Vim 工具修改脚本，增加一行 "INSTALL_LANGUAGE=zh_CN"，如下所示。

```
[dmdba@localhost ~]$ vim /dm8/tool/manager
#!/bin/sh
PRG="$0"
PRGDIR=dirname "$PRG"
CURRENT_DIR=pwd
cd "$PRGDIR/.."
DM_HOME=pwd
cd "$CURRENT_DIR"
JAVA_HOME="$DM_HOME/jdk"
TOOL_HOME="$DM_HOME/tool"
INSTALL_LANGUAGE=zh_CN
LD_LIBRARY_PATH="$DM_HOME/bin:$LD_LIBRARY_PATH"
export LD_LIBRARY_PATH
MALLOC_ARENA_MAX=4
export MALLOC_ARENA_MAX
    "$JAVA_HOME/bin/java" -Xms256m -Xmx2048m -XX:+PerfDisableSharedMem
-DDM_HOME="$DM_HOME" -Djava.library.path="$DM_HOME/bin"
-Ddameng.log.file="$TOOL_HOME/log4j.xml" -DeclipseHome="$TOOL_HOME"
-Dosgi.nl="$INSTALL_LANGUAGE"
-Ddameng.dts.explorer.root="$TOOL_HOME/workspace/local/dts"
-Ddameng.isql.explorer.root="$TOOL_HOME/workspace/local/isql"
-Duse_bak2=true -Dapp.name=manager -jar
"$TOOL_HOME/plugins/org.eclipse.equinox.launcher_1.1.1.R36x_v20101122_1400.j
ar" -os linux -ws gtk -arch x86_64 -showsplash "$TOOL_HOME/manager.bmp" -data
"$TOOL_HOME/workspace/manager" -product com.dameng.manager.product -name
Manager
```

3. 启用 SQL 助手（SQL Assist）功能

在 DM 管理工具中编写 SQL 语句时，默认不会提示表名、列名等，DM 管理工具自带该功能，但默认没有启动。启用 SQL 输入助手功能的方法是先单击菜单栏中的"窗口"选项卡，在弹出的下拉菜单中单击"选项"选项，打开如图 3-31 所示的"选项"对话框，再单击"查询分析器"选项下的"编辑器"选项，勾选"启用 SQL 输入助手"复选框，最后单击"确定"按钮。

图 3-31　"选项"对话框

> ## 任务实践

已知用户名是"SYSDBA"，密码是"Dameng123"，使用 DM 管理工具连接数据库 SALDB，SALDB 数据库端口号为"5236"。

操作过程如下。

（1）启动 DM 管理工具。在终端窗口输入"/dm8/tool/manager"命令后按回车键，即可打开如图 3-26 所示的"DM 管理工具"窗口。

（2）新建连接。单击"对象导航"窗格中的"新建连接"按钮，如图 3-32 所示，打开如图 3-33 所示的"登录"对话框。

图 3-32　"新建连接"按钮

（3）在"登录"对话框中输入主机名、端口号、用户名和口令等信息，如图 3-34 所示，单击"确定"按钮，即可实现数据库 SALDB 的连接。

（4）在"对象导航"窗格中，连接成功后的"DM 管理工具"界面如图 3-35 所示。

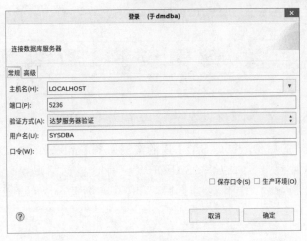

图 3-33 "登录"对话框

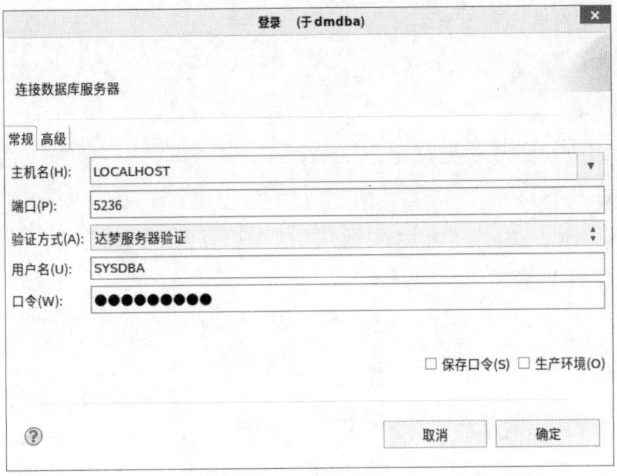

图 3-34 输入信息

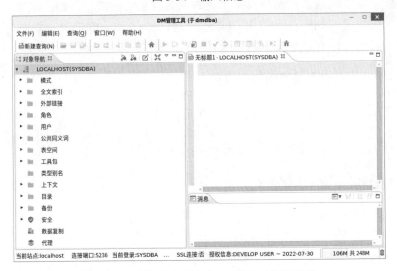

图 3-35 连接成功后的"DM 管理工具"界面

任务 3.5　启动与停止达梦数据库实例服务

> ➤ **任务描述**

"工资管理系统"的后台数据库 SALDB 的实例服务 DmServiceSALINST 只有处于开启状态时，用户才能连接登录数据库 SALDB，但有时根据情况可能需要停止实例服务 DmServiceSALINST。因此，用户需要掌握启动和停止实例服务 DmServiceSALINST 的方法。

> ➤ **任务目标**

（1）通过"dmserver"命令启动"工资管理系统"的后台数据库 SALDB 的实例服务 DmServiceSALINST，并退出该实例服务。

（2）通过 DM 服务查看器启动或停止"工资管理系统"的后台数据库 SALDB 的实例服务 DmServiceSALINST。

（3）通过系统服务管理命令启动或停止"工资管理系统"的后台数据库 SALDB 的实例服务 DmServiceSALINST。

（4）通过"DmService 实例名"启动或停止"工资管理系统"的后台数据库 SALDB 的实例服务 DmServiceSALINST。

> ➤ **知识要点**

1．通过"dmserver"命令启动实例服务

启动数据库实例服务有两种方式：命令行方式和图形化界面方式。"dmserver"命令是以命令行方式启动实例服务。用户可采用此方式启动未注册或已注册的数据库实例服务。该命令位于安装目录的 bin 子目录下，其用法可通过输入"/dm8/bin/dmserver -h"命令查看。

实例服务启动后，在命令行输入"exit"命令，服务即停止。

2．通过 DM 服务查看器管理实例服务

DM 服务查看器是安装目录的 tool 子目录下的 dmservice.sh，是图形化工具。普通用户调用 DM 服务查看器可以查看数据库实例服务状态，但不能启动或停止数据库实例服务。只有系统用户 root 才能启动或停止数据库实例服务。

3．通过系统服务管理实例服务

以系统用户 root 的身份，通过系统服务管理命令"systemctl"，可以查看实例服务状态，启动、重启、停止实例服务。"systemctl"命令用法如下。

```
systemctl start|stop|status|restart DmService实例名
```

4．通过"DmService 实例名"管理实例服务

"DmService 实例名"在安装目录的 bin 子目录下，如/dm8/bin/DmServiceSALINST。普

通用户通过"DmService 实例名"也可以查看实例服务状态，启动、重启、停止实例服务。推荐使用"DmService 实例名"管理实例服务。"DmService 实例名"管理实例服务用法如下。

```
DmService实例名 start|stop|status|restart
```

➤ **任务实践**

1. **通过"dmserver"命令启动达梦数据库实例服务，并退出实例服务**

```
[dmdba@localhost ~]$ /dm8/bin/dmserver  /dm8/data/SALDB/dm.ini
file dm.key not found, use default license!
version info: develop
DM Database Server x64 V8 1-2-38-21.07.09-143359-10018-ENT  startup...
Normal of FAST
Normal of DEFAULT
Normal of RECYCLE
Normal of KEEP
Normal of ROLL
Database mode = 0, oguid = 0
License will expire in 14 day(s) on 2022-07-30
file lsn: 32673
ndct db load finished
ndct fill fast pool finished
iid page's trxid[8016]
NEXT TRX ID = 8017
pseg_collect_mgr_items, total collect 0 active_trxs, 0 cmt_trxs, 0
pre_cmt_trxs, 0 active_pages, 0 cmt_pages, 0 pre_cmt_pages, 0 mgr pages, 0 mgr
recs!
total 0 active crash trx, pseg_crash_trx_rollback sys_only(0) begin ...
pseg_crash_trx_rollback end, total 0 active crash trx, include 0
empty_trxs, 0 empty_pages which only need to delete mgr recs.
pseg_crash_trx_rollback end
pseg recv finished
nsvr_startup end.
aud sys init success.
aud rt sys init success.
systables desc init success.
ndct_db_load_info success.
nsvr_process_before_open begin.
nsvr_process_before_open success.
total 0 active crash trx, pseg_crash_trx_rollback sys_only(0) begin ...
pseg_crash_trx_rollback end, total 0 active crash trx, include 0
empty_trxs, 0 empty_pages which only need to delete mgr recs.
pseg_crash_trx_rollback end
SYSTEM IS READY.
exit
Server is stopping...
listener closed  and all sessions disconnected
purge undo records in usegs...OK
```

```
        full check point starting...
        generate force checkpoint, rlog free space[536716800], used space[145920]
        checkpoint begin, used_space[145920], free_space[536716800]...
        checkpoint end, 13 pages flushed, used_space[150016],
free_space[536712704].
        full check point end.
        shutdown audit subsystem...OK
        shutdown schedule subsystem...OK
        shutdown timer successfully.
        pre-shutdown MAL subsystem...OK
        shutdown worker threads subsystem...OK
        shutdown local parallel threads pool successfully.
        shutdown replication subsystem...OK
        shutdown sequence cache subsystem...OK
        wait for mtsk link worker to exit..OK
        shutdown mpp session subsystem...OK
        wait for rapply is all over... OK
        rapply worker threads exit successfully.
        pre ending task & worker threads...OK
        shutdown dblink subsystem...OK
        shutdown session subsystem...OK
        shutdown rollback segments purging subsystem...OK
        shutdown rps subsystem...OK
        shutdown transaction subsystem...OK
        shutdown locking subsystem...OK
        shutdown dbms_lock subsystem...OK
        ending tsk and worker threads...OK
        ckpt2_exec_immediately begin.
        checkpoint begin, used_space[150016], free_space[536712704]...
        checkpoint end, 0 pages flushed, used_space[20480],
free_space[536842240].
        checkpoint begin, used_space[20480], free_space[536842240]...
        checkpoint end, 0 pages flushed, used_space[20480],
free_space[536842240].
        checkpoint begin, used_space[20480], free_space[536842240]...
        checkpoint end, 0 pages flushed, used_space[0], free_space[536862720].
        checkpoint begin, used_space[0], free_space[536862720]...
        checkpoint end, 0 pages flushed, used_space[0], free_space[536862720].
        shutdown archive subsystem...OK
        shutdown redo log subsystem...OK
        shutdown MAL subsystem...OK
        shutdown message compress subsystem successfully.
        shutdown task subsystem...OK
        shutdown trace subsystem...OK
        shutdown svr_log subsystem...OK
        shutdown plan cache subsystem...OK
        shutdown file subsystem...OK
        shutdown database dictionary subsystem...OK
        shutdown mac cache subsystem...OK
```

```
shutdown dynamic login cache subsystem...OK
shutdown ifun/bifun/sfun/afun cache subsystem...OK
shutdown crypt subsystem...OK
shutdown pipe subsystem...OK
shutdown compress component...OK
shutdown slave redo subsystem...OK
shutdown kernel buffer subsystem...OK
shutdown SQL capture subsystem...OK
shutdown control file system...OK
shutdown dtype subsystem...OK
shutdown huge buffer and memory pools...OK
close lsnr socket
DM Database Server shutdown successfully.
```

2．通过 DM 服务查看器启动或停止达梦数据库实例服务

以系统用户 root 的身份，在终端窗口中输入"/dm8/tool/dmservice.sh"命令并按回车键，打开"DM 服务查看器"窗口，如图 3-36 所示。调用 DM 服务查看器的命令如下。

```
[root@localhost ~]# /dm8/tool/dmservice.sh
```

图 3-36　"DM 服务查看器"窗口

选中"达梦数据库实例服务"栏并单击鼠标右键，在弹出的快捷菜单中选择"启动"或"停止"选项，即可启动或停止数据库实例服务，如图 3-37 所示。

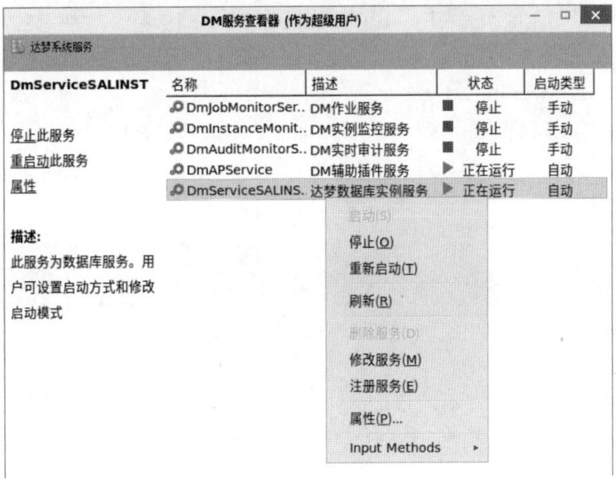

图 3-37　启动或停止数据库实例服务

3．通过系统服务管理启动或停止达梦数据库实例服务

（1）查看当前 DmServiceSALINST 服务状态。

```
[root@localhost dmdba]# systemctl status DmServiceSALINST
● DmServiceSALINST.service - DM Instance Service(DmServiceSALINST).
    Loaded: loaded (/usr/lib/systemd/system/DmServiceSALINST.service;
enabled; v>
    Active: active (running) since Sat 2022-07-16 15:18:45 CST; 14min ago
   Process: 1528 ExecStart=/dm8/bin/DmServiceSALINST start (code=exited,
status=>
  Main PID: 1621 (dmserver)
     Tasks: 51
    Memory: 384.8M
    CGroup: /system.slice/DmServiceSALINST.service
            └─1621 /dm8/bin/dmserver path=/dm8/data/SALDB/dm.ini -noconsole

7月 16 15:18:30 localhost systemd[1]: Starting DM Instance
Service(DmServiceSALIN>
   7月 16 15:18:45 localhost DmServiceSALINST[1528]: [38B blob data]
   7月 16 15:18:45 localhost systemd[1]: Started DM Instance
Service(DmServiceSALINS
```

（2）停止 DmServiceSALINST 服务。

```
[root@localhost ~]# systemctl stop  DmServiceSALINST
```

（3）启动 DmServiceSALINST 服务。

```
[root@localhost dmdba]# systemctl start  DmServiceSALINST
```

4. 通过 "DmServiceSALINST" 启动或停止达梦数据库实例服务

（1）查看 DmServiceSALINST 服务状态。

```
[dmdba@localhost ~]$ /dm8/bin/DmServiceSALINST status
DmServiceSALINST (pid 30899) is running.
```

（2）停止 DmServiceSALINST 服务。

```
[dmdba@localhost ~]$ /dm8/bin/DmServiceSALINST stop
Stopping DmServiceSALINST:                            [ OK ]
```

（3）启动 DmServiceSALINST 服务。

```
[dmdba@localhost ~]$ /dm8/bin/DmServiceSALINST start
Starting DmServiceSALINST:                            [ OK ]
```

 ## 项目总结

　　本项目使用"图形化工具"和"命令行工具"两种方式创建数据库实例，注册或删除达梦数据库实例服务，启动或停止达梦数据库实例服务，连接达梦数据库或断开连接。

　　创建达梦数据库实例、注册或删除达梦数据库实例服务的图形化工具为达梦数据库配置助手"dbca.sh"；启动或停止达梦数据库实例服务的图形化工具为 DM 服务查看器"dmservice.sh"；连接达梦数据库或断开连接的图形化工具为 DM 管理工具。

　　创建达梦数据库实例的命令行工具为"dminit"，注册达梦数据库实例服务的命令行工具为"dm_service_installer.sh"，删除达梦数据库实例服务的命令行工具为"dm_service_uninstaller.sh"。启动或停止达梦数据库实例服务的命令行工具有"dmserver""DmService 实例名"和系统服务管理命令"systemctl"。连接达梦数据库或断开连接的命令行工具为 DISQL。

　　只有在创建达梦数据库实例后，并且在实例服务开启的情况下，用户才能连接数据库，然后才能对达梦数据库进行后续各种操作。

考核评价

评价项目	评价要素及标准	分值	得分
素养目标	能够借助网络，解决安装过程中出现的各种问题	20 分	
技能目标	能够使用图形界面安装创建达梦数据库实例 SALDB	20 分	
	掌握 dminit 工具创建达梦数据库实例的命令语句	10 分	
	能够关闭数据库实例	5 分	
	能够启动数据库实例	5 分	
	能够注册数据库实例	5 分	
	能够删除达梦数据库实例	5 分	
	能够使用 DISQL 连接达梦数据库实例	15 分	
	能够使用 DM 管理工具连接数据库实例	5 分	
	能够使用 DM 管理工具进行其他操作	10 分	
合计			
收获与反思	通过学习，我的收获： 通过学习，发现不足： 我还可以改进的地方：		

 # 思考与练习

一、单选题

1. 创建达梦数据库实例有（　　　）种方法。

A．1　　　　　　B．2　　　　　　C．3　　　　　　D．4

2．达梦数据库指的是存放在磁盘上的数据集合，一般包括（　　）。

A．数据文件　　　B．日志文件　　　C．控制文件　　　D．临时数据文件

3．通常一个实例只能与（　　）个数据库进行关联。

A．一　　　　　　B．零　　　　　　C．多　　　　　　D．二

4．下列属于达梦数据库实例服务的是（　　）。

A．DmAPService　　　　　　　　B．DmInstanceMonitorService

C．DmJobMonitorService　　　　　D．DmService

5．在 Linux 操作系统上注册达梦数据库实例服务的脚本命令是（　　）。

A．dm_service_installer.sh　　　　B．dm_service_uninstaller.sh

C．root_installer.sh　　　　　　　D．dmsevice.sh

6．达梦数据库的一个命令行客户端工具是（　　）。

A．CONN　　　　B．LOGIN　　　　C．DISQL　　　　D．SQL

7．利用 DM 管理工具可以（　　）等。

A．连接数据库　　　　　　　　　B．管理服务器

C．管理用户　　　　　　　　　　D．管理表空间

8．用户可以通过（　　）启动或停止达梦数据库实例服务。

A．dmserver 命令　　　　　　　　B．DM 服务查看器

C．systemctl 命令　　　　　　　　D．DmService 命令

二、判断题

1．数据库和实例是同一个概念。　　　　　　　　　　　　　　　　（　　）

2．达梦数据库配置助手是一个图形化工具，能够引导用户创建数据库实例和删除数据库实例。　　　　　　　　　　　　　　　　　　　　　　　　　　　（　　）

3．达梦数据库创建后，用户就可以直接使用它了。　　　　　　　（　　）

4．通过 DISQL 把客户端连接到本机达梦数据库上，默认的端口号是"5236"，默认的登录名是"SYSDBA"，默认的密码是"SYSDBA"。　　　　　　　（　　）

5．任何用户都可以启动或停止达梦数据库实例服务。　　　　　　（　　）

三、简答题

1．什么是数据库？

2．什么是实例？

3．数据库和实例有什么关系？

4．通过哪两种方式可以创建达梦数据库？

5．通过哪两个工具可以连接登录达梦数据库？

项目 4

达梦数据库体系结构说明

>> ● 项目场景

　　体系结构是对一个系统的框架描述，是设计一个系统的宏观工作。从总体上了解达梦数据库由哪些要素构成，其各要素之间是如何关联的，对达梦数据库的学习不可或缺。在 DM8 体系结构中，"数据库"和"实例"是两个截然不同的概念，甚至可以说它们是两个完全不同的实体。掌握达梦数据库的构成及工作原理，是学习达梦数据库的基础。用户可以通过对数据库相关参数的调整，提升数据库管理系统的性能，使数据库的运行更加稳定。

　　在 DM8 体系结构中，数据库是指磁盘上存放的物理文件的集合，通常也称为物理存储结构，一般包括配置文件、控制文件、数据文件、重做日志文件等。实例是由一组正在运行的达梦数据库后台进程/线程及一个大型的共享内存组成的。简单来说，实例是操作达梦数据库的一种方法，是用来访问数据库的内存结构及后台进程/线程的集合。DM8 体系结构如图 4-1 所示。

　　项目 2 和项目 3 已经创建了"工资管理系统"数据库环境和初始化数据库实例，本项目将对整个"工资管理系统"数据库实例的性能进行优化，使数据库的运行更加快速和稳定。

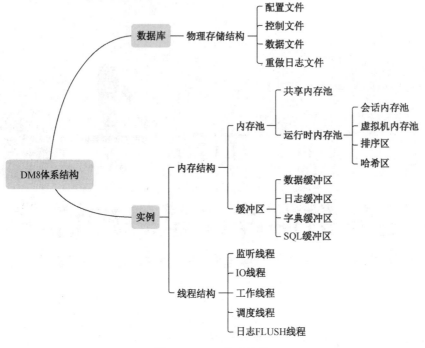

图 4-1　DM8 体系结构

>> ● **项目目标**

　　优化"工资管理系统"后台数据库实例的参数、内存参数、线程参数，提升后台数据库的性能，确保"工资管理系统"持续稳定的运行。

>> ● **技能目标**

❶ 了解 DM8 的体系结构，掌握达梦数据库的构成。

❷ 了解数据库和实例的区别。

❸ 掌握达梦数据库的物理存储结构，并了解各部分的作用。

❹ 掌握达梦数据库的内存结构，了解数据缓冲区的 4 种类型。

❺ 掌握达梦数据库的线程结构及各线程的作用。

>> ● **素养目标**

❶ 培养学生对数据库体系结构的理解和应用。

❷ 培养学生的数据库思维。

任务 4.1　　达梦数据库的物理存储结构

> ### 任务描述

熟悉达梦数据库的物理存储结构。

> ### 任务目标

了解配置文件、控制文件、数据文件、重做日志文件的形式和作用。

> ### 知识要点

达梦数据库使用了磁盘上大量的物理存储结构文件来保存和管理用户数据。典型的物理存储结构文件包括用于进行功能设置的配置文件，用于记录文件分布的控制文件，用于保存用户实际数据的数据文件、重做日志文件等，如图 4-2 所示。

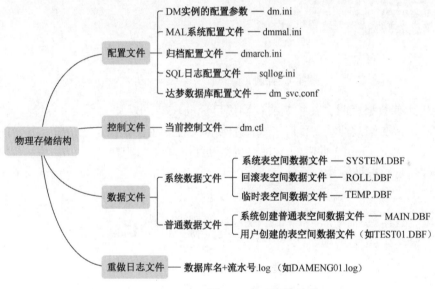

图 4-2　物理存储结构

1. 配置文件

达梦数据库的配置文件大多以 ".ini" 为扩展名，用来存储功能选项的配置值。配置文件存放在相应的实例文件的目录下，配置文件信息如图 4-3 所示。

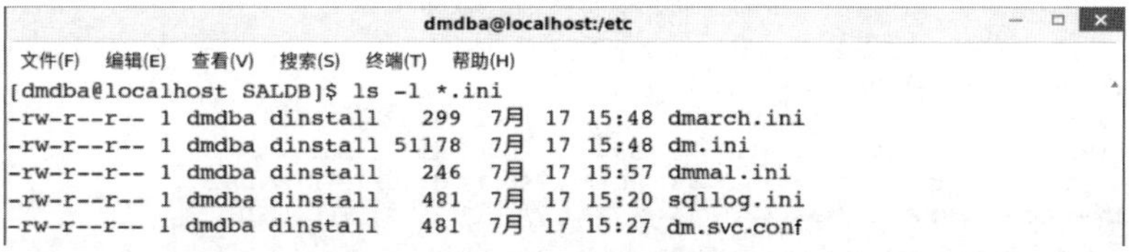

图 4-3　配置文件信息

（1）dm.ini：达梦数据库实例的配置参数。在创建达梦数据库实例时自动生成。

（2）dmmal.ini：MAL（邮件系统）配置文件。在配置达梦数据库高可用解决方案时（如达梦数据库数据守护集群、达梦数据库数据共享集群等），需要用到该配置文件进行节点之间通信。

（3）dmarch.ini：归档配置文件。启用数据库归档后，在该文件中配置归档的相关属性，如归档类型、归档路径、归档可使用的空间大小等。

（4）sqllog.ini：SQL 日志的配置文件。当且仅当 SVR_LOG=1 时使用。

（5）dm_svc.conf：达梦数据库配置文件。该文件包含达梦数据库各个接口及客户端所需要的配置信息。在安装达梦数据库时自动生成，一般存放在"/etc/"目录下。

2．控制文件

每个达梦数据库实例都有一个二进制的控制文件，默认与数据文件存放在同一个目录下，扩展名为".ctl"。控制文件记录了数据库必要的初始信息，主要包含数据库名称、数据库服务器模式、数据库服务器版本、数据文件版本等信息。控制文件信息如图 4-4 所示。

图 4-4　控制文件信息

第一次初始化达梦数据库时会在控制文件同级目录的 CTL_BAK 目录下，对原始的dm.ctl 执行一次备份。在修改控制文件时（如添加数据文件）也会执行一次备份。备份的路径和备份保留数是由 dm.ini 文件中的 CTL_BAK_PATH 和 CTL_BAK_NUM 两个参数决定的。控制文件备份数据如图 4-5 所示。

图 4-5　控制文件备份参数

3．数据文件

数据文件以".DBF"为扩展名，它是数据库中较为重要的文件类型，一个数据文件对应磁盘上的一个物理文件，数据文件是真实数据存储的地方，每个数据库至少有一个与之相关的数据文件，数据文件信息如图 4-6 所示。在实际应用中，通常有多个数据文件。

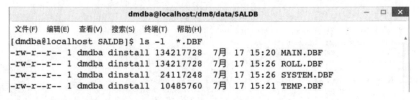

图 4-6　数据文件信息

4．重做日志文件

重做日志是指在达梦数据库中添加、删除、修改对象，在改变数据时达梦数据库都会按照特定的格式，将这些操作执行结果写入当前的重做日志文件中。重做日志文件以".log"为扩展名。每个达梦数据库实例至少有两个重做日志文件，默认两个日志文件为 SALDB01.log 和 SALDB02.log，这两个文件循环使用。由于重做日志文件是数据库正在使用的日志文件，因此也被称为联机日志文件。重做日志文件信息如图 4-7 所示。

```
dmdba@localhost:/dm8/data/SALDB                               –  □  ×
文件(F)  编辑(E)  查看(V)  搜索(S)  终端(T)  帮助(H)
[dmdba@localhost SALDB]$ ls -l *.log
-rw-r--r-- 1 dmdba dinstall       833  7月 17 15:20 dminit20220717152039.log
-rw-r--r-- 1 dmdba dinstall        12  7月 17 15:21 rep_conflict.log
-rw-r--r-- 1 dmdba dinstall 268435456  7月 17 15:31 SALDB01.log
-rw-r--r-- 1 dmdba dinstall 268435456  7月 17 15:21 SALDB02.log
[dmdba@localhost SALDB]$
```

图 4-7　重做日志文件信息

 ## 任务 4.2　达梦数据库内存结构

➢ 任务描述

目前，"工资管理系统"在执行某些功能的时候效率低，需要数据库管理员（DBA）对数据库的系统参数进行优化，以提高工资管理系统的运行速度。经过 DBA 的诊断，发现需要对"数据缓冲区"（BUFFER)、"SQL 缓冲区"(CACHE_POOL_SIZE)、"排序区"（SORT_BUF_SIZE）进行扩充。

具体调整如下：BUFFER= 2048；CACHE_POOL_SIZE=200；SORT_BUF_SIZE=50。

➢ 任务目标

（1）了解内存池和缓冲区的构成。
（2）了解运行时缓冲区的特点。
（3）熟悉达梦数据库的内存结构。
（4）掌握修改达梦数据库的参数方法。
（5）掌握提升"工资管理系统"运行性能的方法。

➢ 知识要点

数据库服务器上的可用内存量有限，所以对于达梦数据库实例而言，必须注意内存的分配情况。如果将过多的内存分配给没有此需求的特定区域使用，则很可能导致其他功能区没有足够的内存，无法以最优的方式工作。要实现系统内存的最佳利用，需要根据不同的工作场景进行手动配置。

达梦数据库管理系统的内存结构主要包括内存池、缓冲区等。根据系统子模块的不同功能，对内存进行了上述划分，并采用了不同的管理模式。内存结构如图 4-8 所示。

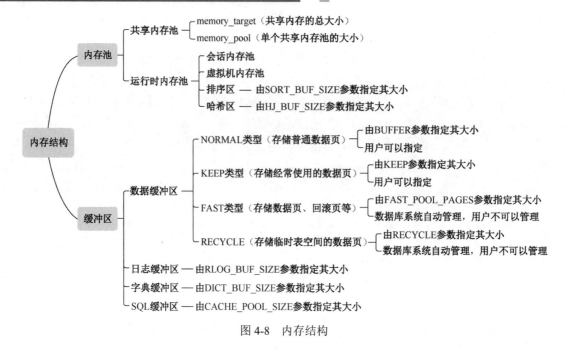

图 4-8　内存结构

1. 内存池

达梦数据库的内存池包括共享内存池和运行时内存池。用户可以通过 V$MEM_POOL 视图查看所有内存池的状态和使用情况，如图 4-9 所示。

```
select name,is_shared,org_size,total_size from v$mem_pool order by 4;
```

	NAME VARCHAR(128)	IS_SHARED CHAR(1)	ORG_SIZE BIGINT	TOTAL_SIZE BIGINT
1	RT HEAP	N	16384	16384
2	RT HEAP	N	16384	16384
3	PURG POOL	N	65536	65536
4	PARALLEL LOADER POOL	Y	65536	65536
5	XMAL SYS	Y	65536	65536
6	NSEQ CACHE	Y	65536	65536
7	INJECT HINT	N	65536	65536
8	POLICY GRP	Y	65536	65536
9	MEM FOR PIPE	Y	65536	65536
10	HUGE AUX	Y	65536	65536
11	CHECK POINT	N	131072	131072
12	DBLINK POOL	Y	131072	131072
13	XBOX SYS	Y	65536	327680
14	CYT CACHE	Y	65536	327680
15	FLASHBACK SYS	Y	130944	393088
16	RT MEMOBJ VPOOL	N	1048576	1048576
17	LARGE MEM SQL MONITOR	Y	1048576	1048576
18	BACKUP POOL	Y	4194304	4194304
19	SESSION	N	65536	4259840
20	SESSION	N	65536	4259840
21	DICT CACHE	Y	5242880	5242880
22	DSQL STAT HISTORY	Y	15728640	15728640
23	VIRTUAL MACHINE	N	65536	18939904
24	VIRTUAL MACHINE	N	65536	18939904
25	RT MEMOBJ VPOOL	N	20971152	20971520
26	SQL CACHE MANAGERMENT	Y	20971520	20971520
27	MON ITEM ARR	Y	9437184	104857600
28	SHARE POOL 000	Y	78643200	330301440

图 4-9　查看所有内存池的状态和使用情况

（1）共享内存池。

共享内存池是达梦数据库服务线程在启动时从操作系统中申请的一大片内存。在达梦数据库运行期间，经常会申请和释放小片内存，而向操作系统申请和释放内存时需要发出系统调用，此时可能会引起线程切换，系统运行效率降低等情况。采用共享内存池可以一次向操作系统申请一片较大内存，即为内存池，当系统在运行过程中需要申请内存时，可在共享内存池内进行申请，当用完该内存时再释放掉，即可归还给共享内存池。

（2）运行时内存池。

除了共享内存池，达梦数据库的一些功能模块在运行时还会使用自己的运行时内存池。这些运行时内存池是从操作系统中申请一片内存作为本功能模块的内存池来使用，如会话内存池、虚拟机内存池、排序区、哈希区等。

排序区提供数据排序所需要的内存空间。当用户执行 SQL 语句时，常常需要进行排序，所使用的内存是由排序区提供的。在每次排序过程中，都需要向系统申请内存，排序结束后再释放内存。达梦数据库提供了参数"SORT_BUF_SIZE"来指定排序区的大小，该参数在配置文件 dm.ini 中，系统管理员可以设置其大小以满足需求，因为该值是由系统内部排序算法和排序数据结构决定的，所以建议使用默认值"2 MB"。

DM8 数据库提供了为哈希连接而设定的内存池，即哈希区。哈希区是一个虚拟内存池，因为系统没有真正创建特定属于哈希区的内存，而是在进行哈希连接时，对排序的数据量进行了计算。如果计算出的数据量大小超过了哈希区的大小，可使用 DM8 数据库创建的外存哈希方式；如果没有超过哈希区的大小，实际上使用的还是 VPOOL 内存池来进行哈希操作。

达梦数据库在配置文件 dm.ini 中提供了参数"HJ_BUF_SIZE"，由于该参数值的大小可能会限制哈希连接的效率，所以建议保持默认值，或者设置为更大的值。达梦数据库除了提供参数"HJ_BUF_SIZE"，还提供了创建哈希表个数的初始化参数。其中，参数"HAGR_HASH_SIZE"表示处理聚集函数时创建哈希表的个数，建议保持默认值"100000"。

2. 缓冲区

（1）数据缓冲区。

数据缓冲区是达梦数据库将数据页写入磁盘之前，以及从磁盘上读取数据页后，数据页所存储的地方。这是达梦数据库至关重要的内存区域之一，如果将其设定得太小，会导致缓冲页命中率低，磁盘 I/O 操作频繁；如果将其设定得太大，又会导致操作系统内存本身不够用。达梦数据库中有 4 种类型的数据缓冲区，分别为 NORMAL、KEEP、FAST 和 RECYCLE。

系统启动时，首先会根据配置的数据缓冲区大小向操作系统申请一片连续内存，并将其按数据页大小进行格式化，然后再置入"自由"链中。数据缓冲区存在 3 条链来管理被缓冲的数据页，一条是"自由"链，用于存放目前尚未使用的内存数据页；一条是"LRU"（最近最少使用）链，用于存放已被使用的内存数据页（包括未修改和已修改的内存数据页）；还有一条是"脏"链，用于存放已被修改过的内存数据页。

（2）日志缓冲区。

日志缓冲区是用于存放重做日志的内存缓冲区。为了避免因磁盘 I/O 操作而使系统性能受到影响，系统在运行过程中产生的日志并不会立即被写入磁盘，而是和数据页一样，先将其放置到日志缓冲区中。那么，为何不在数据缓冲区中缓存重做日志，而要单独设立日志缓冲区呢？主要基于以下原因。

① 重做日志的格式同数据页完全不一样，无法进行统一管理。

② 重做日志具备连续写的特点。

③ 在逻辑上，重做日志比数据页 I/O 操作优先级更高。

达梦数据库提供了参数 RLOG_BUF_SIZE 对日志缓冲区大小进行控制，日志缓冲区所占用的内存是从共享内存池中申请的，单位为页数量，且大小必须为 2 的 *N* 次方，否则采用系统默认大小 512 页。

（3）字典缓冲区。

字典缓冲区主要存储一些数据字典信息，如模式信息、表信息、列信息、触发器信息等。每次对数据库的操作都会涉及数据字典信息，访问数据字典信息的效率直接影响到相应的操作效率，如进行查询语句，就需要相应的表信息、列信息等，这些字典信息如果都在缓冲区里，则直接从缓冲区中获取即可，否则需要 I/O 操作才能读取到这些信息。

DM8 数据库是将部分数据字典信息加载到缓冲区中，并采用 LRU 算法进行字典信息的控制。关于缓冲区大小的设置问题，如果太大，会浪费宝贵的内存空间；如果太小，可能会频繁进行淘汰，该缓冲区配置参数为"DICT_BUF_SIZE"，默认的配置大小为"5MB"。

（4）SQL 缓冲区。

SQL 缓冲区提供在执行 SQL 语句过程中所需要的内存，包括计划、SQL 语句和结果集缓存。

很多应用中都存在反复执行相同 SQL 语句的情况，此时可以使用缓冲区保存这些语句和它们的执行计划，这就是计划重用。虽然这样提高了 SQL 语句执行效率，但同时也给内存增加了压力。

达梦数据库在配置文件 dm.ini 中提供了参数"USE_PLN_POOL"来支持是否需要计划重用，当指定为非 0 时，则启动计划重用；当指定为 0 时，则禁止计划重用。DM 同时还提供了参数"CACHE_POOL_SIZE"（单位为 MB）来改变 SQL 缓冲区大小，系统管理员可以设置该值以满足应用需求，默认值为"20 MB"。

结果集缓存包括 SQL 查询结果集缓存和 DMSQL 程序函数结果集缓存，在 INI 参数文件中同时设置参数"RS_CAN_CACHE=1"，而且只有"USE_PLN_POOL"参数为非 0 时，达梦服务器才会缓存结果集。达梦数据库还提供了一些手动设置结果集缓存的方法。

客户端结果集也可以缓存，但需要在配置文件 dm_svc.conf 中设置参数。

① ENABLE_RS_CACHE=(1)，表示启用缓存。

② RS_CACHE_SIZE=(100)，表示缓存区的大小为"100 MB"。

③ RS_REFRESH_FREQ=(30)，表示每 30 秒检查缓存的有效性，如果失效则自动重查，括号中的数据为 0 表示不检查。

同时，需要在服务器端使用 INI 参数文件中的"CLT_CACHE_TABLES"参数，设置哪些表的结果集需要缓存。另外，参数"FIRST_ROWS"表示当查询的结果达到该行数时，就返回结果，不再继续查询，除非用户向服务器发一个"FETCH"命令。这个参数也用于客户端缓存的配置，仅当结果集的行数不超过"FIRST_ROWS"参数值时，该结果集才可能被客户端缓存。

3. DM8 数据库系统调整系统参数

在 DM8 数据库系统中使用"SP_SET_PARA_VALUES"过程来调整参数值。
语法如下。

```
SP_SET_PARA_VALUES(SCOPE,PARA_NAME,PARA_VALUE)
```

> ➤ **任务实践**

1. 调整数据缓冲区（BUFFER）的值

查看 BUFFER 参数值，并核对 BUFFER 是动态参数还是静态参数。目前 BUFFER 的值为 1000，并且为"IN FILE"静态参数，如图 4-10 所示。设置参数后，重启实例服务后生效。

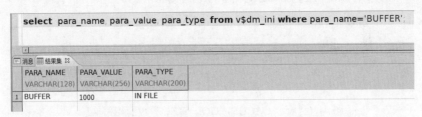

图 4-10 查看 BUFFER 参数的相关信息

使用"SP_SET_PARA_VALUES"过程对 BUFFER 参数值进行调整。BUFFER 参数是静态参数，重启实例服务后，BUFFER 参数值变为 2048。

```
[dmdba@localhost ~]$ cd /dm8/bin
[dmdba@localhost bin]$ ./disql sysdba/Dameng123
服务器[LOCALHOST:5236]:处于普通打开状态
登录使用时间:2.389(ms)
disql V8
SQL> SP_SET_PARA_VALUE(2,'BUFFER',2048);
DMSQL 过程已成功完成
已用时间:24.488(ms). 执行号:1100.
SQL>exit;
[dmdba@localhost bin]$ ./DmServiceSALINST   restart
Stopping  DmServiceSALINST:                        [ OK ]
Starting  DmServiceSALINST:                        [ OK ]
[dmdba@localhost bin]$ ./disql sysdba/Dameng123
SQL> select para_name,para_value from v$dm_ini where para_name='BUFFER';
行号     PARA_NAME    PARA_VALUE
----------    ----------    ----------
1          BUFFER       2048
已用时间:5.553(毫秒). 执行号:1101.
SQL>
```

调整 BUFFER 参数值后，重启实例 SALINST，当看到 BUFFER 参数值变为 2048，则调整完毕。

2. 调整 SQL 缓冲区（CACHE_POOL_SIZE）的值

查看 CACHE_POOL_SIZE 参数值，并核对 CACHE_POOL_SIZE 是动态参数还是静态参数。目前，CACHE_POOL_SIZE 参数值为 100，并且为“IN FILE”静态参数，如图 4-11 所示。设置参数后，重启实例服务后生效。

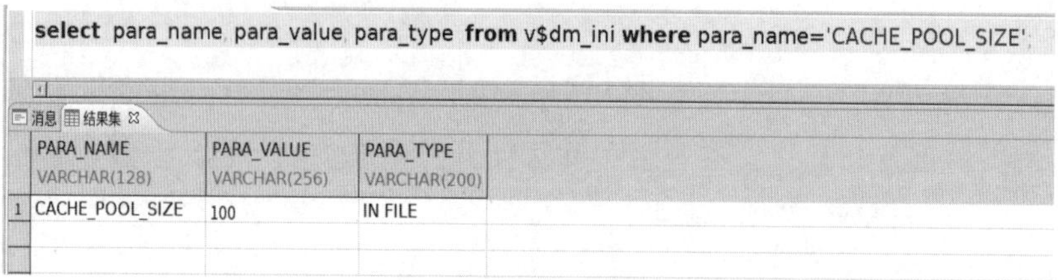
select para_name para_value para_type from v$dm_ini where para_name='CACHE_POOL_SIZE';

	PARA_NAME VARCHAR(128)	PARA_VALUE VARCHAR(256)	PARA_TYPE VARCHAR(200)
1	CACHE_POOL_SIZE	100	IN FILE

图 4-11　查看 CACHE_POOL_SIZE 参数的相关信息

使用“SP_SET_PARA_VALUES”过程对 CACHE_POOL_SIZE 参数值进行调整。CACHE_POOL_SIZE 是静态参数，重启实例服务后，CACHE_POOL_SIZER 参数值变为 200。

```
[dmdba@localhost ~]$ cd /dm8/bin
[dmdba@localhost bin]$ ./disql sysdba/Dameng123
服务器[LOCALHOST:5236]:处于普通打开状态
登录使用时间: 2.389(ms)
disql V8
SQL> SP_SET_PARA_VALUE(2,'CACHE_POOL_SIZE',200);
DMSQL 过程已成功完成
已用时间:4.058(ms). 执行号:702.
SQL>exit;
[dmdba@localhost bin]$ ./DmServiceSALINST  restart
Stopping  DmServiceSALINST:                                    [ OK ]
Starting  DmServiceSALINST:                                    [ OK ]
[dmdba@localhost bin]$ ./disql sysdba/Dameng123
SQL> select para_name,para_value from v$dm_ini where
para_name='CACHE_POOL_SIZE';
行号     PARA_NAME          PARA_VALUE
----------      ----------------          ----------
1       CACHE_POOL_SIZE         200
已用时间:4.015(ms). 执行号:703.
SQL>
```

3. 调整排序区（SORT_BUF_SIZE）的值

查看 SORT_BUF_SIZE 参数值，并核对 SORT_BUF_SIZE 是动态参数还是静态参数。目前，SORT_BUF_SIZE 参数值为 20，并且为“SESSION”动态参数，如图 4-12 所示。设置参数后，重启实例服务后生效。

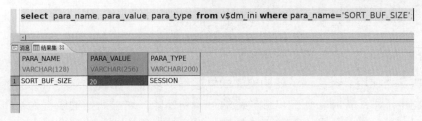

图 4-12 查看 SORT_BUF_SIZE 参数的相关信息

使用"SP_SET_PARA_VALUES"过程对 SORT_BUF_SIZE 参数值进行调整。SORT_BUF_SIZE 是静态参数，重启实例服务后，SORT_BUF_SIZE 参数值变为 50。

```
[dmdba@localhost ~]$ cd /dm8/bin
[dmdba@localhost bin]$ ./disql sysdba/Dameng123
服务器[LOCALHOST:5236]:处于普通打开状态
登录使用时间 : 2.389(ms)
disql V8
SQL> SP_SET_PARA_VALUE(2,'SORT_BUF_SIZE',50);
DMSQL 过程已成功完成
已用时间:4.219(ms). 执行号:705.
[dmdba@localhost bin]$ ./disql  sysdba/Dameng123
SQL> select para_name,para_value from v$dm_ini where
para_name='SORT_BUF_SIZE';
行号     PARA_NAME            PARA_VALUE
---------- ---------------      ----------
1      SORT_BUF_SIZE            50
已用时间:4.015(ms). 执行号:706.
SQL>
```

此时，DBA 建议调整的参数 BUFFER、CACHE_POOL_SIZE、SORT_BUF_SIZE 已全部调整完毕。DBA 再次测试"工资管理系统"中执行效率慢的功能，结果发现性能都有所提升了。

 # 任务 4.3 达梦数据库线程结构

➢ 任务描述

在工资管理系统中，当用户同时访问的人数增多时，速度会比较慢，经 DBA 诊断，是因为工作线程数少了，需要增加相应的工作线程数。请你尝试将"WORKER_THREADS"参数设置为"64"。

➢ 任务目标

（1）了解达梦数据库主要的线程结构，如监听线程、I/O 线程、工作线程、调度线程、日志 FLUSH 线程等。

（2）通过调整"工资管理系统"后台数据库实例的线程参数，解决"工资管理系统"

用户并发量增大和"工资管理系统"应用变慢的问题。

➤ 知识要点

达梦服务器使用"对称服务器构架"的单进程、多线程结构。这种对称服务器构架不仅有效地利用了系统资源，还提供了较高的可伸缩性能，这里所指的线程为操作系统的线程。服务器在运行时由各种内存数据结构和一系列的线程组成，线程分为多种类型，不同类型的线程完成不同的任务。线程通过一定的同步机制对数据结构进行并发访问和处理，以完成客户提交的各种任务。达梦数据库服务器是共享的服务器，允许多个用户连接到同一个服务器上，服务器进程称为共享服务器进程。

达梦数据库线程结构主要包括监听线程、I/O 线程、工作线程、调度线程、日志 FLUSH 线程等，如图 4-13 所示。

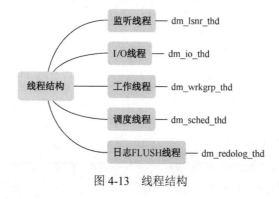

图 4-13　线程结构

1．监听线程

监听线程主要的任务是在服务器端口上进行循环监听，一旦有客户的连接请求，监听线程就会被唤醒并生成一个会话申请任务，加入工作线程的任务队列，等待工作线程处理。它在系统启动完成后才启动，并且在系统关闭时首先被关闭。为了保证在处理大量客户连接时让系统具有较短的响应时间，监听线程会比普通线程优先级更高。

2．I/O 线程

在数据库活动中，I/O 操作历来都是较为耗时的操作之一。当事务需要的数据页不在缓冲区中时，如果在工作线程中直接对那些数据页进行读写，将会使系统性能变差，而把 I/O 操作从工作线程中分离出来则是明智的做法。I/O 线程的职责就是处理这些 I/O 操作。

通常情况下，数据库主要有以下 3 种情况需要进行 I/O 操作。

（1）需要处理的数据页不在缓冲区中，此时需要将相关数据页读入缓冲区。

（2）缓冲区满或系统关闭时，此时需要将部分脏数据页写入磁盘。

（3）检查点到来时，需要将所有脏数据页写入磁盘。

I/O 线程在启动前，通常处于睡眠状态，当系统需要进行 I/O 操作时，只需要发出一个 I/O 请求，此时 I/O 线程将被唤醒并处理该请求，在完成该 I/O 操作后继续进入睡眠状态。

3．工作线程

工作线程是达梦数据库的核心线程，它从任务队列中取出任务，并根据任务的类型进行相应的处理，负责所有实际的数据相关操作。

DM8 数据库的初始工作线程个数由配置文件指定，随着会话连接的增加，工作线程也会同步增加，以保持每个会话都有专门的工作线程处理请求。为了保证用户的所有请求能及时响应，一个会话上的任务全部由同一个工作线程完成，这样既减少了线程切换的时间，又提高了系统的工作效率。当会话连接超过预设的阈值时，工作线程数目不再增加，转而由会话轮询线程接收所有用户请求，并加入任务队列，工作线程一旦空闲，它就从任务队列依次摘取并请求任务处理。与工作线程相关的参数为"WORKER_THREADS"（工作线程的数目），有效值范围为 1～64。

4．调度线程

调度线程用于接管系统中所有需要定时调度的任务。调度线程每秒钟轮询一次，负责的任务如下。

（1）检查系统级的时间触发器，如果满足触发条件则生成任务，并将任务加入工作线程的任务队列，由工作线程执行。

（2）清理 SQL 缓存、计划缓存中失效的项，或者超出缓存限制后淘汰不常用的缓存项；

（3）检查数据重演捕获持续时间是否到期，到期则自动停止捕获。

（4）执行动态缓冲区检查。根据需要动态扩展或动态收缩系统缓冲池。

（5）自动执行检查点。为了保证日志的及时刷盘，减少系统故障时的恢复时间，根据 INI 参数设置的自动检查点执行间隔定期执行检查点操作。

（6）会话超时检测。当客户连接设置了连接超时，会定期检测是否超时，如果超时则会自动断开连接。

（7）必要时执行数据更新页刷盘。

（8）唤醒等待的工作线程。

5．日志 FLUSH 线程

任何数据库的修改，都会产生重做日志，为了保证数据故障恢复的一致性，重做日志的刷盘必须在数据页刷盘之前进行。事务运行时，会把生成的重做日志保留在日志缓冲区中，当事务提交或者执行检查点时，会通知 FLUSH 线程进行日志刷盘。日志具备顺序写入的特点，比数据页分散写入效率更高。日志 FLUSH 线程和 I/O 线程分开，能获得更快的响应速度，保证整体的性能。DM8 数据库对日志 FLUSH 线程进行了优化，在刷盘之前，对不同缓冲区内的日志进行合并，减少了 I/O 操作次数，进一步提高了性能。

如果系统配置了实时归档，在 FLUSH 线程日志刷盘前，会直接将通过网络日志发送到实时备库。如果配置了本地归档，则生成归档任务，通过日志归档线程完成。

➤ 任务实践

增加工作线程数 WORKER_THREADS

查看 WORKER_THREADS 参数值，并核对 WORKER_THREADS 是动态参数还是静态参数。目前，WORKER_THREADS 的值为"16"，并且为"IN FILE"静态参数，如图 4-14 所示。设置参数后需要重启服务，才能使修改后的参数值生效。

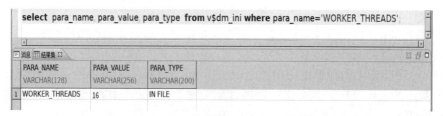

图 4-14　查看参数 WORKER_THREADS 的相关信息

现在使用"SP_SET_PARA_VALUES"过程，对 WORKER_THREADS 的值进行调整。WORKER_THREADS 是静态参数，重启实例服务后，WORKER_THREADS 值变为 64。

```
[dmdba@localhost ~]$ cd /dm8/bin
[dmdba@localhost bin]$ ./disql sysdba/Dameng123
服务器[LOCALHOST:5236]:处于普通打开状态
登录使用时间:2.389(ms)
disql V8
SQL>  SP_SET_PARA_VALUE(2,'WORKER_THREADS',64);
DMSQL 过程已成功完成
已用时间:4.219(ms). 执行号:708.
SQL>exit;
[dmdba@localhost bin]$ ./DmServiceSALINST   restart
Stopping  DmServiceSALINST:                        [ OK ]
Starting  DmServiceSALINST:                        [ OK ]
[dmdba@localhost bin]$ ./disql sysdba/Dameng123
SQL> select para_name,para_value from v$dm_ini where para_name='WORKER_
THREADS';
行号      PARA_NAME            PARA_VALUE
----------   ----------------    ----------
1      WORKER_THREADS        64
已用时间:4.015(ms). 执行号:709.
SQL>
```

参数调整完成后，当同时访问的用户数增加时，"工资管理系统"的运行速度恢复正常。
注意：工作线程的数量与 CPU 核数相关，一般为 CPU 核数的一半或等于 CPU 核数。

 项目总结

在本项目中，用户需要了解 DM8 体系结构，了解物理存储结构、内存结构和线程结构之间的关系，掌握使用"SP_SET_PARA_VALUE"过程进行参数调整的方法。用户要知道在什么情况下，通过调整什么参数，可以改善数据库的运行性能。

考核评价

评价项目	评价要素及标准		分值	得分
素养目标	能够理解和应用数据库体系结构		10 分	
	能够养成数据库思维		10 分	
技能目标	了解 DM8 的体系结构组成		3 分	
	了解数据库和实例的区别		3 分	
	掌握 DM8 物理存储结构	配置文件	5 分	
		控制文件	5 分	
		数据文件	5 分	
		重做日志文件	5 分	
	掌握 DM8 的内存结构	共享内存池	3 分	
		运行时的内存池	2 分	
		缓冲区 数据缓冲区 日志缓冲区 字典缓冲区 SQL 缓冲区	4 分	
	掌握 DM8 的线程结构，并了解部分线程的作用	监听线程	5 分	
		I/O 线程	5 分	
		工作线程	5 分	
		调度线程	5 分	
		日志 FLUSH 线程	5 分	
	掌握 DM8 参数调整的方法： SP_SET_PARA_VALUES( )		10 分	
	了解数据库实例的性能优化思路及方法		10 分	
合计				
收获与反思	通过学习，我的收获： 通过学习，发现不足： 我还可以改进的地方：			

思考与练习

一、单选题

1. 下列选项中，（　　）不是 DM 数据缓冲区的类型。
   A. NORMAL　　　　B. FAST　　　　　C. HEAP　　　　　D. RECYCLE
2. 日志缓冲区（RLOG_BUFFER）是用于存放（　　）的内存缓冲区。
   A. 重做日志　　　B. 回滚日志　　　C. 事务提交日志　D. 系统日志
3. 下列选项中，负责完成数据缓冲区脏页写盘操作任务的线程是（　　）。
   A. 日志 Apply 线程　　　　　　　B. 工作线程
   C. IO 线程　　　　　　　　　　　D. 日志 FLUSH 线程
4. dm.ini 中设置的定时检查点的调度由（　　）完成。
   A. IO 线程　　　B. 工作线程　　　C. 调度线程　　　D. 定时器线程

二、多选题

1. DM8 数据库的物理存储结构包括（　　）。
   A. 配置文件　　B. 控制文件　　　C. 数据文件　　　D. 重做日志文件
2. （　　）会被 SQL 缓冲区缓存。
   A. SQL 语句　　B. 结果集　　　　C. 模式信息　　　D. 执行计划

三、判断题

1. 在 DM8 中可以通过 SP_SET_PARA_VALUES 过程来调整参数的值。　　（　　）
2. 达梦数据库执行哈希分组所需的内存大小是通过参数"HJ_BUF_SIZE"来设置的。
   　　　　　　　　　　　　　　　　　　　　　　　　　　　　　　（　　）

四、简答题

1. 简述达梦数据库的物理存储结构、内存结构和线程结构。
2. 当用户并发数增加时，调整什么系统参数可以缓解系统压力？
3. DM8 内存结构有什么作用？

项目 5

达梦数据库表空间管理

>> ● **项目场景**

在项目 3 创建了数据库 SALDB 后，用户需要规划数据库中的数据应该存储在磁盘的具体位置。数据存储于文件中，文件存储于磁盘中。多个数据文件的集合构成了表空间。为了集中存储管理数据库 SALDB 中的数据，用户需要创建表空间 TSAL。在表空间 TSAL 中，用户根据需要可以添加多个数据文件。随着数据库中数据量增长等情况的变化，用户可能需要修改表空间，如修改数据文件大小、修改数据文件存放路径、修改数据文件扩充属性、添加数据文件、修改表空间状态、移动数据文件等。

>> ● **项目目标**

❶ 创建存储"工资管理系统"后台数据库 SALDB 的表空间 TSAL。

❷ 扩充表空间 TSAL。

❸ 修改表空间 TSAL 中的数据文件的扩充属性。

❹ 修改表空间 TSAL 的空间状态及移动数据文件。

>> ● **技能目标**

❶ 了解表空间的概念。

❷ 了解表空间与数据文件的关系。

❸ 了解各种表空间的用途。

❹ 熟练操作表空间，如创建表空间、修改表空间状态、扩充表空间、修改数据文件的扩充属性、移动数据文件、删除表空间等。

>> ● **素养目标**

❶ 培养团队协作能力，互帮互助解决问题。

❷ 敢于挑战自我，寻找解决问题的策略。

任务 5.1 表空间说明

➤ 任务描述

学习表空间的相关概念及用途。

➤ 任务目标

（1）了解表空间的概念。
（2）了解表空间和数据文件之间的包含关系。
（3）了解 SYSTEM、MAIN、ROLL、TEMP、HMAIN 及用户表空间的用途。

➤ 知识要点

表空间说明

达梦数据库表空间是对达梦数据库的逻辑划分，一个数据库可以有多个表空间，所有的数据库对象都存放在指定的表空间中，所以称作表空间。每个表空间都对应着磁盘上一个或多个数据文件，数据文件的扩展名为"DBF"。从物理存储结构来讲，数据库的对象，如表、视图、索引、序列、存储过程等，都存储在磁盘的数据文件中；从逻辑存储结构来讲，这些数据库对象都存储在表空间中，因此表空间是创建其他数据库对象的基础。根据表空间的用途不同，表空间又可细分为基本表空间、临时表空间、大表空间等。

表空间和数据文件的关系为一个表空间中包括一个或多个数据文件，一个数据文件仅归属于一个表空间，如图 5-1 所示。

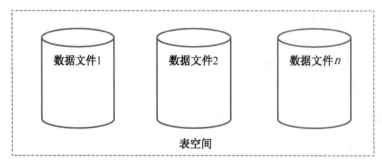

图 5-1 表空间和数据文件的关系

用户可以通过 DM 管理工具中的"对象导航"窗格来查看表空间及其对应的数据文件，如图 5-2 所示。

数据库在初始化时，系统会自动创建 5 个默认表空间，即 SYSTEM、MAIN、ROLL、TEMP 和 HMAIN，并默认使用这些表空间。其中，SYSTEM 为系统表空间，存储数据字典信息，用户数据不能存放到该表空间；MAIN 为用户默认表空间，创建数据对象时，如果不指定存储位置，则默认存放到该表空间；ROLL 为回滚表空间，存储数据库运行过程中产生的回滚记录，支持 MVCC（事务多版本）。TEMP 为临时表空间，存储临时数据，临时表默认存放到临时表空间；HMAIN 为默认 HTS 表空间，用于存放 HUGE 表数据。ROLL、TEMP 和 HMAIN 表空间由系统自动维护，无须用户干预。

图 5-2 通过"对象导航"窗格查看表空间及数据文件

如果只是学习，可以不新建表空间，数据存储在默认表空间中即可。如果为生产环境，应合理规划使用表空间，需要新建表空间，并在创建表时指定存放的表空间。

 任务 5.2 表空间操作

➤ **任务描述**

为了集中存储并管理"工资管理系统"后台数据库 SALDB 中的数据，用户需要创建表空间 TSAL。随着数据库 SALDB 数据量的变化，用户可能需要修改或扩充表空间 TSAL。尝试利用 DM 管理工具和 SQL 语句，对表空间进行修改和扩充。

➤ **任务目标**

（1）学会创建表空间。
（2）学会扩充表空间。
（3）学会修改数据文件的扩充属性。
（4）学会修改表空间状态及移动数据文件。

（5）学会删除表空间。

➤ 知识要点

1. 创建表空间

规划数据库结构时，用户需要考虑如何管理数据库中的相关文件，即考虑每个表空间存储数据类型，在表空间中创建数据文件的个数和容量，以及数据文件存储的位置等。根据实际需求，判断并设计表空间的个数。如果需要对用户进行磁盘限额控制，则需要根据用户的数量来设置表空间。如果数据容量较大，且对数据库的性能有较高的要求，则需要根据不同类型的数据，设置不同的表空间，以提高其输入输出的性能。

创建表空间时需要指定表空间名和其拥有的数据文件列表。理论上最多允许有 65535 个表空间，但允许用户创建的表空间 ID 取值范围为 0~32767，ID 超过 32767 的表空间只允许系统使用，ID 由系统自动分配且不能重复使用，即使删除已有表空间，也无法重复使用已用 ID 号。也就是说，只要创建了 32768 个表空间后，用户将无法创建表空间。表空间参数说明见表 5-1。

（1）通过 DM 管理工具创建表空间。

① 启动 DM 管理工具并连接数据库。

② 右击"对象导航"窗格中的"表空间"选项，弹出"表空间"快捷菜单，如图 5-3 所示。

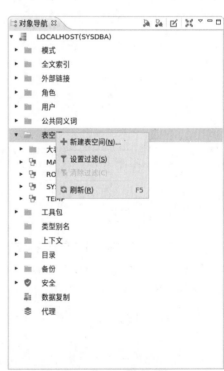

表 5-1 表空间参数说明

参 数	说 明
表空间名	表空间的名称
文件路径	数据文件的路径。可以单击"浏览"按钮，浏览本地数据文件路径，也可以手动输入数据文件路径，但该路径应该对服务器端有效，否则无法创建
文件大小	数据文件的大小，单位为 MB
自动扩充	数据文件的自动扩充属性状态包括以下三种情况。 默认：使用服务器默认设置。 打开：开启数据文件的自动扩充。 关闭：关闭数据文件的自动扩充
扩充尺寸	数据文件每次扩充的大小，单位为 MB
扩充上限	数据文件可以扩充到的最大值，单位为 MB

图 5-3 "表空间"快捷菜单

③ 单击"新建表空间"选项，弹出如图 5-4 所示的"新建表空间"窗口。

图 5-4 "新建表空间"窗口

④ 在"表空间名"文本框中输入表空间名,如输入"TSAL",然后单击"添加"按钮,如图 5-5 所示。

图 5-5 输入表空间名

⑤ 双击"文件路径"下的选区,输入或选择文件路径,如图 5-6 所示。

图 5-6　输入或选择文件路径

⑥ 在"文件路径"选区中可以手动输入数据文件路径和文件名，如输入"/dm8/data/SALDB/ TSAL_01.DBF"，也可以单击"浏览"按钮，选择本地数据文件路径和文件名。双击"文件大小"下的选区后，可以输入文件大小，如输入"512"，此大小必须大于或等于32，否则会报错。双击"自动扩充"下的选区后，可以从下拉列表中选择"打开"选项，表示数据文件可以自动扩充，默认不能自动扩充，"关闭"选项表示不能自动扩充。双击"扩充尺寸"下的选区后，可以输入每次扩充的大小，如输入"1"。双击"扩充上限"下的选区后，可以输入扩充上限，如输入"10240"。如果需要再添加数据文件，可以单击"添加"按钮。如果需要删除数据文件，可以选中数据文件，再单击"删除"按钮。设置完成后，如图 5-7 所示，最后单击"确定"按钮。

注意：

（1）创建表空间的用户必须具有创建表空间的权限，一般通过具有 DBA 权限的用户进行创建、修改、删除等表空间管理活动。

（2）表空间名需要大写。

（3）表空间名在服务器中必须唯一。

（4）一个表空间最多可以拥有 256 个数据文件。

（5）大小仅为数字，不能带"M"符号。

（2）通过 SQL 语句创建表空间。

创建表空间的语法格式如下。

```
CREATE TABLESPACE <表空间名> <数据文件子句>
<数据文件子句>：DATAFILE <文件说明项>
<文件说明项>：<文件路径> SIZE <文件大小>[<自动扩充子句>]
<自动扩充子句>：AUTOEXTEND <ON [<每次扩充子句>][<扩充上限子句>] |OFF>
```

<每次扩充子句>: NEXT <扩充尺寸>
<扩充上限子句>: MAXSIZE <扩充上限>

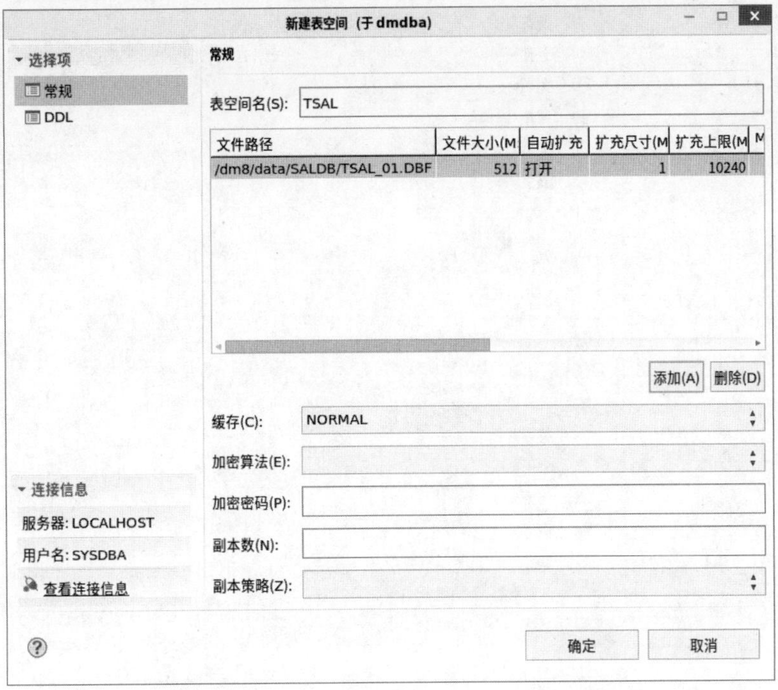

图 5-7　设置文件路径、文件大小、自动扩充、扩充尺寸和扩充上限等

例如，创建名为"TSAL"的表空间，该空间上拥有 1 个数据文件，数据文件的大小为"512 MB"，数据文件可以自动扩充，每次扩充 1 MB，文件上限 1 GB。SQL 语句如下。

```
SQL>create tablespace TSAL datafile '/dm8/data/SALDB/TSAL_01.DBF' size
512 autoextend on next 1 maxsize 10240;
```

2．扩充表空间

当未指定表空间自动扩充，或者存储数据文件的目录空间不足，数据库需要新的表空间时，需要对表空间进行扩充。表空间可以通过数据文件来扩充，表空间的大小等于构成该表空间的所有数据文件的大小之和。因此，若要扩充表空间，可以通过添加新的数据文件或者扩充表空间中已有的数据文件来完成。

（1）添加数据文件。

添加的数据文件的容量最小为 4096*页，如果页大小为 8 KB，则可添加的文件容量最小值为 4096*8KB=32 MB。一个表空间中，数据文件和镜像文件加在一起不能超过 256 个。

① 通过 DM 管理工具添加数据文件。

启动 DM 管理工具并连接数据库，双击"对象导航"窗格中的"表空间"选项，右击需要添加数据文件的表空间名（如"TSAL"），弹出快捷菜单，如图 5-8 所示。单击"修改"选项，弹出如图 5-9 所示的"修改表空间"窗口，单击"添加"按钮，然后设置文件路径、文件大小、自动扩充、扩充尺寸、扩充上限等选项，添加后的数据文件如图 5-10 所示，最后单击"确定"按钮。

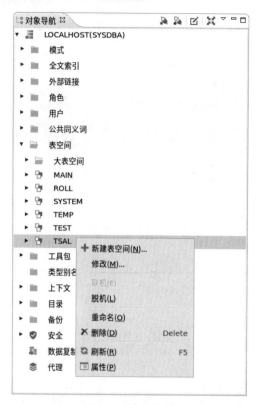

图 5-8　快捷菜单

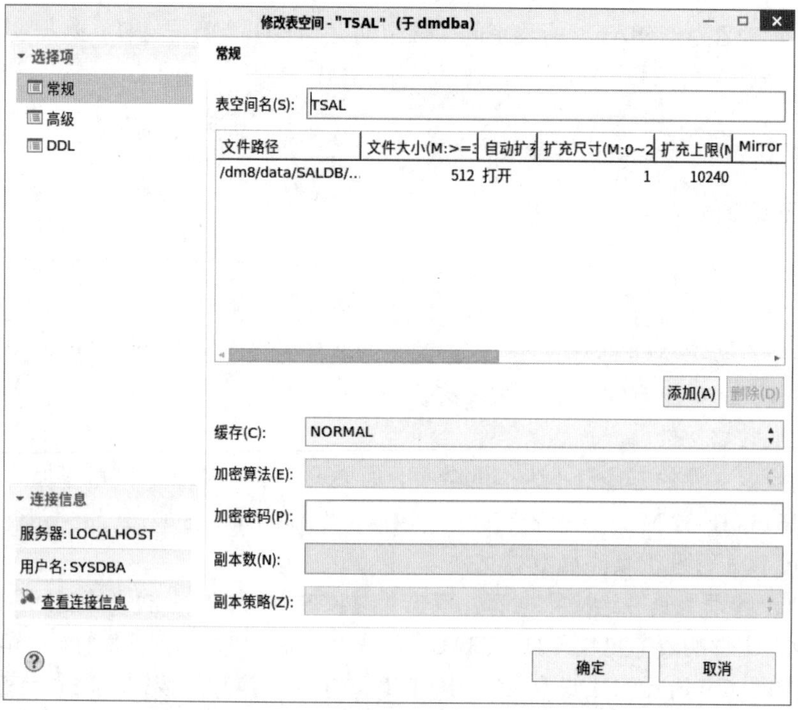

图 5-9　"修改表空间"窗口

图 5-10　添加后的数据文件

② 通过 SQL 语句添加数据文件。

例如，在表空间 TSAL 中，添加一个数据文件，SQL 语句如下。

```
SQL>alter tablespace TSAL add datafile '/dm8/data/SALDB/TSAL_02.DBF'
size 512  autoextend on next 1 maxsize 10240;
```

（2）扩充数据文件的大小。

以下两种方法可以扩充用户表空间中已经存在的数据文件的大小。

① 通过 DM 管理工具扩充。

启动 DM 管理工具并连接数据库，双击"对象导航"窗格中的"表空间"选项，右击需要扩充数据文件的表空间名（如"TSAL"），弹出快捷菜单，如图 5-8 所示。单击"修改"选项，弹出如图 5-9 所示的"修改表空间"窗口，单击"添加"按钮，然后单击选中需要修改文件大小的数据文件，双击"文件大小"下的选区后，输入新的文件大小，如图 5-11 所示。

② 通过 SQL 语句扩充。

例如，将表空间 TSAL 中的"/dm8/data/SALDB/TSAL_O2.DBF"文件大小修改为"1024 MB"。SQL 语句如下。

```
SQL>alter tablespace TSAL reszie datafile '/dm8/data/SALDB/TSAL_O2.DBF'
to 1024;
```

3. 修改数据文件的扩充属性

根据实际情况，设定数据文件是否需要自动扩充，以及设定数据文件每次扩充的扩充尺寸及扩充上限。在表空间中添加文件时可指定文件的扩充属性，也可修改表空间中已存在的数据文件的扩充属性。

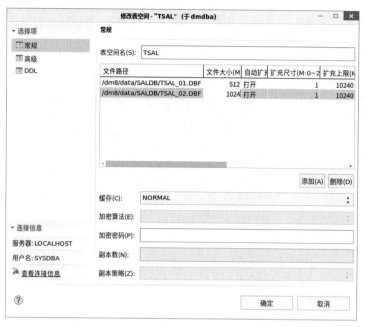

图 5-11　修改数据文件大小

（1）通过 Manager 图形工具修改。

　　启动 Manager 图形工具并连接数据库，双击"对象导航"窗格中的"表空间"选项，右击需要修改数据文件的表空间名（如"TSAL"），弹出快捷菜单，如图 5-8 所示。单击"修改"选项，弹出如图 5-9 所示的窗口，单击"添加"按钮，然后选中需要修改文件大小的数据文件，双击"自动扩充"下的选区后，可以从下拉列表中单击"打开"或"关闭"或"默认"选项，修改文件扩充属性如图 5-12 所示。只有选择"打开"选项，才能修改扩充尺寸和扩充上限。

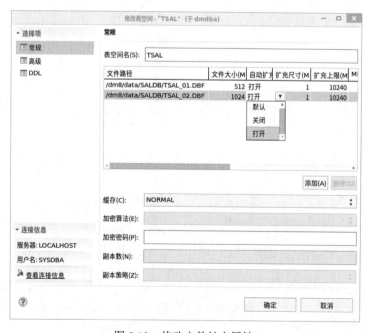

图 5-12　修改文件扩充属性

（2）通过 SQL 语句修改。

修改数据文件的语法格式如下：

```
AUTOEXTEND OFF|ON [NEXT <扩充尺寸>] [MAXSIZE <扩充上限>]
```

"OFF"表示文件不可扩充，"ON"表示文件可扩充。"<扩充尺寸>"表示当需要扩充文件时，文件一次扩充的空间，取值范围为"0～2048"，单位为"MB"。"<扩充上限>"表示文件可扩充的最大空间，可设为 0 或 UNLIMITED，当其设为 UNLIMITED 时，表示无限制。默认情况下，文件的扩充尺寸为"1 MB"，文件的扩充上限为无限制。

例如，当表空间添加数据文件时，指定扩充属性为不可自动扩充的 SQL 语句为：

```
SQL>alter tablespace TSAL add datafile '/dm8/data/SALDB/TSAL_03.DBF'
size 1024 autoextend off;
```

4. 修改表空间状态及移动数据文件

用户表空间有联机和脱机两种状态。系统表空间、回滚表空间、重做日志表空间和临时文件表空间不允许脱机。设置表空间状态为"脱机"状态时，如果该表空间有未提交的事务，则脱机失败报错。移动表空间中已存在的数据文件，必须是在表空间"脱机"状态下进行，并且只可修改用户创建的表空间中的文件路径。

（1）查看表空间状态。

通过对 Dba_tablespaces 的查询，用户可以知道表空间的状态，操作过程如下。

```
[dmdba@localhost ~]$ cd /dm8/bin
[dmdba@localhost ~]$ ./disql SYSDBA/Dameng123@localhost:5236

服务器[localhost:5236]:处于普通打开状态
登录使用时间:13.100(ms)
disql V8
SQL> select tablespace_name,status from dba_tablespaces;

行号       TABLESPACE_NAME STATUS
---------- --------------- -----------
1          SYSTEM          0
2          ROLL            0
3          TEMP            0
4          MAIN            0
5          TSAL            0
6          HMAIN           NULL

6 rows got

已用时间:14.816(ms). 执行号:700.
SQL>
```

STATUS=0 表示联机状态，STATUS=1 表示脱机状态。

（2）修改表空间状态。

① 通过 DM 管理工具修改。

启动 DM 管理工具并连接数据库，双击"对象导航"窗格中的"表空间"选项，右击需要改变状态的表空间名（如"TSAL"），弹出快捷菜单，如图 5-8 所示，单击"脱机"或"联机"选项。

② 通过 SQL 语句修改。

若要修改表空间 TSAL 的状态，可用以下 SQL 语句实现。

a. 脱机。

```
SQL> alter tablespace TSAL offline;
```

b. 联机。

```
SQL> alter tablespace TSAL online;
```

（3）移动数据文件。

① 通过 DM 管理工具移动。

启动 DM 管理工具并连接数据库，双击"对象导航"窗格中的"表空间"选项，右击需要移动数据文件的表空间名（如"TSAL"），弹出快捷菜单，如图 5-8 所示。单击"修改"选项，弹出如图 5-9 所示的窗口，单击"添加"按钮，然后单击需要移动的数据文件，双击"文件路径"下的选区后，就可以修改文件的存储路径了。

② 通过 SQL 语句移动。

例如，如果把表空间 TSAL 中的数据文件"/dm8/data/SALDB/TSAL_02.DBF"移动到"/dm8/data/SALDB/bak/TSAL_02.DBF"文件中，则可用以下 SQL 语句实现。

```
SQL>alter tablespace TSAL rename datafile '/dm8/data/SALDB/TSAL_02.DBF'
to '/dm8/data/SALDB/bak/TSAL_02.DBF';
```

5. 删除表空间

虽然实际工作中很少进行删除表空间的操作，但是掌握删除表空间的方法是很有必要的。由于表空间中存储了表、视图、索引等数据对象，删除表空间必然会导致数据损失，因此达梦数据库对删除表空间有着严格限制，只可以删除用户创建的表空间，并且只能删除未使用过的表空间。删除表空间时会删除其拥有的所有数据文件。用户既可以用 DM 管理工具删除表空间，又可以用 SQL 语句删除表空间。

（1）通过 DM 管理工具删除表空间。

启动 DM 管理工具并连接数据库，双击"对象导航"中的"表空间"选项，右击需要删除的表空间名（如"TSAL"），弹出快捷菜单，如图 5-8 所示。单击"删除"选项，弹出如图 5-13 所示的"删除对象"窗口，"取消"按钮表示不删除，"确定"按钮表示删除。单击"确定"按钮，即可删除表空间 TSAT 及其数据文件。

（2）通过 SQL 语句删除表空间。

如果用 SQL 语句删除表空间 TSAT，则可用以下 SQL 语句实现。

```
SQL>drop tablespace TSAL;
```

注意：

① SYSTEM、RLOG、ROLL 和 TEMP 表空间不允许删除。

② 删除表空间的用户必须具有删除表空间的权限，一般通过具有 DBA 权限的用户进行创建、修改、删除表空间等管理活动。

③ 系统处于 SUSPEND 或 MOUNT 状态时不允许删除表空间，系统只有处于 OPEN 状态时才允许删除表空间。

④ 如果表空间存放了数据，那么不允许删除表空间。如果要删除表空间，那么必须先删除表空间中的数据对象。

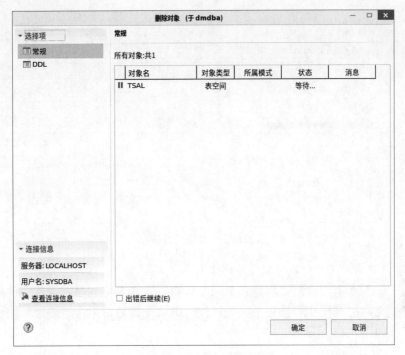

图 5-13　"删除对象"窗口

> ➤ **任务实践**

分别通过 DM 管理工具和 SQL 语句，创建和修改表空间 TSAL，要求如下。

（1）创建表空间 TSAL，指定数据文件"TSAL01.DBF"和"TSAL02.DBF"，存放至/dm8/data/SALDB 目录下，数据文件初始大小为 64 MB，自动扩充，每次扩充 2 MB，扩充上限为 2 GB；

（2）修改表空间 TSAL，关闭数据文件"TSAL02.DBF"的自动扩充属性，将扩充尺寸修改为 128 MB；

（3）扩充表空间 TSAL，添加数据文件"TSAL03.DBF"，存放至/dm8/data/SALDB 目录下，数据文件初始大小为 64 MB，自动扩充，每次扩充 4 MB，扩充上限为 10 GB；

（4）修改表空间 TSAL 状态为"脱机"，将数据文件"TSAL03.DBF"移动至/dm8/data/目录下。

1．通过 DM 管理工具创建和修改表空间 TSAL

（1）创建表空间 TSAL。

① 启动 DM 管理工具。用户在终端窗口中输入"/dm8/tool/manager"命令后按回车键执行，然后打开 DM 管理工具。

② 连接数据库 SALDB。单击 DM 管理工具"对象导航"窗格中的"新建连接"按钮，打开如图 5-14 所示的"登录"对话框，输入主机名、端口、用户名和口令，单击"确定"按钮。

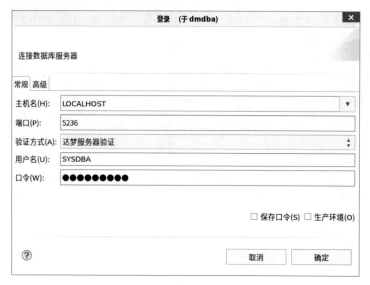

图 5-14　"登录"对话框

③ 新建表空间。在"对象导航"窗格中右击"表空间"选项，在弹出的快捷菜单中单击"新建表空间"选项，弹出"新建表空间"窗口。输入表空间名，设置文件路径、文件大小、自动扩充、扩充尺寸和扩充上限等属性，确认无误后，单击"确定"按钮，完成表空间的创建，如图 5-15 所示。

图 5-15　新建表空间

（2）修改表空间 TSAL。

① 打开"修改表空间"窗口。双击 DM 管理工具"对象导航"窗格中的"表空间"选项，右击"TSAL"表空间，在弹出的快捷菜单中单击"修改"选项，打开"修改表空间"窗口，如图 5-16 所示。

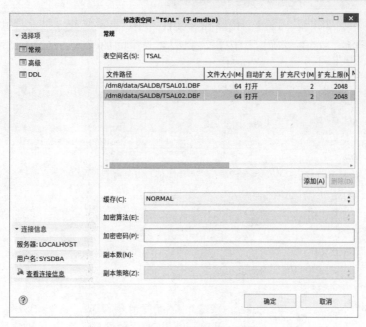

图 5-16 "修改表空间"窗口

② 修改数据文件大小,设置自动扩充属性为"关闭",如图 5-17 所示,然后单击"确定"按钮,完成表空间的修改。需要说明的是,在工作场景中表空间的文件大小要一致。

图 5-17 修改表空间数据文件大小和自动扩充属性

(3)扩充表空间 TSAL。

① 打开"修改表空间"窗口。双击 DM 管理工具"对象导航"窗格中的"表空间"选项,右击"TSAL"表空间,在弹出的快捷菜单中单击"修改"选项,打开"修改表空间"窗口,如图 5-16 所示。

② 单击"添加"按钮，设置文件路径、文件大小、自动扩充、扩充尺寸和扩充上限等属性，确认无误后，单击"确定"按钮，完成对表空间的修改，表空间添加数据文件如图 5-18 所示。

图 5-18　表空间添加数据文件

（4）修改表空间 TSAL 状态及移动数据文件。

① 修改表空间 TSAL 状态。双击 DM 管理工具"对象导航"窗格中的"表空间"选项，右击"TSAL"表空间，在弹出的快捷菜单中单击"脱机"选项，如图 5-19 所示。

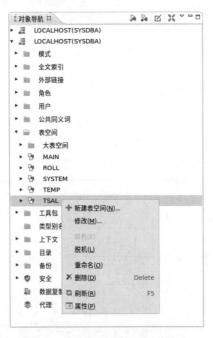

图 5-19　修改表空间 TSAL 状态

② 移动数据文件。双击 DM 管理工具 "对象导航" 窗格中的 "表空间" 选项，右击选中 "TSAL" 表空间，在弹出的快捷菜单中选择 "修改" 选项，打开 "修改表空间" 窗口，如图 5-16 所示。单击 "添加" 按钮，然后修改数据文件 TSAL03.DBF 的路径，单击 "确定" 按钮，完成对表空间的修改，如图 5-20 所示。

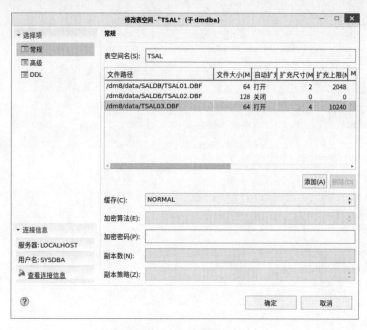

图 5-20　移动数据文件

2. 通过 SQL 语句创建和修改表空间 TSAL

启动 DISQL，以 SYSDBA 用户（密码为 "Dameng123"）连接数据库 SALDB。操作过程如下。

```
[dmdba@localhost~]$ cd /dm8/bin
[dmdba@localhost bin]$ ./disql SYSDBA/Dameng123@localhost:5236
服务器[localhost:5236]:处于普通打开状态
登录使用时间 : 7.312(ms)
disql V8
SQL>
```

（1）创建表空间 TSAL。

```
SQL> create tablespace TSAL datafile '/dm8/data/SALDB/TSAL01.DBF' size
64  autoextend  on next 2  maxsize 2048,  '/dm8/data/SALDB/TSAL02.DBF' size  64
autoextend  on next 2  maxsize 2048;
操作已执行
已用时间:32.414(ms). 执行号:1000.
SQL>
```

（2）修改表空间 TSAL。

```
SQL> alter tablespace TSAL resize datafile '/dm8/data/SALDB/TSAL02.DBF'
to 128;
操作已执行
```

```
已用时间:6.119(ms). 执行号:1100.
SQL>
SQL> alter tablespace TSAL datafile '/dm8/data/SALDB/TSAL02.DBF'
autoextend off;
操作已执行
已用时间:12.862(ms). 执行号:1200.
SQL>
```

（3）扩充表空间 TSAL。

```
SQL> alter tablespace TSAL add  datafile '/dm8/data/SALDB/TSAL03.DBF'
size  64  autoextend  on next 4  maxsize 10240;
操作已执行
已用时间:15.125(ms). 执行号:1201.
SQL>
```

（4）修改表空间 TSAL 状态。

```
修改表空间TSAL状态:
SQL> alter tablespace TSAL offline;
操作已执行
已用时间:88.621(ms). 执行号:1202.
SQL>
```

（5）移动数据文件。

```
SQL> alter tablespace TSAL rename datafile '/dm8/data/SALDB/TSAL03.DBF'
to '/dm8/data/TSAL03.DBF';
操作已执行
已用时间:349.724(ms). 执行号:1300.
SQL>
```

 项目总结

表空间是数据文件的集合，数据库中的对象，如表、视图、索引、序列、存储过程等，都存储在磁盘数据文件中。一个数据库可以包含多个表空间。一个表空间可以包含多个数据文件。在本项目中，用户可以通过 DM 管理工具和 SQL 语句两种方式来创建表空间，扩充表空间，修改数据文件的扩充属性，修改表空间状态与移动数据文件，删除表空间等。

考核评价

评价项目		评价要素及标准	分值	得分
素养目标		能够拥有团队协作能力，互帮互助解决问题	10 分	
		敢于挑战自我，寻找解决问题的策略	10 分	
技能目标		掌握表空间的基本概念	10 分	
		了解 SYSTEM、MAIN、ROLL、TEMP、HMAIN 等系统表空间的用途	10 分	
	掌握表空间管理	使用 DM 管理工具创建表空间	10 分	
		使用 DM 管理工具修改和删除表空间	10 分	
		创建、修改和删除表空间的命令行	10 分	

续表

评价项目	评价要素及标准	分值	得分
技能目标	掌握表空间的扩展和状态管理	20 分	
	能够删除表空间	10 分	
合计			
收获与反思	通过学习，我的收获： 通过学习，发现不足： 我还可以改进的地方：		

 思考与练习

一、单选题

1. 表空间和数据文件之间的关系是（   ）。

    A．一对一关系   B．一对多关系   C．多对多关系   D．无关系

2. 数据文件的扩展名一般为（   ）。

    A．EXE   B．TXT   C．DBF   D．INI

3. （   ）是用户默认表空间，创建数据对象时，如果不指定存储位置，就默认存放到该表空间。

    A．SYSTEM   B．MAIN   C．ROLL   D．TEMP 和 HMAIN

4. 一个表空间最多可以有（   ）个数据文件。

    A．256   B．512   C．1024   D．128

5. 创建表空间的 SQL 命令是（   ）。

    A．alter tablespace   B．create table

    C．create database   D．create tablespace

6. 用户表空间有（   ）种状态。

    A．1   B．2   C．3   D．4

7. 系统处于（　　）状态下才允许删除表空间。

    A．SUSPEND　　　B．MOUNT　　　　C．OPEN　　　　　D．SLEEP

二、判断题

1．数据库中的对象都存储在表空间当中。　　　　　　　　　　　　（　　）
2．表空间是数据文件的集合。　　　　　　　　　　　　　　　　　（　　）
3．表空间处于"脱机"状态时，用户可以添加数据文件。　　　　　（　　）
4．表空间处于"联机"状态时，用户可以移动数据文件。　　　　　（　　）
5．不管表空间中是否有数据文件，用户都可以删除表空间。　　　　（　　）

三、简答题

1．什么是表空间？
2．简述数据库对象、数据文件与表空间之间的关系。
3．通过哪两种方式可以扩充用户表空间？
4．删除用户创建的表空间的前提条件是什么？

项目 **6**

扫一扫获取微课

DMSQL 应用

>>● **项目场景**

　　公司根据"工资管理系统"需求，设计"工资管理系统"数据库，该数据库需要支持查询员工信息、公司的部门安排、公司的工资等级，以及员工工资信息的数据增加、更新、查询和删除等功能，主要包含员工信息表、部门信息表、工资等级表、工资表的创建，索引的创建和数据的录入、查询操作等。本项目依托达梦数据库搭建"工资管理系统"的数据库，包括相关数据表的创建和查询等。

>>● **项目目标**

❶ 完成"工资管理系统"数据库表的创建。

❷ 完成"工资管理系统"数据的录入和修改。

❸ 能够根据需求设计"工资管理系统"的数据查询语句。

>>● **技能目标**

❶ 了解达梦数据库所支持的结构化查询语言。

❷ 了解事务的基本概念。

❸ 了解达梦数据库中的数据操纵语言。

❹ 了解死锁的概念和避免死锁的方法。

❺ 掌握达梦数据库中的数据模式管理、表管理、数据管理、视图管理。

❻ 掌握事务的提交与撤销。

❼ 掌握达梦数据库中的数据定义语言。

>>● **素养目标**

❶ 数据库表的设计和创建和数据的录入需要遵守一定的语法规则，保护用户隐私，培养学生守法意识。

❷ 对需要存储的数据进行加密，谨防数据泄露，注重学生安全意识的培养。

任务 6.1　DMSQL 简介

➤ 任务描述

搭建"工资管理系统"数据库之前，用户需要学习结构化查询语言的概念及 DMSQL 语言的特点。

➤ 任务目标

（1）了解结构化查询语言。
（2）了解 DMSQL 语言的特点。

➤ 知识要点

1. 结构化查询语言

结构化查询语言（SQL 语言）是一种可以从数据库软件中简单、有效地读取数据的编程语言，是由美国 IBM 公司的两名员工 Raymond F. Boyce 和 Donald D. Chamberlin 于 1974 年提出的。1976 年，结构化查询语言在 IBM 公司的关系数据库管理系统 System R 上实现，并改名为 SEQUEL2，该语言专门用来完成与数据库的通信。1986 年 10 月，美国国家标准化组织（ANSI）公布 ANSI X3.135-1986 数据库语言 SQL，简称 SQL-86，是 SQL 语言的第一个国际化行业标准，目前已经过多次改版，先后发布了 SQL-99、SQL:2003、SQL:2008，最新的标准为 2011 年公布的 ISO/IEC 9075:2011，又称 SQL:2011。

SQL 语言包含了所有对数据库管理系统的操作，由以下 5 个部分组成。

① 数据定义语言：又称 DDL 语言，定义数据库的逻辑结构，包括定义数据库、基本表、视图和索引等。

② 数据操纵语言：又称 DML 语言，包括数据的插入、删除和更新等操作。

③ 数据查询语言：又称 DQL 语言，包括数据的查询操作。

④ 数据控制语言：又称 DCL 语言，包括数据访问控制权限的授权与回收操作。

⑤ 事务控制语言：又称 TCL 语言，包括事务的提交与回滚操作。

由于 SQL 语言接近英语的语句结构，方便简洁、功能强大、使用灵活，备受用户的欢迎，被众多计算机公司和数据库厂商采用，影响广泛。在 CAD 工程制图、软件开发、人工智能、分布式、云计算等领域，SQL 语言不仅用于检索文字数据，也用于图形、图像、声音的存储、检索和更新。目前，市场上被广泛使用的数据库管理系统，如达梦数据库、金仓数据库、MySQL、Oracle、Sybase、SQL Server、DB2 等均支持 SQL 语言。

目前，不同的数据库管理系统产品厂商根据产品的特点对标准 SQL 语言进行了扩充。达梦数据库管理系统目前完全支持 SQL-92 标准，同时兼容 Oracle 厂商的 Oracle 11g 和 SQL Server 2008 的部分语言特性。本任务主要介绍达梦数据库管理系统所支持的标准 SQL 语言的扩展语言——DMSQL。

2. DMSQL 语言的特点

DMSQL 语言是对标准 SQL 语言的扩充，包含 DDL 语言、DML 语言、DQL 语言、DCL 语言和 TCL 语言等。DMSQL 语言是一种统一的、综合的关系数据库语言，功能强大，使用起来简单方便，容易被用户掌握。DMSQL 语言具有如下特点。

（1）功能一体化。

DMSQL 语言的功能一体化主要体现在以下两个方面。

① DMSQL 语言集数据定义、查询、更新、控制、维护、恢复、安全等一系列操作于一体，每项操作都只有一种操作符，格式规范，风格一致，简单方便，很容易被用户掌握，为数据库应用于系统开发提供了良好的环境。

② DMSQL 语言支持多种数据类型，包括图片、视频、音频等多媒体数据类型。数据处理方式统一，可以实现一体化定义、一体化存储、一体化检索、一体化处理，最大限度提高了数据库管理系统处理多媒体的能力和速度。

（2）语法结构统一。

DMSQL 语言有两种使用场景，分别是使用 DM 管理工具连接数据库和嵌入 C、C++、Java、PHP 等编程语言中，完成各种复杂功能。针对这两种不同的使用方式，DMSQL 语言的语法结构是一致的，在两种场景中只需要编写一次 DMSQL 语句即可，为用户的使用提供了极大的便捷性和灵活性，能够有效提高用户的工作效率。

（3）高度非过程化。

DMSQL 语言是一种非过程化语言。用户只需定义"做什么"，而无须定义"怎么做"。数据存取路径的选择及功能的实现均由系统完成，用户编写应用程序时不需要关注具体的设备，与关系数据库管理系统的实现细节无关，这种方式提高了应用程序的开发效率，也增强了数据的独立性和应用系统的可移植性。

（4）面向集合的操作方式。

DMSQL 语言处理数据时采用集合操作方式，一次查询、插入、删除、修改的操作对象是包含多条记录的集合，这种方式简化了用户的操作，提高了应用程序的运行效率。

（5）语言简洁，方便易学。

DMSQL 语言是对 SQL 语言的扩展，遵守 SQL 语言标准，格式规范，表达简洁，接近英语的语法结构，容易被用户掌握。

 ## 任务 6.2 DDL 语言操作

➢ 任务描述

用户需要完成"工资管理系统"表结构的设计和数据表的创建，通过对"工资管理系统"表结构的创建，熟练掌握达梦数据库的数据库管理、模式管理、表管理、索引管理、视图管理等。

> ➤ **任务目标**

（1）了解 DMSQL 语言中的 DDL 语言。

（2）了解达梦数据库模式的概念，并掌握达梦数据库模式的创建、使用、删除等操作。

（3）了解 DMSQL 语言所支持的数据类型，掌握基本数据类型的使用。

（4）了解达梦数据库的表中约束的基本概念，并掌握达梦数据库为表添加、修改、删除等约束的方法。

（5）掌握达梦数据库中表的创建、查看、修改和删除等基本操作。

（6）掌握达梦数据库的修改操作。

（7）完成"工资管理系统"项目的数据库和表的创建。

> ➤ **知识要点**

DMSQL 语言的数据定义语言（DDL 语言）是 SQL 语言数据定义语言的扩展，包含以下 7 个功能。

（1）数据库修改语句。

（2）用户创建、修改、删除语句。

（3）模式创建、使用、删除语句。

（4）表空间创建、修改、删除、恢复语句。

（5）表创建、修改、删除语句。

（6）索引创建、修改、删除语句。

（7）视图创建、修改、删除语句。

本任务主要讲解数据库的修改，模式的创建、修改与删除，表和索引的创建、修改、删除语句，视图的创建、查询和删除语句等内容。DDL 语言关于表空间的操作可查看项目 5，用户的操作可查看项目 7。

一、数据库的修改

达梦数据库的创建是通过创建达梦数据库实例来实现的，在项目 3 中介绍了创建"工资管理系统"的数据库实例，数据库名为 SALDB，实例名为 SALINST，端口号为 5236。数据库创建成功后，可以通过 DDL 语言完成对数据库的修改。目前，DDL 语言支持以下修改。

（1）增加或者重命名日志文件。

（2）修改日志文件大小。

（3）修改数据库的状态和模式。

（4）进行归档配置。

DMSQL 语言对于修改数据库的语法格式如下。

```
SQL>ALTER DATABASE ADD LOGFILE 文件路径 SIZE 文件大小;
SQL>ALTER DATABASE RENAME LOGFILE 文件路径 TO 文件路径;
SQL>ALTER DATABASE MOUNT | SUSPEND | OPEN;
SQL>ALTER DATABASE <ADD|MODIFY|DELETE> ARCHIVELOG DEST = <归档目标>,TYPE
= <归档类型>;
    <归档类型>=LOCAL [<文件和路径设置>] | REALTIME | ASYNC | LOCAL | REMOTE |
TIMELY;
```

参数说明如下。

（1）ADD LOGFILE 用于增加日志文件。

（2）RENAME LOGFILE 用于对日志文件重命名。

（3）MOUNT | SUSPEND | OPEN 为数据库的状态。

（4）ARCHIVELOG 用来设置数据库归档模式为归档。

（5）归档目标是指归档日志所在的位置，若本地归档，则为本地归档目录；若远程归档，则为远程服务实例名；删除操作只需指定归档目标。

（6）归档类型是指归档操作类型，包括 REALTIME、ASYNC、LOCAL、REMOTE、TIMELY，分别表示远程实时归档、远程异步归档、本地归档、远程归档、主备即时归档。

二、模式的基本操作

模式（SCHEMA）是一组特定的数据对象的集合，该对象集合包含表、视图、约束、索引、序列、触发器、存储过程/函数、包、同义词、类、域等。在达梦数据库实例中，一个数据库实例可以拥有多个用户，每个用户可以使用用户账号和密码与数据库建立连接。在达梦数据库系统中创建一个用户时，系统会自动生成一个与之同名的模式，如果已经存在同名的模式，则该用户创建失败。一个用户可以创建多个模式，每个模式只能属于一个用户。数据库实例、用户、模式之间的关系如图 6-1 所示。

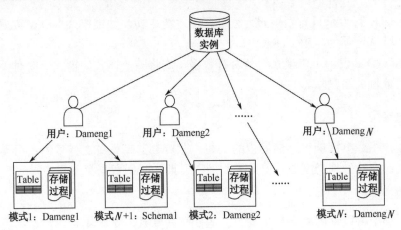

图 6-1　数据库实例、用户与模式之间的关系

1. 模式的创建

在 DMSQL 语言中，模式的创建的语法格式如下。

```
CREATE SCHEMA <模式名> [AUTHORIZATION <用户名>];
```

参数说明如下。

（1）只有具有 DBA 或 CREATE SCHEMA 权限的用户才可以在数据库中定义模式。

（2）CREATE SCHEMA <模式名>定义要创建的模式的名字，最大长度为 128 字节，只能以字母、_、$、#或汉字开头，后面跟随字母、数字、_、$、#或汉字，且不能使用 DMSQL 语言的关键字。在创建新的模式时，如果已存在同名的模式，或者已存在同名用户（名字不区分大小写），那么创建模式的操作会被跳过，此时认为该模式名为该用户的默认模式。如果后续还有 DDL 子句，会根据权限判断是否可在已存在模式上执行这些 DDL 操作。

（3）AUTHORIZATION <用户名>：定义模式属于哪个用户。默认拥有该模式的用户为"SYSDBA"。

（4）模式一旦定义，该用户所建基表、视图等均属该模式，其他用户访问该用户所建立的基表、视图等，均需在表名、视图名前加上模式名；而建表者访问自己当前模式所建立的基表、视图时，模式名可省略；若没有指定当前模式，系统自动以当前用户名作为模式名。

（5）在 DISQL 语言中使用该语句时必须以"/"结束。

2. 模式的设置

设置当前正在使用的模式，语法格式如下。

```
SET SCHEMA <模式名>;
```

3. 模式的删除

在达梦数据库系统中，允许模式的拥有者或 DBA 删除模式，其语法格式如下。

```
DROP SCHEMA [IF EXISTS] <模式名> [RESTRICT | CASCADE];
```

参数说明如下。

（1）IF EXISTS 为可选项，表示如果存在该模式，则删除该模式；如果不存在该模式，则不会报错。

（2）RESTRICT 表示只有当模式为空时删除才能成功，如果模式中存在数据库对象，则删除失败。默认选项为"RESTRICT"。

（3）CASCADE 表示不管模式中是否有数据，均将整个模式、模式中的对象，以及与该模式相关的依赖关系删除。

三、数据类型

数据类型是指数据库能够存储的值的类型。达梦数据库系统支持多种数据类型，大致可以分成 4 类：字符数据类型、数值数据类型、日期和时间数据类型、多媒体数据类型。

1. 字符数据类型

字符数据类型可以存储文字、文章等，达梦数据库系统支持 4 种字符数据类型，包括 CHAR、CHARACTER、VARCHAR 和 VARCHAR2。下面对 CHAR 类型和 VARCHAR 类型进行简单介绍。

（1）CHAR 类型。

CHAR 类型表示定长字符串，其语法结构如下。

```
CHAR(n);
```

其中 n 为定长字符串的长度，若没有指定 n 的大小，则长度默认为 1。若输入的数据长度超过了 n，则超出的部分被截断；若输入部分长度不足 n，则使用空格填充。CHAR 类型的最大存储长度由页面大小决定，CHAR 类型与数据库页面大小对照表见表 6-1。

（2）VARCHAR 类型。

VARCHAR 类型表示可变长度字符串，其语法结构如下。

```
VARCHAR(n);
```

表 6-1　CHAR 类型与数据库页面大小对照表

数据库页面大小	CHAR 类型最大长度
4 KB	1900
8 KB	3900
16 KB	8000
32 KB	8188

其中 *n* 代表字符串的长度，最大值为 8188，若未指定 *n*，则默认为 8188。该字符数据类型的数据存储到硬盘时，数据的长度是由实际存储内容的大小所决定的。

2. 数值数据类型

数值数据类型可以存储整数或带小数点的浮点数。达梦数据库支持多种数值数据类型，不同数据类型占用的存储空间和表示的数据范围不同，下面依次对各种数值数据类型做介绍。

（1）NUMBER 类型。

NUMBER 类型表示精确数值数据类型，可用于存储零、正负小数，其语法结构如下。

```
NUMBER(p,s);
```

其中 *p* 代表精度，*s* 代表标度。精度是一个无符号整数，定义了该数值的数字的总长度，*p* 的取值范围为 1～38。标度定义小数点右边的小数部分的位数，如果实际标度大于定义的标度位数，则超出的部分会按照四舍五入的方式省去。例如，NUMBER（4,1），该数值的总长度为 4，其中小数点后面的位数长度为标度的值，即小数点后面只有 1 位，通过计算可知小数点前面的位数为 3（计算方法为总长度-标度，即 4-1）。NUMBER（4,1）能够表示的数值范围为-999.9～999.9。

NUMERIC、DECIMAL 和 DEC 这 3 种类型均用于存储有符号整数，其用法和功能与 NUMBER 类型相同。

（2）INTEGER 类型。

INTEGER 类型用于存储有符号整数，取值范围为-2147483648（-2^{31}）～2147483647（$2^{31}-1$），其语法结构如下。

```
INTEGER(n);
```

INT、TINYINT、SMALLINT、BIGINT 这 4 种类型均用于存储有符号整数，其用法和功能与 INTEGER 类型相同，只是标识的数值范围有差别，数据类型的取值范围见表 6-2。

表 6-2　数据类型的取值范围

数据类型	取值范围
INT	-2^{31} ～ $2^{31}-1$
TINYINT	-2^{7} ～ $2^{7}-1$
SMALLINT	-2^{15} ～ $2^{15}-1$
BIGINT	-2^{63} ～ $2^{63}-1$

（3）BINARY 类型。

BINARY 类型用来存储定长二进制数据，其语法结构如下。

```
BINARY[(n)];
```

其中 *n* 代表能够存储的二进制的长度，如果没有设置 *n* 的值，则默认为 1。最大长度上限由数据库页面大小决定，与表 6-1 中 CHAR 类型的长度相同。BINARY 常量以 0x 开始，后面跟十六进制表示的数据。

（4）VARBINARY 类型。

VARBINARY 类型用来存储变长二进制数据，其语法结构如下。

```
VARBINARY(n);
```

二进制数据的长度可以通过 n 来指定，最大值为 8188。如果不指定 n 的长度，则默认为 8188。VARBINARY 数据类型实际的存储长度是由实际数据决定的，其上限由数据库实例的页大小决定，具体长度上限与表 6-1 中的 CHAR 类型与页大小长度对照表一致。

（5）FLOAT 类型。

FLOAT 类型用来存储二进制精度的浮点数，该类型的使用标准与 C 语言中 DOUBLE 类型一致，能够表示的数值范围为 $-1.7*10^{308} \sim 1.7*10^{308}$，其语法结构如下。

```
FLAOT(p);
```

p 代表浮点数的精度，设置精度的目的是保证数据移植时的兼容性，精度的取值范围为 1～126。

（6）REAL 类型。

REAL 类型用来存储二进制精度的浮点数，二进制精度为 24，十进制精度为 7，能够表示的数值范围是 $-3.4*10^{38}$ 至 $3.4*10^{38}$，其语法结构如下。

```
REAL;
```

3. 日期和时间数据类型

达梦数据库支持 3 种类型的日期和时间数据类型，分别为 DATE、TIME 和 TIMESTAMP 类型。

（1）DATE 类型。

DATE 类型包括年、月、日的信息，能够表示"-4712-01-01"～"9999-12-31"之间的时间。达梦数据库支持 SQL-92 标准和 SQL Server 时间格式，如"1999-10-01""1999/10/01""1990.10.01"，其语法格式如下。

```
DATE(n);
```

（2）TIME 类型。

TIME 类型包括时、分、秒的信息，能够表示秒位之后的 6 位小数，可以表示一天 24 小时内的所有时间，格式范围为"00:00:00.000000"～"23:59:59.999999"，其语法格式如下。

```
TIME(n);
```

n 表示秒位之后的小数位的精度，取值范围为 0~6，如果未指定 n 的值，则默认为 0。

（3）TIMESTAMP 类型。

TIMESTAMP 类型包括年、月、日、时、分、秒的信息，能够表示"-4712-01-01 00:00:00.000000"至"9999-12-31 23:59:59.999999"之间的时间，其语法格式如下。

```
TIMESTAMP(n);
```

n 表示秒位之后的小数位的精度，取值范围为 0~6，如果没有指定 n 的值，则默认为 6。达梦数据库支持 SQL-92 标准和 SQL Server 的时间格式，如"1999-10-01 09:10:21""1999/10/01 09:10:21""1990.10.01 09:10:21"，三个时间是相同的。

4. 多媒体数据类型

达梦数据库支持多种多媒体数据，常用数据类型有 TEXT、LONG、LONGVARCHAR、

IMAGE、LONGVARBINARY、BLOB、CLOB、BFILE 等。

（1）TEXT 类型。

TEXT 类型表示变长字符串类型，能够表示的最大长度为 $2^{30}-1$ 字节，可用于存储长文本串，其语法格式如下。

```
TEXT;
```

（2）LONG、LONGVARCHAR 类型。

LONG、LONGVARCHAR 类型表示变长字符串类型，用法和功能与 TEXT 类型相同，其语法格式如下。

```
LONG/LONGVARCHAR;
```

（3）IMAGE 类型。

IMAGE 类型用于存储多媒体类型中的图像类型，其语法格式如下。

```
IMAGE;
```

图像由不定长的像素点阵组成，最大长度为 $2^{30}-1$ 字节，该类型除了用于存储图像数据，还可以存储其他二进制数据。

（4）LONGVARBINARY 类型。

LONGVARBINARY 类型用于存储多媒体类型中的图像类型，用法和功能与 IMAGE 类型相同，其语法格式如下。

```
LONGVARBINARY;
```

（5）BLOB 类型。

BLOB 类型用于表示变长的二进制大对象，最大长度为 $2^{30}-1$ 字节，其语法格式如下。

```
BLOB;
```

（6）CLOB 类型。

CLOB 类型用于表示变长的字母数字字符串，最大长度为 $2^{30}-1$ 字节，其语法格式如下。

```
CLOB;
```

（7）BFILE 类型。

BFILE 类型用于表示存储在操作系统中的二进制文件，文件存储在操作系统而非数据库中，仅能进行只读访问，其语法格式如下。

```
BFILE;
```

四、表的基本操作

表是数据库中数据存储的基本单元，是对用户数据操作的逻辑实体，表由列和行组成。一般来说，表的列（又称字段）从创建之后是固定不变的，表示所记录的实体属性的名称及特征，其特征包含两个部分：数据类型和长度。行表示具体实体的数据信息，每行都代表一个单独的记录，能够表示一个具体的实体。达梦数据库中的表操作包括表的创建、修改和删除。

1. 表的创建

在达梦数据库中，从逻辑概念上来说，表隶属于模式，一张表只能属于一个模式，因此在创建表之前需要确定表所属的模式。达梦数据库设置了一些规则，用来维护数据库表的完整性及表之间的关联。常用的规则如下。

（1）主键约束：能够唯一标识表中的一行记录，要求主键字段中的数据唯一，且不能为空，可以由表中的一个字段或者多个字段组成。由一个字段组成的主键称为单字段主键，包含两个字段及以上的主键称为复合主键。每个数据表最多只能有一个主键。

（2）外键约束：用于表示两个表的数据之间的相关性，通过引用实现。外键是指表（引用表）中的一列或者多列，它们引用另一张表（被引用表）的主键列。外键列的值要么为空，要么使用主表主键列中的值。

（3）唯一约束：约束表中列的数据，要求该列中的数据要么为空，要么值保持唯一性。

（4）非空约束：约束表中列的数据不能为空。

达梦数据库中表名和列名建议使用大写英文字母命名，如果使用小写英文字母命名，则需要将表名或者列名用双引号括起来。目前达梦数据库支持使用 DM 管理工具、DISQL 语句创建表，创建表的 DMSQL 语法结构如下。

```
CREATE  TABLE  [模式名].数据表名称(
    列名1 数据类型 [数据表列级约束][默认值],
    列名2 数据类型 [数据表列级约束][默认值],
    ……
    列名n 数据类型 [数据表列级约束][默认值],
    CONSTRAINT 约束名 数据表级约束 [STORAGE子句]
);
```

参数说明如下。

（1）模式名表示该表属于哪种模式，默认为当前模式。其中，模式名和表名之间通过"."符号隔开。

（2）数据表名称表示被创建的表名称，最大长度为 128 字节。只能以字母、_、$、#或汉字开头，后面跟字母、数字、_、$、#或汉字，且不能使用 DMSQL 语句中的关键字。

（3）列名为数据表中的列的名字，最大长度为 128 字节，一般只包含字母或汉字。

（4）数据类型表示该列存储的数据的类型。

（5）数据表列级约束一般为完整性约束，包括以下几类。

NULL|NOT NULL：非空约束，表示该列数据值是否可以为空，默认为 NULL。

UNIQUE：唯一性约束，表明该列的数据不能重复，但是值可以为 NULL。

PRIMARY KEY：主键约束，表明该列的数据唯一，且值不能为 NULL。

USING INDEX TABLESPACE：表空间名，指定索引存储的表空间。

CHECK：检查约束，表明该列必须满足的条件。

（6）数据表级约束主要包括以下几类。

UNIQUE：唯一性约束，表明指定列或者列的组合的数据不能重复，但是值可以为 NULL。

PRIMARY KEY：主键约束，指明指定列或列的组合作为基表的主关键字。

USING INDEX TABLESPACE：表空间名，指定索引存储的表空间。

FOREIGN KEY：指明数据表的引用约束，又称外键约束，如果使用 WITH INDEX 选项，则为引用约束建立索引，否则不建立索引，通过其他内部机制保证约束正确性。

CHECK：检查约束，指明表中的每一行必须满足的条件。

（7）STORAGE 子句主要包括以下几类。

INITIAL：表示初始簇数目。

NEXT：表示下次分配簇数目。

MINEXTENTS：表示最小保留簇数目。

ON：用于指定存放在哪个表空间中。

CLUSTERBTR：指定创建的表为非堆表，即普通 B 树表。

2. 表的修改

数据表创建完成后，用户还可以修改数据表的部分信息。达梦数据库系统支持对表的结构进行全面修改，包括修改表名和字段名、新增或删除字段、修改字段数据类型、增加或删除表级约束、设置字段的默认值等。达梦数据库系统也支持通过 DM 管理工具和 DDL 语句进行表的修改。

（1）删除字段的语法结构如下。

```
ALTER TABLE [模式名].表名 DROP COLUMN 字段名;
```

（2）添加字段的语法结构如下。

```
ALTER TABLE [模式名].表名 ADD COLUMN(字段名, 数据类型(长度));
```

（3）修改字段数据类型的语法结构如下。

```
ALTER TABLE [模式名].表名 MODIFY 字段名 数据类型(长度);
```

（4）修改字段的约束（如添加主键、删除主键），语法结构如下。

```
ALTER TABLE [模式名].表名 MODIFY CONSTRAINT 字段名 TO PRIMARY KEY(字段1,字段2,……,字段n);
ALTER TABLE [模式名].表名 ALTER COLUMN 字段名 SET NULL;
```

修改数据表时需要注意以下情况。

（1）修改已经具有数据的表的数据类型时，新数据类型需与原数据类型进行转换，否则会修改失败。即使修改成功，后续数据的插入等操作，仍旧会出现数据类型转换错误的提示。

（2）增加字段时，新增字段名不能与表中其他字段名重复。

（3）只有具有 DBA 权限的用户或者该表的创建者才能执行此操作。

3. 表的删除

对于创建表错误或者不再使用的表，达梦数据库系统支持删除表的操作。删除表会导致表中数据与该表关联的约束依赖被删除，因此在正常业务工作中应当谨慎处理删除表的操作。达梦数据库系统支持通过 DM 管理工具和 DISQL 工具删除表。删除表的 DMSQL 语法结构如下。

```
DROP TABLE [IF EXISTS][模式名].表名 [RESTRICT|CASCADE];
```

其中，RESTRICT 和 CASCADE 为删除表的方式，RESTRICT 要求该表不存在任何视图及外键等引用完整性约束，默认为 RESTRICT 类型；CASCADE 类型在删除表时会将表中唯一列上和主关键字上的引用完整性约束同时删除，如果数据库配置文件 dm.ini 中配置项 DROP_CASCADE_VIEW 的值为 1，还可以删除所有建立在该表上的视图。删除不存在的表会报错。若指定 IF EXISTS 关键字，删除不存在的表，不会报错。

五、索引的基本操作

索引是一种可以提高数据检索（查询）速度的可选数据结构，作为一个独立的文件存储在磁盘上。索引类似于书本的目录，通过目录可以方便、快速地查找知识所在的具体页码。设计索引时，应当遵循以下原则。

（1）如果需要经常检索具有大量数据的数据表中少量的行，创建索引可以提高效率。

（2）如果检索时多采用多个字段组合作为条件，则应该创建组合索引而不是每个字段都单独创建索引。

（3）CLOB 和 TEXT 类型只能创建全文索引，BLOB 类型不能创建任何索引。

（4）数据发生变化（如新增数据、更新数据、删除数据等操作）需要维护索引数据，因此添加索引后，以上操作的效率会降低。尽量避免在经常更新的列上创建索引，且索引的字段要尽可能少。

（5）因为创建索引和维护索引需要时间，并且索引需要占用存储空间，因此索引不是越多越好。科学地设计索引才能够有效提高数据库的整体性能。

（6）达梦数据库支持将索引存放在与数据表不同的表空间中，这样可以减少磁盘竞争，但是此时如果索引所在的表空间脱机，则检索语句可能会因查找不到索引而执行失败。

在达梦数据库的多种索引类型中，常见的索引主要包含以下 6 种，分别适用于不同的场景。

（1）聚集索引：索引中键值的逻辑顺序决定了表中相应行的物理顺序，因此一般对于经常要搜索范围值的列有效。每个普通表都有且仅有一个聚集索引。

（2）唯一索引：要求索引列中的数据唯一，允许值为空（NULL）；当使用 UNIQUE 或 PRIMARY KEY 创建唯一数据列或主键列时会自动创建唯一索引。

（3）函数索引：通过函数/表达式的预先计算的值来建立索引，一般用来解决检索时检索条件中包含函数语句的情况。

（4）位图索引：针对列中有大量相同值的情况，创建位图索引。

（5）位图连接索引：针对两个或者多个表连接的位图索引，主要用于数据仓库。

（6）全文索引：在表的文本列上创建，用来查找文本中的关键字而创建的索引。

1. 索引的创建

索引的创建要求登录用户具有数据表上的 CREATE INDEX 权限，具有数据库上的 CREATE ANY INDEX 权限，索引创建的语法结构如下。

```
CREATE [OR REPLACE][UNIQUE|BITMAP|SPATIAL] INDEX 索引名 ON [模式名].表名(列名|函数|表达式 [ASC|DESC]) [STORAGE选项];
```

参数说明如下。

（1）OR REPLACE 为重建索引，为可选项。如果索引名已经存在，那么用户将根据该语句的定义重建索引。

（2）UNIQUE 创建唯一索引，BITMAP 创建位图索引，SPATIAL 创建空间索引。

（3）ASC 索引以升序排列，默认为升序，DESC 索引以降序排列。

2. 索引的修改

在索引创建完成后，达梦数据库支持对已创建的索引进行修改，允许修改索引名称、索引查询计划的可见性、索引的有效性、重建索引等。

修改索引名称的语法结构如下。

```
ALTER INDEX [模式名].索引名 [RENAME TO [模式名].索引名] | [INVISIBLE|VISIBLE]
|[UNUSABLE] | [<REBUILD>[NOSORT]];
```

参数说明如下。

（1）RENAME TO 表示对已创建的索引重命名。

（2）INVISIBLE 表示索引不可见，查询语句不会使用该索引。

（3）VISIBLE 表示索引可见，查询语句使用该索引时，默认为该类型。

（4）UNUSABLE 表示将索引设置为无效状态。

（5）REBUILD 表示重建索引，NOSORT 表示重建时不需要排序。

3．索引的删除

对于不再使用的索引，达梦数据库支持将其删除。删除索引的语法结构如下。

```
DROP INDEX [模式名].索引名;
```

六、视图基本操作

视图是一个虚拟表，是从一个表或多个表（或其他视图）中导出的表。在数据库中是指存放视图的定义（由视图名和查询语句组成），而不存放对应的数据，视图中的数据仍然存放在原来的表中。视图所依赖的这些表称作基表。当使用视图时，执行用于定义视图的查询语句，执行结果即为视图的数据。视图的数据随基表的数据变化而变化，视图就像一个窗口，通过这个窗口可以查看用户感兴趣的数据。

视图可以像表一样被用户查询、修改和删除，甚至可以在视图上再创建新的视图。在视图上操作数据，最终都会被更新到数据所在的基表中。视图的主要优点如下。

（1）通过不同的视图查看不同的数据，对数据库中的统一数据源提供了多个观察角度。

（2）简化用户的操作。只需要在视图定义时给定一次查询语句，后续需要查询数据时，用户可以直接查询视图。

（3）通过定义不同的视图，隐藏不应该看到这些数据的用户视图，对机密数据具有安全保密的功能。

（4）增加了数据库中基表的灵活性，为重构数据库提供了一定程度的逻辑独立性。在建立调试和维护管理信息系统的过程中，由于用户需求的变化、信息量的增长等，经常会使数据库的结构发生变化，如增加新的基表，或者在已建好的基表中增加新的列，或者需要将一个基表分解成两个子表等，这称为数据库重构。数据的逻辑独立性是指当数据库重构时，对现有用户和用户程序不产生任何影响。通过对已有的基表建立不同的视图，达到数据库重构的目的。

1．视图的创建

从逻辑概念来讲，视图隶属于模式，创建视图的语法结构如下。

```
CREATE [OR REPLACE] VIEW [模式名].视图名称
  AS 查询语句;
```

参数说明如下。

（1）"OR REPLACE"用于替换一个已存在的同名视图，完成视图的修改。

（2）模式名表示该视图属于哪个模式，默认为当前模式。其中模式名和视图之间通过"."符号隔开。

（3）视图的名称与表的名称要求相同，最大长度为 128 字节。只能以字母、_、$、#

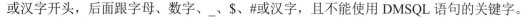

或汉字开头，后面跟字母、数字、_、$、#或汉字，且不能使用 DMSQL 语句的关键字。

2. 视图的删除

一个视图本质上是基于其他基表或视图上的查询，我们把这种对象间的关系称为依赖。用户在创建视图成功后，系统还隐式地建立了相应对象间的依赖关系。在一般情况下，当一个视图不被其他对象依赖时可以随时删除视图。删除视图的语法结构如下。

```
DROP VIEW [IF EXISTS] [模式名].视图名 [RESTRICT | CASCADE];
```

参数说明如下。

（1）模式名表示该视图属于哪个模式，默认为当前模式。其中模式名和视图之间通过"."符号隔开。

（2）删除不存在的视图会报错。若指定 IF EXISTS 关键字，删除不存在的视图，不会报错。

（3）视图删除有两种方式：RESTRICT 和 CASCADE。其中，RESTRICT 为默认值，当设置 dm.ini 中的 DROP_CASCADE_VIEW 参数值为 1 时，如果在该视图上建有其他视图，那么用户必须使用 CASCADE 参数才可以删除所有建立在该视图上的视图，否则删除视图的操作不会成功。当设置配置文件 dm.ini 中的 DROP_CASCADE_VIEW 参数值为 0 时，RESTRICT 方式和 CASCADE 方式都会成功，而且只会删除当前视图，不会删除建立在该视图上的视图。

➤ 任务实践

工资管理系统的主要作用是实现工资的集中管理，可供财务人员对本单位员工的工资进行管理，因此工资系统中需要存放以下数据。

（1）部门信息：部门编号、部门名称、部门地址等信息，可以方便按部门管理员工。

（2）员工信息：员工编号、员工姓名、岗位名称、经理编号、入职日期、备注、部门编号等信息。

（3）工资等级：等级编号、最低工资、最高工资等信息，入职员工根据员工等级确认该员工的工资范围。

（4）工资：序号、员工编号、基本工资、奖金、扣除工资、合计、备注（工资变动时的说明）等信息。

根据以上需求，规划"工资管理系统"的数据库的表结构，表结构信息见表 6-3、表 6-4、表 6-5 和表 6-6。

表 6-3 DEPT 表——部门信息表结构

字段名	字段数据类型	主键	非空	唯一	备注
DEPTNO	INT	是	是	是	部门编号
DNAME	VARCHAR(24)		是	是	部门名称
LOCATION	VARCHAR(130)				部门地址

表 6-4　EMP 表——员工信息表结构

字段名	字段数据类型	主键	非空	唯一	备注
EMPNO	INT	是	是	是	员工编号
ENAME	VARCHAR(50)				员工姓名
JOB	VARCHAR(50)				岗位名称
MGR	INT				经理编号
HIREDATE	DATE				入职日期
COMM	TEXT				备注
DEPTNO	INT				部门编号（外键，引用部门表主键）

表 6-5　SALGRADE 表——工资等级表结构

字段名	字段数据类型	主键	非空	唯一	备注
GRADE	INT				等级编号
LOSAL	NUMBER(7,2)				最低工资
HISAL	NUMBER(7,2)				最高工资

表 6-6　SALARY 表——工资表结构

字段名	字段数据类型	主键	非空	唯一	备注
SERIALNUM	INTEGER	是	是	是	序号，自增，初始值为 1，每次增加 1
EMPNO	INT		是		员工编号（外键，引用部员工表主键）
BASICSAL	NUMBER(7,2)				基本工资
BONUS	NUMBER(7,2)				奖金
DEDUCT	NUMBER(7,2)				扣除工资
TOTAL	NUMBER(7,2)				合计
COMM	TEXT				备注

完成上述 DEPT 表、EMP 表、SALGRADE 表、SALARY 表的创建。

"工资管理系统"存储在"SALM"模式中，该模式属于用户 SALM（用户的详细内容见项目 7）。因此，在开始创建表之前需要创建一个名为"SALM"的用户，创建用户时会自动创建同名的模式。创建用户的语句如下。

```
SQL>CREATE USER SALM IDENTIFIED BY "Dameng123" DEFAULT TABLESPACE
"TSAL";
```

创建完成之后，继续完成以上需求。将"工资管理系统"的数据表存储在"SALM"模式中。

【例 6-1】以用户 SYSDBA 登录达梦数据库 SALDB 为实例。在"SALM"模式下创建存储公司的部门信息表 DEPT。DEPT 表中需要存放数据的字段信息见表 6-3。

1. DM 管理工具创建表

步骤 1：启动 DM 管理工具，该工具在终端中运行达梦数据库安装目录下的 tool 文件夹下的 manager 脚本，启动命令如图 6-2 所示。启动成功后，DM 管理工具的运行界面如图 6-3 所示。

```
[dmdba@localhost tool]$
[dmdba@localhost tool]$ cd /dm8/tool/
[dmdba@localhost tool]$ ./manager
/usr/share/themes/kylin-black-theme/gtk-2.0/gtkrc:817: 找不到包含文件: "apps/caja
.rc"
```

图 6-2　启动命令

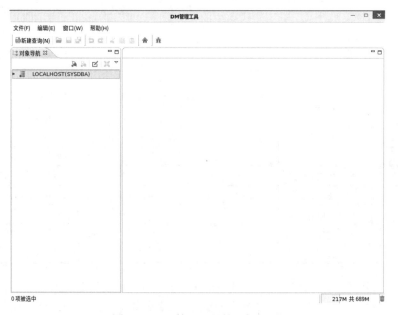

图 6-3　DM 管理工具的运行界面

　　步骤 2：双击 DM 管理工具左侧"对象导航"窗格下的"LOCALHOST(SYSDBA)"选项，在弹出的窗口中填写用户名和口令，与数据库 SALDB 建立连接，其中 LOCALHOST 代表本台计算机，如图 6-4 所示。

　　步骤 3：登录成功后，双击 DM 管理工具左侧"对象导航"窗格下的"LOCALHOST (SYSDBA)"选项，找到"模式"选项并展开，然后找到"SALM"模式并展开，在"SALM"模式下的"表"上右击，在弹出的快捷菜单中选择"新建表"选项，如图 6-5 所示。

　　步骤 4：单击"新建表"后，弹出"新建表"窗口。进入"常规"参数设置界面，将表名设置为"DEPT"，注释设置为"部门信息表"，如图 6-6 所示。

　　单击"列"选区右侧的"+"按钮，添加一个字段，列名为"DEPTNO"，勾选对应字段左侧的"主键"复选框；双击数据类型下默认的"CHAR"类型，按照表 6-3 的要求在下拉菜单中选择"INT"数据类型，精度使用默认。

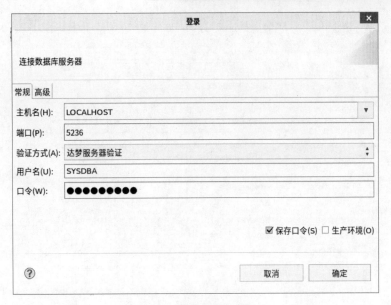

图 6-4 创建数据库连接

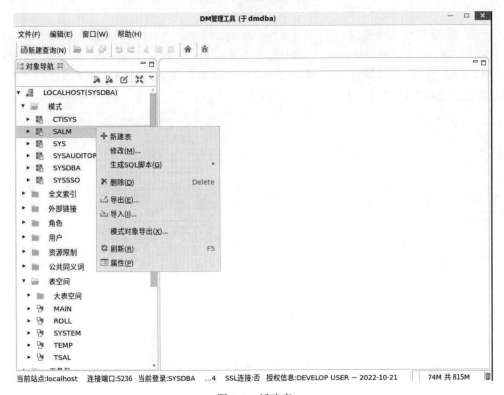

图 6-5 新建表

再次单击"+"按钮添加字段"DNAME",选择数据类型为"VARCHAR",并双击默认精度"50",进入编辑状态,将其修改为表 6-3 中要求的精度"14"。

再次单击"+"按钮添加字段"LOCATION",选择数据类型为"VARCHAR",并将其修改为表 6-3 中要求的精度"130"。

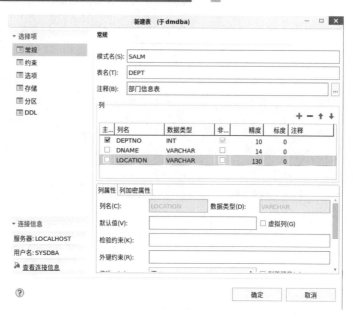

图 6-6　设置部门信息表 DEPT 字段信息

步骤 5：字段设置完成后，单击如图 6-6 所示窗口中的"确定"按钮，完成部门信息表 DEPT 的创建。创建完成后可以双击 DM 管理工具左侧"对象导航"窗格下的"LOCALHOST（SYSDBA）"选项，找到"模式"选项下面的"SALM"模式并展开，展开下面的"表"，即可查看创建成功的 DEPT 表，如图 6-7 所示。

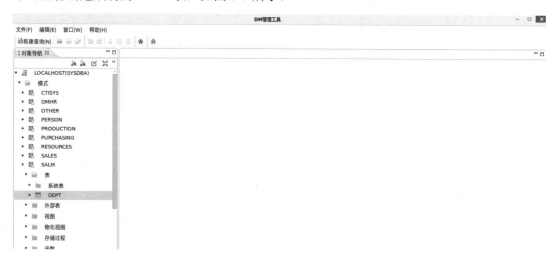

图 6-7　查看 DEPT 数据表是否创建成功

在"SALM"模式下创建部门信息表 DEPT，语句如下。

```
SQL>CREATE  TABLE SALM.DEPT(
DEPTNO INT NOT NULL,
DNAME VARCHAR(14),
LOCATION VARCHAR(130),
CONSTRAINT PK_DEPT NOT CLUSTER PRIMARY KEY(DEPTNO)) STORAGE(ON TSAL,
CLUSTERBTR);
```

将以上语句编写到 DM 管理工具的"查询"窗格中，单击工具栏中的三角形绿色按钮并运行，同样可以完成 DEPT 表的创建，如图 6-8 所示。

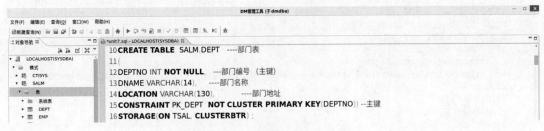

图 6-8　在 DM 管理工具中编写语句

选中该语句，单击工具栏中的执行按钮（三角形绿色按钮），执行数据表的创建。在"消息"窗格上显示执行成功的提示，如图 6-9 所示。

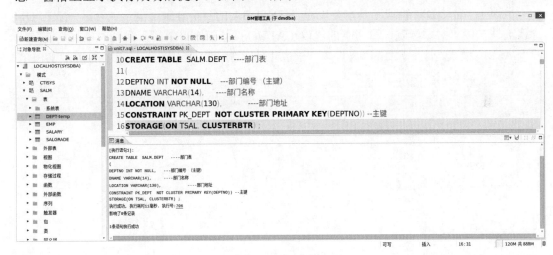

图 6-9　执行成功

2. DISQL 工具创建表

在达梦数据库安装目录 bin 文件夹下，打开终端，执行如下语句。

```
[root@localhost bin]# ./disql SYSDBA/Dameng123@localhost:5236
```

其中，"SYSDBA"为用户名，"Dameng123"为用户密码，"localhost"为本机域名，"5236"为数据库实例的端口号。使用 DISQL 工具登录数据库如图 6-10 所示。

图 6-10　使用 DISQL 工具登录数据库

在 ">" 符号后输入创建表的 DDL 语句，并按回车键执行，如图 6-11 所示。

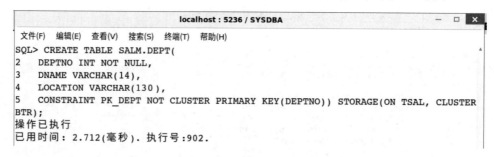

图 6-11 使用 DISQL 命令行工具运行 DDL 语句

【例 6-2】在修改模式 "SALM" 下的 DEPT 表中，增加 "DEPTMANAGERID" 字段，数据类型设为 "INT"，长度设为 "10"。

步骤 1：启动 DM 管理工具，并以用户 SYSDBA 的身份登录。登录成功后，双击 DM 管理工具左侧 "对象导航" 窗格下的 "LOCALHOST（SYSDBA）"，找到 "模式" 选项下的 "SALM" 模式，展开下面的 "表"，在下一级目录下找到 "DEPT" 表。选中并右击 "DEPT" 表，弹出如图 6-12 所示的快捷菜单。

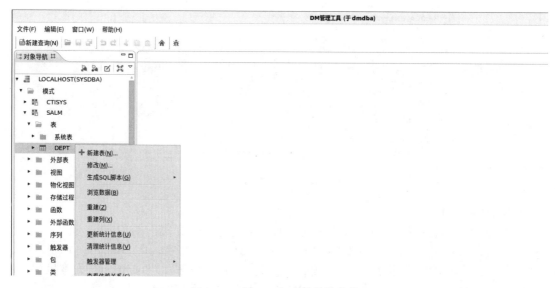

图 6-12 "DEPT" 表的快捷菜单

步骤 2：在如图 6-12 所示的快捷菜单中，单击 "修改" 选项，弹出如图 6-13 所示的 "修改表" 窗口。

步骤 3：在如图 6-13 所示的 "修改表" 窗口中，单击 "+" 按钮，添加相应字段。其中，列名为 "DEPTMANAGERID"，数据类型为 "INT"，精度为 "10"，如图 6-14 所示。

步骤 4：修改完成后，单击 "确定" 按钮，即可完成数据表的修改操作。

图 6-13　"修改表"窗口

图 6-14　添加字段

【例 6-3】在"SALM"模式下的 DEPT 表中，删除"DEPTMANAGERID"字段。

1. 通过 DM 管理工具修改表

删除字段的操作与添加字段的类型都需要打开如图 6-14 所示的对话框。在该对话框中，选中"DEPTMANAGERID"字段，单击"－"按钮，删除对应字段，修改结果如图 6-13 所示。

【例 6-2】和【例 6-3】中关于添加字段和删除字段操作的 DDL 语句如下。

```
SQL>ALTER TABLE "SALM"."DEPT" ADD COLUMN ("DEPTMANAGERID" INT);
                                                       -- 添加字段
SQL>ALTER TABLE "SALM"."DEPT" DROP COLUMN "DEPTMANAGERID"; -- 删除字段
```

使用 DM 管理工具修改表的 DDL 语句，其执行结果如图 6-15 所示。

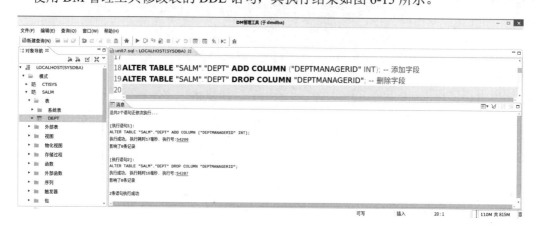

图 6-15　执行结果

2. 通过 DISQL 命令行工具修改表

在 DISQL 命令行工具中修改表的 DDL 语句与 DM 管理工具中修改表的 DDL 语句相同，因此打开 DISQL 命令行工具并输入如图 6-15 所示的 DDL 语句后执行，其执行结果如图 6-16 所示。

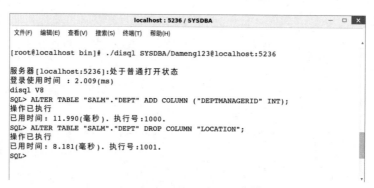

图 6-16　修改表的 DDL 语句及其执行结果

【例 6-4】以用户 SYSDBA 登录达梦数据库 SALDB 为例。在"SALM"模式下创建存储公司的员工表 EMP。EMP 表中需要存放数据的字段信息见表 6-4。

步骤 1：在 DM 管理工具中创建 EMP 表，在"新建表"窗口中需要设置表结构的信息如图 6-17 所示。

步骤 2：在如图 6-17 所示的左侧窗格中，展开"选择项"下拉菜单，单击"约束"选项，如图 6-18 所示。

步骤 3：单击如图 6-18 所示窗口中"约束列表"选区下的"添加"按钮，在弹出的"新建约束"对话框中选中"外键约束"单选按钮，如图 6-19 所示。

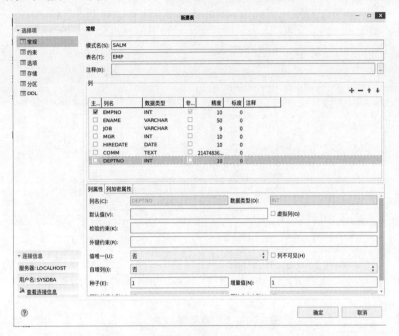

图 6-17 使用 DM 管理工具创建 EMP 表

图 6-18 单击"约束"选项

图 6-19 "新建约束"对话框

步骤 4：在如图 6-19 所示的对话框中单击"确定"按钮，弹出"配置外键约束"窗口，指定"DEPTNO"列引用 DEPT 表的主键列"DEPTNO"，外键名称为"FK_DEPT"，填写信息如图 6-20 所示。

图 6-20　"配置外键约束"窗口

步骤 5：在如图 6-20 所示的窗口中单击"确定"按钮，完成外键配置。此时"新建表"窗口如图 6-21 所示。

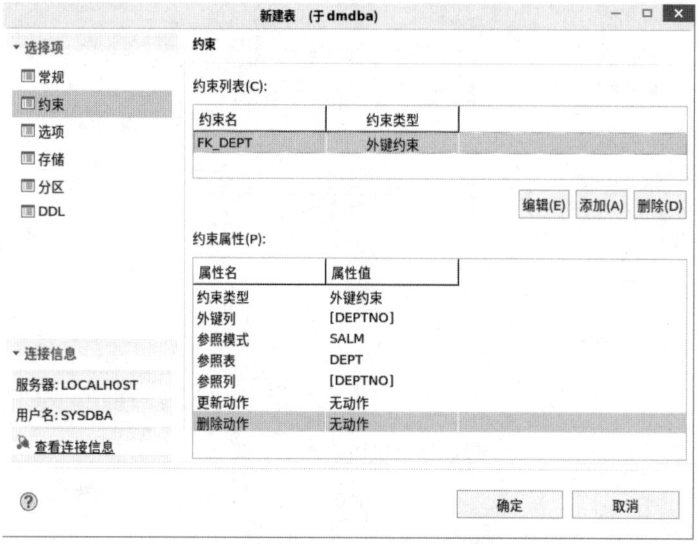

图 6-21　"新建表"窗口

步骤 6：在如图 6-21 所示的窗口中单击"确定"按钮，完成 EMP 表的创建。

【例 6-5】以用户 SYSDBA 登录达梦数据库 SALDB 为例。在"SALM"模式下创建存储公司的工资等级表 SALGRADE。SALGRADE 表中需要存放数据的字段信息见表 6-5。

在 DM 管理工具中创建 SALGRADE 工资等级表，其"新建表"窗口中需要设置表结构的信息如图 6-22 所示。

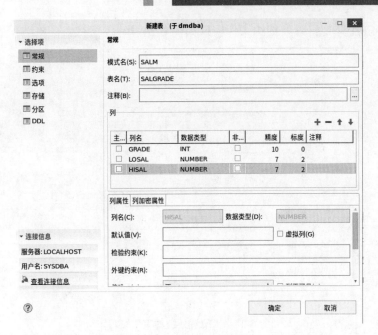

图 6-22　使用 DM 管理工具创建 SALGRADE 工资等级表

【例 6-6】以用户 SYSDBA 登录达梦数据库 SALDB 为实例。在"SALM"模式下创建存储公司的工资表 SALARY。SALARY 表中需要存放数据的字段信息见表 6-6。

步骤 1：使用 DM 管理工具创建 SALARY 工资表，打开"新建表"窗口，填写表结构的信息，如图 6-23 所示。需要在列 DERIALNUM 中设置列的自增，将"列属性"选项卡中的"自增列"设为"是"，"种子"设为"1"，"增量值"设为"1"，表示初始值为 1，且每次递增 1。

图 6-23　使用 DM 管理工具创建 SALARY 工资表

步骤 2：添加外键约束，指定"EMPNO"列引用 EMP 表的主键列"EMPNO"，外键名称为"FK_EMP"，"配置外键约束"窗口如图 6-24 所示。

图 6-24 "配置外键约束"窗口

步骤 3：在如图 6-24 所示的"配置外键约束"窗格中单击"确定"按钮，完成外键配置。在如图 6-23 所示的"新建表"窗口中单击"确定"按钮，完成 SALARY 表的创建。

【例 6-7】当员工信息表 EMP 中记录数量较多，如超过十万条时，可以适当添加索引，这样可随着"工资管理系统"所涉及的未来员工数量的增长，仍然具有较快的查询速度，能够提升系统的可扩展性。在 EMP 表的员工姓名"ENAME"字段中创建索引，索引名称为"IN_ENAME"。

1. 通过 DM 管理工具创建索引

步骤 1：双击 DM 管理工具左侧"对象导航"窗格下的"LOCALHOST(SYSDBA)"选项，找到"模式"选项并展开，然后找到"SALM"模式并展开，在"表"下找到 EMP 表，将其展开，在其下的"索引"菜单上右击，在弹出的快捷菜单中单击"新建索引"选项，在弹出的"新建索引"对话框中创建索引，如图 6-25 所示。

图 6-25 在 EMP 表的 ENAME 列中创建索引

步骤 2：在如图 6-25 所示的窗口中单击"确定"按钮，完成索引的创建。

2. 通过 DISQL 命令行工具创建索引

为 EMP 表添加索引的 DDL 语句如下。

```
SQL>CREATE INDEX "SALM"."IN_ENAME" ON "SALM"."EMP"("ENAME");
```

通过 DISQL 命令行工具为 EMP 表创建索引，执行效果如图 6-26 所示。

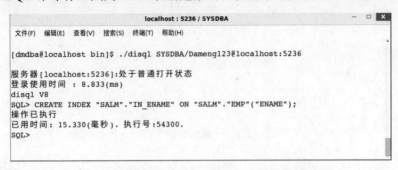

图 6-26　通过 DISQL 命令行工具为 EMP 表创建索引

【例 6-8】以上数据表如果创建出错，达梦数据库支持使用 DM 管理工具和 DISQL 命令行工具将数据表删除。以用户 SYSDBA 登录，删除"SALM"模式下的数据表 DEPT。

步骤 1：启动 DM 管理工具，并通过用户 SYSDBA 登录。登录成功之后，双击 DM 管理工具左侧"对象导航"窗格下的"LOCALHOST（SYSDBA）"选项，找到"模式"选项下的"SALM"模式，展开下面的"表"，在下一级目录下找到"DEPT"表。选中并右击"DEPT"表，弹出如图 6-27 所示的快捷菜单。

图 6-27　快捷菜单

步骤 2：在如图 6-27 所示的快捷菜单中单击"删除"选项，弹出如图 6-28 所示的"删除对象"窗口。

图 6-28　"删除对象"窗口

步骤 3：在如图 6-28 所示的窗口中单击"确定"按钮，即可完成数据表 DEPT 的删除操作。

用户也可以编写 DDL 语句删除数据表，DDL 语句如下。

```
SQL>DROP TABLE "SALM"."DEPT" RESTRICT;
```

【例 6-9】创建视图，视图名称为"EMP_DEPT_VIEW"，视图包含员工编号 EMPNO、员工姓名 ENAME、员工部门编号 DEPTNO、部门名称 DNAME，用于展示员工和部门之间的对应关系。

步骤 1：启动 DM 管理工具，并以用户 SYSDBA 的身份登录。登录成功后，双击 DM 管理工具左侧"对象导航"窗格下的"LOCALHOST（SYSDBA）"选项，找到"模式"选项下的"SALM"模式下的"视图"选项，右击该"视图"选项，弹出如图 6-29 所示的快捷菜单。

图 6-29　"视图"快捷菜单

步骤 2：在如图 6-29 所示的快捷菜单中，单击"新建视图"选项，弹出"新建视图"窗口，填写视图名称，如图 6-30 所示。

图 6-30　"新建视图"窗口

步骤 3：在如图 6-30 所示的窗口中单击"查询设计器"按钮，弹出"查询设计"对话框，如图 6-31 所示。

图 6-31　"查询设计"对话框

步骤 4：在如图 6-31 所示的对话框中单击"目标对象"中的"+"按钮，弹出"对象选择"对话框，在"表"选项卡中选择"SALM"模式下的 DEPT 表和 EMP 表，如图 6-32

所示。然后单击"确定"按钮，完成基表对象的选择。

图 6-32　"对象选择"对话框

步骤 5：此时被选择的基表出现在"查询设计"对话框中，如图 6-33 所示。

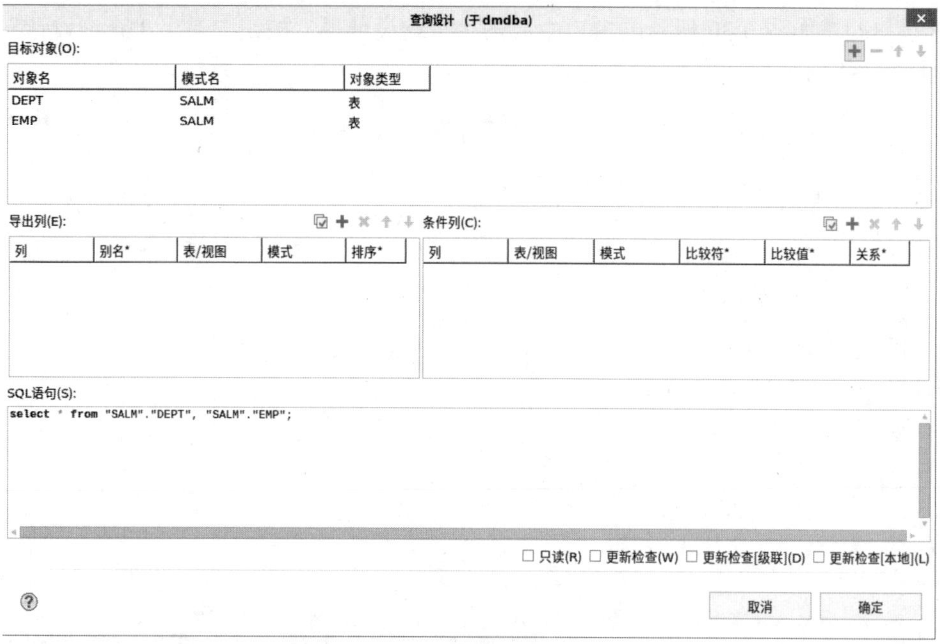

图 6-33　"查询设计"对话框

步骤 6：设置视图包含的列信息。在如图 6-33 所示的对话框中单击"导出列"后的"+"按钮，弹出"列选择"对话框，勾选 SALM.DEPT 表中 DEPTNO 列和 DNAME 列对应的复选框，勾选 SALM.EMP 表中 EMPNO 列、ENAME 列和 DEPTNO 列对应的复选框，如图 6-34 所示。单击"确定"按钮，完成导出列的设计。

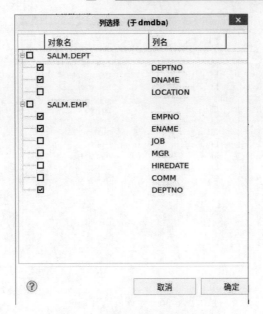

图 6-34　设置视图包含的列信息

步骤 7：此时"查询设计"对话框中的显示结果如图 6-35 所示。

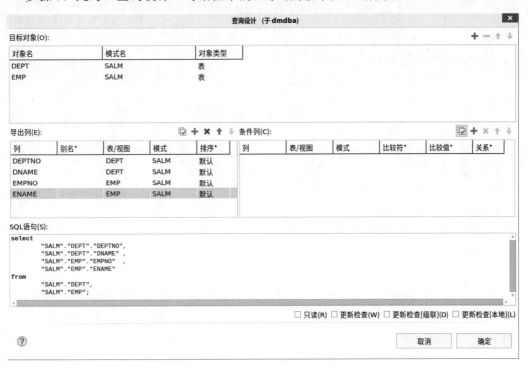

图 6-35　"查询设计"对话框中的显示结果

步骤 8：下一步设计导出条件列，条件为 SALM.DEPT 表中的 DEPTNO 列与 SALM.EMP 表中的 DEPTNO 列相同。在如图 6-35 所示的对话框中单击"条件列"后的"+"按钮，在弹出的"列选择"对话框中，勾选"SALM.DEPT"下的 DEPTNO 列所对应的复选框，如图 6-36 所示。

图 6-36　设计列选择条件

步骤 9：在如图 6-36 所示的对话框中单击"确定"按钮，完成列选择。此时"查询设计"对话框中的显示结果如图 6-37 所示。

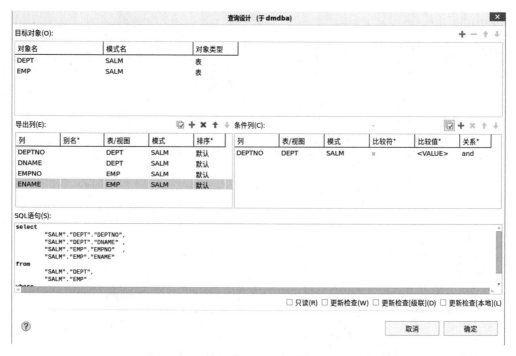

图 6-37　"查询设计"对话框中的显示结果

步骤 10：双击如图 6-37 所示对话框中"条件列"的 DEPTNO 行中的第 5 列的<VALUE>，可以编辑其内容。由于条件为"SALM.DEPT.DEPTNO=SALM.EMP.DEPTNO"，所以需要将第 5 列的<VALUE>设置为"SALM.EMP.DEPTNO"。此时"查询设计"对话框中的显示结果如图 6-38 所示。

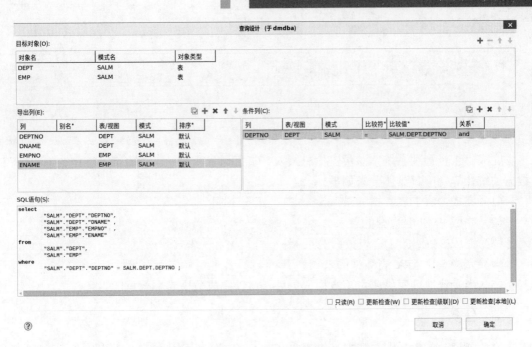

图 6-38　"查询设计"对话框中的显示结果

步骤 11：单击如图 6-38 所示对话框中的"确定"按钮，完成查询的设计。其中在图 6-38 界面中底部的"SQL 语句(S)："下，显示视图的查询 DMSQL 语句。

步骤 12："新建视图"窗口如图 6-39 所示。

图 6-39　"新建视图"窗口

步骤 13：单击"确定"按钮，完成 EMP_DEPT_VIEW 视图的创建。此时视图可以像数据表一样进行数据的查询操作。

任务6.3 DML 操作

> ## 任务描述

完成"工资管理系统"对员工信息录入、员工信息变更、工资查询、工资数据、部门数据的统计等功能。具体要求如下。

（1）完成 DEPT 表数据的录入。

（2）完成 EMP 表数据的录入。

（3）完成 SALGRADE 表数据的录入。

（4）完成 SALARY 表数据的录入。

（5）当企业地址变更或员工数据变更后，可以完成数据库中数据的更新。

> ## 任务目标

（1）了解 DMSQL 中的数据操纵语言（DML 语言）。

（2）掌握数据表中的数据录入操作。

（3）掌握数据表中的数据更新操作。

（4）掌握数据表中的数据删除操作。

（5）熟练掌握单个数据表中的数据查询。

（6）熟练掌握多个数据表的连接查询。

（7）熟练掌握数据表的子查询。

（8）掌握合并查询结果。

（9）掌握数据分组、排序。

（10）掌握达梦数据库的情况查询。

> ## 知识要点

DMSQL 的数据操纵语言（简称 DML 语言），主要用于对数据库中的数据进行数据录入、数据更新、数据删除、数据查询等操作。下面对数据的录入、更新、删除、查询做详细介绍。

一、数据录入

数据管理是数据库管理系统的基本功能，包括数据的录入、查询、更新、删除。在达梦数据库管理系统中，上述操作需要手动提交。

数据的录入包含两种方式：使用图形界面录入数据和使用 DMSQL 语句录入数据。使用图形界面录入数据的方法见本节的任务实践，DMSQL 语言使用 INSERT 语句向数据表中录入数据，可以直接录入一行或者多行，也可以结合查询语句将结果集录入数据表中。直接录入数据的语法结构如下。

```
INSERT INTO [模式名].表名称  [列名1,列名2,……,列名N]  VALUES(插入值1,插入值
```

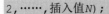

2,……,插入值 *N*);

参数说明如下。

（1）列名表示数据表中的名称，在向数据表中录入数据时可以根据定义的列名顺序录入指定列数据。若不指定，则插入值的顺序和个数应与表中列的顺序和个数一致，按照表中列的顺序录入数据；如果录入的记录中包含的字段数目与数据表中包含的字段数目不相等，则必须指定列名称。

（2）插入值为一条数据记录的数据集合，每列值之间以逗号间隔。

数据录入默认需要手动提交数据，可以通过执行 DMSQL 语句"COMMIT;"提交，或者单击工具栏中的绿色对号按钮提交。

二、数据更新

对于数据表中已经存在的数据可以进行修改，该操作称为数据更新。使用 UPDATE 语句实现数据的更新，语法结构如下。

```
UPDATE [模式名].表名称
SET <列名>=<值>|DEFALUT {<列名>=<值>|DEFALUT}
[WHERE <条件表达式>];
```

数据更新操作也需要手动提交事务，可以通过执行 DMSQL 语句"COMMIT;"提交，或者单击工具栏中的绿色对号按钮提交。

三、数据删除

对于数据表中已经存在的数据可以进行删除，该操作称为数据删除。使用 DELETE 语句删除数据表中部分或全部数据，使用 TRUNCATE 语句删除表中所有数据，语法结构如下。

```
DELETE FROM [模式名].表名称
[WHERE <条件表达式>];
```

或者

```
TRUNCATE TABLE [模式名].表名称;
```

参数说明如下。

（1）WHERE 表示删除的数据需要满足的条件，如果不写该语句则表示删除表中所有的数据。

（2）TRUNCATE 表示删除表中所有数据。

数据删除操作需要手动提交，可以通过执行 DMSQL 语句"COMMIT;"提交，或者单击工具栏中的绿色对号按钮提交。

四、数据查询

数据查询是数据库的核心操作，达梦数据库提供了丰富的查询方式，满足不同场景的需求。能够熟练地应用查询语句，正确、快速地查出数据是数据库从业人员必须掌握的技能。本任务主要介绍通过 DML 语句完成单表查询、多表连接查询、子查询、分组、排序及合并查询结果。

1. 单表查询

DMSQL 数据查询主要是由 SELECT 语句完成的，单表查询利用 SELECT 语句从一个表中查询数据，语法结构如下。

```
SELECT [ALL|DISTINCT|UNIQUE] <选择列表>
FROM [模式名].<表名>
[WHERE子句]
[CONNECT BY子句]
[GROUP BY子句]
[HAVING子句]
[ORDER BY子句]
```

参数说明如下。

（1）[ALL|DISTINCT|UNIQUE]用于对查询结果集再次筛选。ALL 表示显示全部的结果集，DISTINCT 和 UNIQUE 等效，表示对结果集中重复的行只显示一行，用于去重操作。

（2）<选择列表>表示需要查询列名，多个列名之间用逗号隔开。

（3）<模式名>定义要创建的模式的名字，最大长度为 128 个字节，只能以字母、_、$、#或汉字开头，后面跟随字母、数字、_、$、#或汉字，且不能使用达梦数据库的关键字。在创建新的模式时，如果已存在同名的模式，或者已经存在同名用户时（名字不区分大小写），那么创建模式的操作会被跳过，此时认为模式名为该用户的默认模式，如果后续还有DDL 子句，会根据权限判断是否可以在已存在的模式上执行这些 DDL 操作。

（4）[WHERE 子句]为可选项，用于设置查询条件，仅显示满足条件的数据内容。

（5）[CONNECT BY 子句]用于层次查询，适用于自相关数据表的查询。如果一张表中存在一个列，是该表中另一个字段的外键，那么这张表就称为自相关数据表。

（6）[GROUP BY 子句]为可选项，将 WHERE 子句返回的临时查询结果重新编组，结果是多条数据行的集合。

（7）[HAVING 子句]为可选项，用于为分组设置检索条件，可以使用函数。

（8）[ORDER BY 子句]为可选项，用于指定查询结果的排序条件，排序方式包含升序和降序两种。

1）简单查询

简单查询是指使用 SELECT 语句把一个表中的数据存储在一个结果集中，其语法格式如下。

```
SELECT *|<选择列表>
FROM [模式名].<表名>
```

参数说明如下。

（1）<选择列表>表示需要查询列名，多个列名之间以逗号隔开。

（2）*（星号）代表选择表中所有列，且显示顺序与表中列的顺序相同。

2）条件查询

条件查询是指在简单查询的基础上增加 WHERE 子句，查询满足条件的数据其语法格式如下。

```
SELECT  <选择列表>
FROM [模式名].表名
```

```
WHERE 子句;
```

WHERE 子句的形式为 WHERE 查询条件表达式，其中查询条件表达式由列名、运算符和值组成。运算符包含逻辑运算符和谓词，其中逻辑运算符有 AND、OR 和 NOT；谓词表示一个表达式求解后，其结果为布尔值（真或假），包含比较谓词（=、>、<、>=、<=、<>）、BETWEEN 谓词、IN 谓词、LIKE 谓词、NULL 谓词等。WHERE 子句中常用的运算符见表 6-7。

表 6-7   WHERE 子句中常用的运算符

条件类型	运算符	描述
逻辑运算符	AND	两个条件都成立
	OR	只要一个条件成立
	NOT	条件不成立
比较运算符	=	等于
	<>	不等于
	>	大于
	<	小于
	>=	大于等于
	<=	小于等于
范围运算符	BETWEEN AND	在某个范围内
	NOT BETWEEN AND	不在某个范围内
确定集合	IN	在某个集合内
	NOT IN	不在某个集合内
字符匹配	LIKE	与某字符匹配
	NOT LIKE	与某字符不匹配
空值	IS NULL	是空值
	IS NOT NULL	不是空值

（1）使用比较谓词查询。

比较谓词主要用于数值类型、日期类型和字符串类型的查询。其中，对于数值类型和日期类型，根据他们代表的数值或日期的大小进行比较；对于字符串类型，则按照同一位置上的字母顺序逐一进行比较。

（2）使用 BETWEEN 谓词查询。

BETWEEN 谓词可以用来查询符合某一范围的数据，可以用 BETWEEN AND 或 NOT BETWEEN AND 来查找符合某一范围和不符合某一范围的记录。BETWEEN 后跟范围的下限（最低值），AND 后跟范围的上限（最高值）。

（3）使用 IN 谓词查询。

IN 谓词用来查找特定集合内的数据；NOT IN 用来查找不在集合内的数据。

（4）使用 LIKE 谓词查询。

LIKE 谓词可以用来完成字符串模糊匹配查询，结合通配符%和_使用，其中%表示匹配任意长度字符串，_表示匹配任意单个字符。例如，a%b 表示以 a 开头，以 b 结尾，中间包含0到多个任意字符，如ab，acb，adb，aaaaab，azsdb等都满足匹配条件；a_b表示以a开头，以b结尾，中间包含一个字符的任意字符串，如acb，amd等都满足匹配条件。如果要查询的字符串包含%或者_，则需要使用转义字符，语法格式如下。

```
SELECT <选择列表>
FROM [模式名].表名
WHERE 列名称 [NOT] LIKE 字符串表达式 ESCAPE 转义字符;
```

（5）使用NULL谓词查询。

NULL谓词用来查询包含空值的记录，可以使用IS NULL或者IS NOT NULL判断包含空值或不包含空值的记录。

（6）使用逻辑运算符查询。

逻辑运算符包含三个，分别为NOT、AND和OR。如果需要查询不满足条件的记录，则使用NOT运算符；如果需要查询同时满足两个条件的记录，则需要使用AND运算符；如果两个条件中满足任意一个的记录，则需要使用OR运算符。

3）列运算查询

达梦数据库支持使用算术运算对查询结果进行加工处理，支持+（加）、-（减）、*（乘）、/（除）4种算术运算符。列运算查询语法结构如下。

```
SELECT 字段1, 字段2[+数值| -数值 | *数值| /数值 ],……,字段名n
FROM [模式名].表名;
```

4）聚合查询

为了提高查询能力，达梦数据库提供了多种内部函数（又称库函数），这些函数可以直接使用在SELECT语句中。根据函数输入的行数，分为多行函数和单行函数。

多行函数处理的对象多属于集合，因此又称集合函数，经常用于完成对一组数据的统计。常见的多行函数见表6-8。

表6-8 常见的多行函数

函数名	描述
COUNT(*)	统计查询记录的条数
COUNT(列名称)	统计一列值的个数
SUM(列名称)	用于数据类型为数值型的列，计算一列值的总和
AVG(列名称)	用于数据类型为数值型的列，计算一列值的平均值
MAX(列名称)	求一列值中的最大值
MIN(列名称)	求一列值中的最小值

聚合查询语法结构如下。

```
SELECT 字段1, 函数名(字段名2), ……,字段名n
FROM [模式名].表名;
```

单行函数根据处理对象的数据类型分为5种类型：字符函数、数值函数、日期函数、转换函数和通用函数。

字符函数主要用于处理字符串类型，完成对字符串的查找、替换、定位、转换等功能，常见的字符串处理函数见表6-9。

表 6-9　常见的字符串处理函数

函数名	描述
CHAR_LENGTH(char)/ CHARACTER_LENGTH(char)	返回字符串 char 的长度
LEN(char)	返回字符串 char 的长度，不包含尾部的空字符串
LENGTH(char)	返回字符串 char 的长度，包含尾部的空字符串
CONCAT(char1,char2,……, char n)	将多个字符串拼接起来，与||功能相同
INTCAP(char)	将字符串的每个单词的首字母大写
SUBSTR(char1, m,n)	返回 char1 中从 m 开始的 n 个字符组成的串
REPLACE(char1,char2,char3)	使用 char3 替换 char1 中 char2 字符串

数值函数主要用于处理数值类型，完成对数值的计算，常见的数值函数见表 6-10。

表 6-10　常见的数值函数

函数名	描述
ABS(n)	取绝对值
SIGN(n)	取符号函数，整数返回 1，负数返回-1，0 返回 0
MOD(m,n)	返回 m 除以 n 得到的余数
ROUND(n)	四舍五入取整数
TRUNC(n)	截去小数部分取整数

日期函数主要用于处理日期类型，能够完成获取当前时间、当前月份、星期、两个日期之间相差的天数等功能，常见的日期函数见表 6-11。

表 6-11　常见的日期函数

函数名	描述
SYSDATE()	返回服务器系统当前时间
CURRENTDATE()/CURRENT_DATE()	返回当前会话日期
CURRENTTIME()/CURRENT_DATE()/LOCALTIME()	返回当前会话的时间
DAYS_BETWEEN(date1,date2)	返回两个日期之间相差的天数
ADD_DAYS(date,n)	返回 date 加上 n 天后的日期时间值
LAST_DAY(date)	返回指定时间所在月份的最后一天
TO_CHAR(date[,fmt])	将日期转成 fmt 格式 VARCHAR 字符串

转换函数主要负责数据类型的转换，要求参与转换的数据类型和数据长度能够兼容，常见的转换函数见表 6-12。

表 6-12　常见的转换函数

函数名	描述
TO_CHAR(data[,fmt[,nlsparam]])	按照 fmt 格式和 nlsparam 指定的 fmt 语言特征，将 data 转换成字符串，data 数据类型可以为数字、日期
TO_NUMBER(str[,fmt[,nlsparam]])	按照 fmt 格式和 nlsparam 指定的 fmt 语言特征，将字符串转换为数字
TO_DATE(str[,fmt[,nlsparam]])	按照 fmt 格式和 nlsparam 指定的 fmt 语言特征，将字符串转换为日期

5）别名查询

在编写 DMSQL 语句时，如果表名字或列名字过长，会导致其他用户不容易理解其含义，可以为其指定一个别名。另外，别名在自连接查询中还可以用来区分同名对象。别名查询语法结构如下。

```
SELECT 列名字1 [AS] 别名1,……, 列名字n [AS] 别名n
FROM [模式名].表名 表别名;
```

6）情况表达式

DMSQL 查询可以在 SELECT 语句中设置情况表达式，指明搜索条件并返回一个标量值，一般用于对查询结果分类整理。情况表达式语句语法结构如下。

```
CASE WHEN 条件表达式 THEN 标量值
```

2. 连接查询

数据库一般存放多张数据表，数据表之间存在一定的联系。如果存在一些用户需求，需要在多张数据表中查询数据，此时可以通过对数据表的组合提炼需要的数据。如果一个查询需要对多张数据表进行操作，则称之为连接查询。根据连接的方式分为交叉连接、内连接和外连接。

交叉连接又称笛卡尔积，是指将第一个表中所有的行分别与第二张表中每一行连接形成新的行，连接后的结果集的行数等于两个表的行数的乘积，字段为两个表的字段个数之和，语法格式如下。

```
SELECT <列名列表>
FROM [模式名1].表名1, [模式名2].表名2;
```

下面使用三张表来表示交叉连接。其中，表 6-13 为学生信息表 STUDENTINFO，表 6-14 为课程信息表 COURSE，表 6-15 为可能的选课结果表 ELECTIVE。

表 6-13　学生信息表 STUDENTINFO

SNO	SNAME
001	张三
002	李四

表 6-14　课程信息表 COURSE

CNO	CNAME
C01	达梦数据库
C02	Java 程序设计

表 6-15　可能的选课结果表 ELECTIVE

SNO	SNAME	CNO	CNAME
001	张三	C01	达梦数据库
001	张三	C02	Java 程序设计
002	李四	C01	达梦数据库
002	李四	C02	Java 程序设计

以上交叉连接的查询语句如下。

```
SELECT S.*, C.*
```

```
FROM STUDENTINFO S, COURSE C;
```

内连接是指将第一个表中所有的行按照条件与第二张表中的行连接形成新的行，语法格式如下。

```
SELECT <列名列表>
FROM [模式名1].表名1 INNER JOIN [模式名2].表名2 ON [连接条件];
```

其中，连接条件一般是"表名 1.列名 1=表名 2.列名 2"。

外连接是在内连接的基础上除了包含满足连接条件的数据，还根据连接类型返回左、右或两张表中不满足条件的数据。连接类型分为左外连接、右外连接和全连接三种。语法格式如下。

```
SELECT <列名列表>
FROM [模式名1].表名1 [LEFT|RIGHT|FULL] OUTER JOIN [模式名2].表名2 ON [连接条件];
```

参数说明如下。

（1）LEFT OUTER JOIN：左外连接，结果集包含满足条件的行和左表中不匹配的行，新数据行中右表对应的列以 NULL 填充。

（2）RIGHT OUTER JOIN：右外连接，结果集包含满足条件的行和右表中不匹配的行，新数据行中左表对应的列以 NULL 填充。

（3）FULL OUTER JOIN：全外连接，左外连接和右外连接的结果合集。

（4）关键字 OUTER 可以省略。

3. 排序

达梦数据库可以对查询的结果进行排序，可以使用 ORDER BY 子句按照一个或多个列进行升序或降序排列，默认为升序。语法格式如下。

```
SELECT <列名称>
FROM [模式名].表名称 ORDER BY <列名称> [ASC | DESC] [NULLS FIRST|LAST], {列名称 [ASC|DESC] [NULLS FIRST|LAST]} ;
```

参数说明如下。

（1）ASC：升序。

（2）DESC：降序。

（3）NULLS FIRST：空值所在的数据行放在排序结果的最前面。

（4）NULLS LAST：空值所在的数据行放在排序结果的最后面。

4. 分组

达梦数据库支持对查询的结果进行分组，使用 GROUP BY 子句指定按照一个或者多个属性的列的值进行分组，值相等的为一组。语法格式如下。

```
SELECT <列名称>
FROM [模式名.]表名称 GROUP BY <列名称> ;
```

参数说明如下。

SELECT 后跟的列名称只能是 GROUP BY 后跟的列名称或统计函数。

5. HAVING 子句

达梦数据库支持对分组查询的结果进行筛选，使用 HAVING 子句，HAVING 关键字后跟包含统计函数的条件表达式语句,语法格式如下。

```
SELECT <列名称>
FROM [模式名].表名称
GROUP BY <列名称>
HAVING 条件表达式;
```

6. TOP 查询

达梦数据库使用 TOP 子句限定返回记录的数目,可以和排序语句结合使用,语法格式如下。

```
SELECT TOP 返回记录数目| PERCENT <列名>
FROM 表名;
```

7. 子查询

将一个 SELECT 语句嵌套入另一个 SELECT 语句中,作为查询的条件,这种结构称为子查询。被嵌套的 SELECT 语句叫作子查询,一般放在 FROM、WHERE、HAVING 子句中,包括子查询的语句成为父查询。DMSQL 语句执行时先执行子查询,再执行父查询。语法格式如下。

```
SELECT 列名称 FROM (SELECT语句);
```

或者

```
SELECT 列名称 FROM [模式名].表名称 WHERE[HAVING] <列名称> <运算符> (SELECT语句);
```

在子查询中运算符一般包含 IN、ANY、SOME、ALL、EXISTS。

IN 运算符用来测试表达式的值是否与子查询返回结果集中某一个值相等。ANY、ALL、SOME 运算符使用时需要和比较运算符同时使用,其中 ANY 和 SOME 为同义词可以互换,下面列举 ANY、ALL、SOME 与比较运算符结合的语义,见表 6-16。

表 6-16　ANY、ALL、SOME 与比较运算符结合的语义

比较运算符	描述
>ANY 或>SOME	大于子查询结果中的某个值
>ALL	大于子查询结果中的所有值
<ANY 或<SOME	小于子查询结果中的某个值
<ALL	小于子查询结果中的所有值
>=ANY 或>=SOME	大于或等于子查询结果中的某个值
>=ALL	大于或等于子查询结果中的所有值
<=ANY 或<=SOME	小于或等于子查询结果中的某个值
<=ALL	小于或等于子查询结果中的所有值
=ANY 或=SOME	等于子查询结果中的某个值
=ALL	等于子查询中所有值(通常没有实际意义)
!(或<>)ANY 或!(<>)SOME	不等于子查询结果中的某个值
!(或<>)ALL	不等于子查询结果中的任何一个值

EXISTS 产生逻辑真(TRUE)和假(FALSE),当子查询结果非空,返回为真;当子查询结果为空,返回为假。语法格式如下。

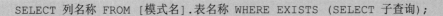

```
SELECT 列名称 FROM [模式名].表名称 WHERE EXISTS (SELECT 子查询);
```

> ## 任务实践

完成"工资管理系统"中员工信息录入、员工信息变更、工资查询、工资数据、部门数据的统计等功能。

【**例 6-10**】在达梦数据库实例 SALDB 中,通过 DM 管理工具录入数据,DEPT 表待录入的数据见表 6-17。

表 6-17　DEPT 表待录入的数据

DEPTNO	DNAME	LOCATION
101	总经理办	北三环西路
102	行政部	北三环西路
103	开发部	北三环西路
104	市场部	关山一路
105	技术支持部	东湖开发区
201	总经理办	关山一路
202	行政部	关山一路
304	技术支持部	体育东路

步骤 1:使用 DM 管理工具,在 DM 管理工具的 manager 脚本中执行如下命令语句,录入数据并提交。

```
INSERT INTO SALM.DEPT(DEPTNO, DNAME, LOCATION) VALUES('101', '总经理办',
'北三环西路'),('102', '行政部','北三环西路'),('103', '开发部','北三环西路'),('104',
'市场部','关山一路');
INSERT INTO SALM.DEPT(DEPTNO, DNAME, LOCATION) VALUES('105', '技术支持部',
'东湖开发区');
INSERT INTO SALM.DEPT  VALUES('201', '总经理办','关山一路');
INSERT INTO SALM.DEPT  VALUES('202', '行政部','关山一路');
INSERT INTO SALM.DEPT(DEPTNO, DNAME, LOCATION) VALUES('304', '技术支持部',
'体育东路');
COMMIT;
```

执行结果如图 6-40 所示。

步骤 2:检查数据录入是否正确。双击 DM 管理工具左侧"对象导航"窗格下的"LOCALHOST(SYSDBA)"选项,找到"模式"选项下的"SALM"模式并展开,展开下面的"表",在下一级目录下找到 DEPT 表,选中并右击 DEPT 表,在弹出的快捷菜单中单击"浏览数据"选项,打开 DEPT 表后查看数据。"浏览数据"选项如图 6-41 所示。DEPT 表已录入的数据如图 6-42 所示。

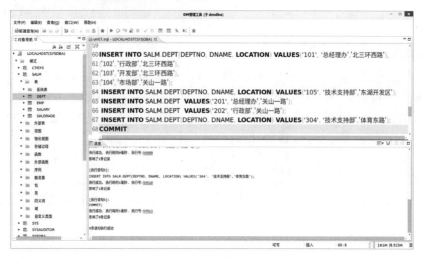

图 6-40　执行结果

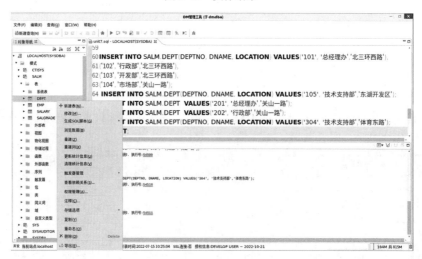

图 6-41　"浏览数据"选项

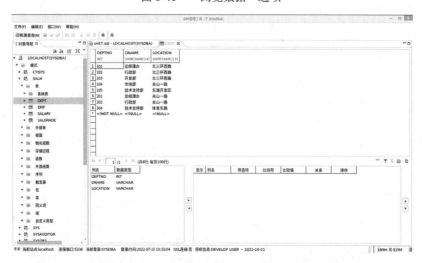

图 6-42　DEPT 表已录入的数据

【例6-11】在达梦数据库"SALM"模式下的 EMP 表中录入数据，EMP 表待录入的数据见表6-18。

表6-18　EMP 表待录入的数据

EMPNO	ENAME	JOB	MGR	HIREDATE	COMM	DEPTNO
1001	马学铭	11	1001	2008-05-30	NULL	101
1002	程擎武	21	1001	2012-03-27	NULL	101
1003	郑吉群	31	1001	2010-12-27	NULL	101
2001	李慧军	11	2001	2010-05-15	NULL	201
2002	常鹏程	21	2001	2011-08-06	NULL	201

步骤1：使用 DM 管理工具中的"浏览数据"功能录入数据。双击 DM 管理工具左侧"对象导航"窗格下的"LOCALHOST（SYSDBA）"选项，找到"模式"选项并展开，找到"SALM"模式并展开，然后找到"SALM"模式下的 EMP 表，在其上单击鼠标右键，在弹出的快捷菜单中单击"浏览数据"选项，打开 EMP 表后查看数据，如图6-43所示。

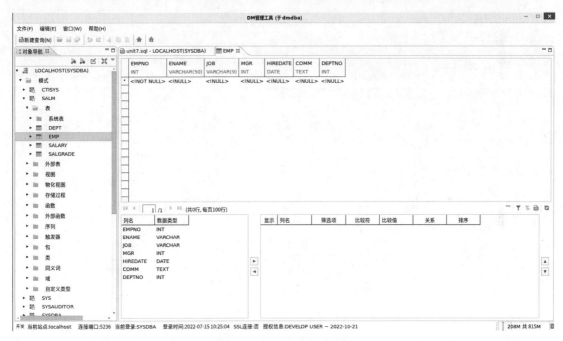

图6-43　查看 EMP 表数据

步骤2：图6-43中的 EMP 表，每行都代表一条记录，双击单元格即可编辑。录入表6-18中的数据，如图6-44所示。

步骤3：图6-44中的 EMP 表，每行数据的行号后显示"+"，代表此行是新增的数据，等待提交操作。用户可以单击工具栏中的"保存"按钮保存，也可以按"Ctrl+S"组合键保存。保存之后，数据录入生效，即可完成数据录入操作，如图6-45所示。

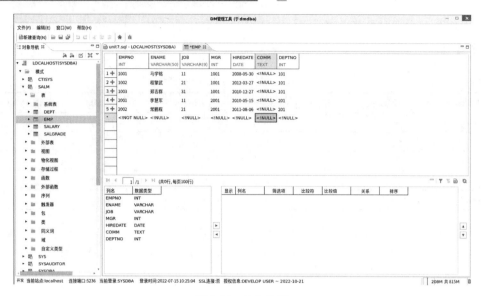

图 6-44　录入数据

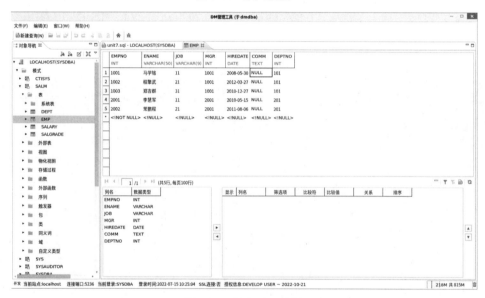

图 6-45　保存录入数据

【例 6-12】在达梦数据库"SALM"模式下的 SALGRADE 表中录入数据，SALGRADE 表待录入的数据见表 6-19。

表 6-19　SALGRADE 表待录入的数据

GRADE	LOSAL	HISAL
1001	8000	50000
1002	5000	20000
1003	5000	10000
1004	8000	20000

步骤 1：使用 DM 管理工具，在 DM 管理工具的 manager 脚本中执行如下命令语句，录入数据并提交。

```
INSERT INTO SALM.SALGRADE VALUES
('1001', 8000,50000),
('1002',5000,20000),
('1003',5000,10000),
('1004',8000,20000);
COMMIT;
```

步骤 2：使用 DM 管理工具，执行查询"SALM"模式下的 SALGRADE 表的全部数据的 DDL 语句，语句如下。

```
SELECT * FROM SALM.SALGRADE;
```

查询结果如图 6-46 所示。

图 6-46 查询结果

【例 6-13】在达梦数据库"SALM"模式下的 SALARY 表中录入数据，SALARY 表待录入的数据见表 6-20。

表 6-20 SALARY 表待录入的数据

SERIALNUM	EMPNO	BASICSAL	BONUS	DEDUCT	TOTAL	COMM
1	1001	18000	12000	0	30000	NULL
2	1002	8000	1000	0	9000	NULL
3	1003	10000	5000	0	15000	NULL
4	2001	9000	1100	100	10000	迟到 2 次
5	2002	5000	0	0	5000	NULL

步骤 1：使用 DDL 录入第一条数据，即 SERIALNUM 列中值为 1 的数据记录。由于 SALARY 表中的 SERIALNUM 为自增列，因此使用 INSERT 录入数据时不能指定该字段的值，故录入数据的 DDL 语句如下。

```
INSERT INTO SALM.SALARY(EMPNO, BASICSAL, BONUS, DEDUCT, TOTAL, COMM)
VALUES (1001,18000,12000,0, 30000,NULL);
COMMIT;
```

步骤 2：使用 DM 管理工具录入剩下的 4 条记录。双击 DM 管理工具左侧"对象导航"窗格下的"LOCALHOST(SYSDBA)"选项，找到"模式"选项下的"SALM"模式并展开，然后找到"SALM"模式下的"SYSARY"表，在其上右击，在弹出的快捷菜单中单击"浏览数据"选项，使用"浏览数据"功能录入数据，如图 6-47 所示。因为第一列 SERIALNUM 为自增列，所以无法编辑数据，只需要输入后面 6 列数据即可。

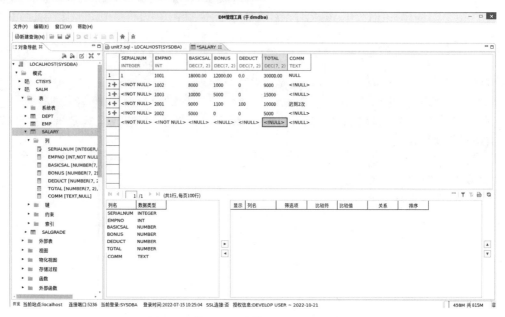

图 6-47　使用"浏览数据"功能录入数据

步骤 3：仔细检查核对数据录入，按"Ctrl+S"组合键保存数据，完成数据输入，保存后数据录入生效，效果如图 6-48 所示。

图 6-48　保存 SALARY 数据表的数据

【例 6-14】因为部门编号为 104 的市场部场地租金到期，需要变更工作场地，由"关山一路"搬迁至"国采中心"，所以用户需要在"工资管理系统"的数据库中变更部门信息表 DEPT。更新语句如下。

```
UPDATE SALM.DEPT
SET LOCATION='国采中心'
WHERE DEPTNO='104';
COMMIT;
```

使用 DM 管理工具，执行上述语句，完成数据的更新操作。完成后通过查询语句，查询部门编号为 104 的部门位置信息，查询语句如下。

```
SELECT DEPTNO, LOCATION FROM SALM.DEPT
WHERE DEPTNO='104';
```

查询结果如图 6-49 所示。

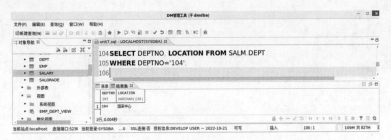

图 6-49　查询结果

【例 6-15】由于财务部门录入工资信息时多次提交，导致 SALARY 表中员工编号为 2001 的李慧军同志在 7 月有两条工资记录，如图 6-50 所示，因此需要将 SERIALNUM 记录值为 6 的数据记录删除。

1. 使用浏览数据功能删除数据

步骤 1：在 SALARY 表上单击鼠标右键，在弹出的快捷菜单中单击"浏览数据"选项，打开 SALARY 表，选中 SERIALNUM 数值为 6 的记录，单击鼠标右键，弹出快捷菜单，如图 6-51 所示。

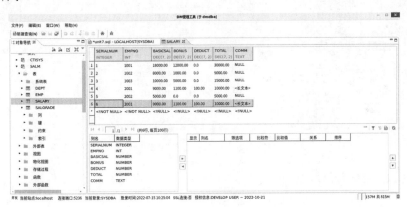

图 6-50　工资信息

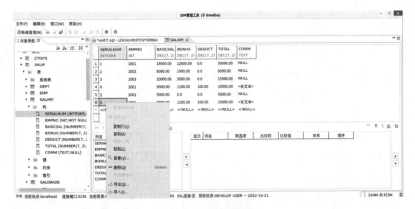

图 6-51　快捷菜单

步骤 2：单击"删除"按钮，删除数据记录，如图 6-52 所示。

图 6-52　删除数据记录

步骤 3：按"Ctrl+S"组合键保存删除操作，完成数据的删除，如图 6-53 所示。

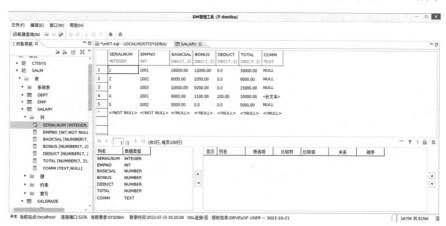

图 6-53　保存删除数据结果

2. 使用 DDL 语句删除数据

该需求使用 DDL 语句删除数据的语句如下。

```
DELETE FROM SALM.SALARY
WHERE SERIALNUM='6';
COMMIT;
```

使用 DM 管理工具执行上述 DDL 语句，完成数据删除操作。注意，如果被删除的数据记录被其他数据表引用（如外键等），财务人员需要先删除引用该数据的数据表中包含该记录字段的数据记录，之后才能删除该条记录。例如，员工编号为 2002 的员工申请离职，办理完离职手续后需要更新 EMP 表中的数据，将编号为 2002 的员工删除。根据"工资管理系统"的数据表设计，工资表 SALARY 通过外键引用 EMP 表中的员工编号，编号为 2002 的员工在 SALARY 表中存在工资记录信息，故财务需要先删除 SALAY 表中 EMPNO 为 2002 的员工的工资信息并保存，删除成功后才能删除 EMP 表中编号为 2002 的员工。

【例 6-16】每月 10 号为公司发工资的日期，在每月的 1 号，财务人员需要做工资预算，统计待发工资的总额，以便从公司的流动资金中预留出足额的资金给员工发工资。每月 1

号，财务需要统计所有员工的工资。请编写统计查询语句，帮助财务计算出当月需要发放的工资总额。

上述需求需要计算 SALAY 表中的 TOTAL 列，TOTAL 列为实发薪酬，因此只需要计算 SALARY 表中的 TOTAL 列的总和，查询语句如下。

```
SELECT SUM(TOTAL) AS 待发工资总额 FROM SALM.SALARY;
```

将以上语句在 DM 管理工具中执行，计算公司待发工资总额的查询结果如图 6-54 所示。

图 6-54　计算公司待发工资总额的查询结果

【例 6-17】每年年末，公司的人事管理部门需要对公司人员做统计，查看每个部门员工的人员情况，以便做次年的招聘计划。请生成人事管理部门需要的人员报表，要求显示所有的部门编号、部门名称、员工编号、员工名称、岗位名称。

分析以上人员报表，发现部门编号和部门名称记录在数据表 DEPT 中，员工编号、员工名称、岗位名称记录在数据表 EMP 中，在 EMP 表中存在外键 FK_DEPT 引用 DEPT 表中的部门编号 DEPTNO。报表中需要显示全部的部门，即使该部门没有任何员工，因此需要使用外连接才能实现。下面使用左外连接生成人员报表，查询语句如下。

```
SELECT D.DEPTNO AS 部门编号, D.DNAME AS 部门名称,
E.EMPNO AS 员工编号, E.ENAME AS 员工名称, E.JOB AS 岗位名称
FROM SALM.DEPT D LEFT OUTER JOIN SALM.EMP E
ON D.DEPTNO = E.DEPTNO;
```

将以上查询语句在 DM 管理工具中执行，部门人员报表的查询结果如图 6-55 所示。

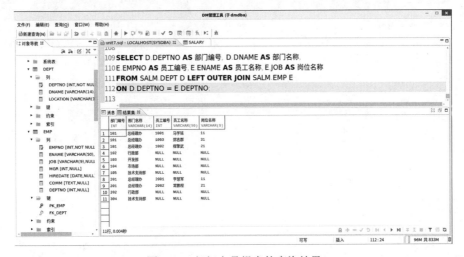

图 6-55　部门人员报表的查询结果

【例 6-18】在【例 6-16】的基础上，人事部门需要了解每个部门的人员总数，需要显示部门编号、部门名称、部门人员总数。请协助人事部门完成以上数据的统计。

根据需求，统计每个部门的人员总数，需要用到 GROUP BY 分组关键字，查询语句如下。

```
SELECT D.DEPTNO AS 部门编号, D.DNAME AS 部门名称,
COUNT(E.EMPNO) AS 部门人员总数
FROM SALM.DEPT D LEFT OUTER JOIN SALM.EMP E
ON D.DEPTNO = E.DEPTNO GROUP BY D.DEPTNO, D.DNAME ;
```

将以上查询语句在 DM 管理工具中执行，部门人员总数统计的查询结果如图 6-56 所示。

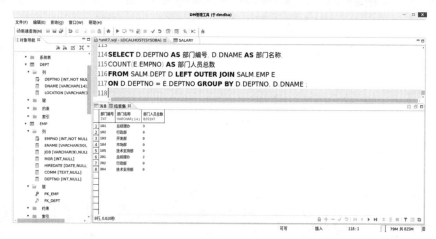

图 6-56　部门人员总数统计的查询结果

【例 6-19】从目前的 DEPT 表来看，系统中存在两个部门均为"总经理办"，部门编号分别为 101 和 201，现在人事部门需要查看"总经理办"的员工信息，请协助他们查询出符合条件的数据。

上述需求需要获取 EMP 表中 DEPTNO 为 101 或者 201 的员工的编号和姓名，适合使用 IN 谓词查询包含在某个集合中的数据，因此查询语句如下。

```
SELECT  EMPNO, ENAME
FROM SALM.EMP
WHERE DEPTNO IN(101, 201);
```

将以上查询语句在 DM 管理工具中执行，使用 IN 谓词的查询结果如图 6-57 所示。

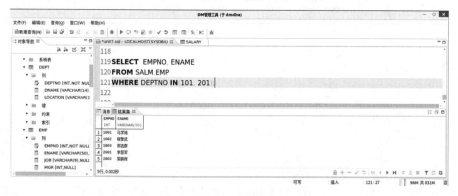

图 6-57　使用 IN 谓词的查询结果

【例 6-20】员工在公司所在的工业园区内拾金不昧，做好事不留名，只听到有人喊该员工"李经理"，于是公司的宣传部准备查询公司所有姓李的员工的员工编号、员工姓名、部门信息、部门名称和职位信息，以便找到该员工并给予肯定和表扬。请帮助宣传部完成以上工作。

分析以上需求，编写以下查询语句。

```
SELECT E.EMPNO, E.ENAME,E. JOB, E.DEPTNO, D.DNAME
FROM SALM.EMP E, SALM.DEPT D
WHERE ENAME LIKE '李%' AND E.DEPTNO=D.DEPTNO;
```

按照姓氏查询员工信息的查询结果如图 6-58 所示。

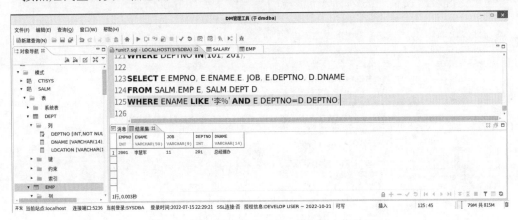

图 6-58   按照姓氏查询员工信息的查询结果

【例 6-21】新的一年开始了，因为公司营业额增长较多，所以公司准备给每位员工都增加奖金 5000 元，因此需要更新"工资管理系统"中 SALAY 表中员工的工资信息。

分析以上需求，可知需要将 SALARY 表中的 BONUS 增加 5000，为保持数据一致性，所以 TOTAL 字段也需要增加 5000，更新语句如下。

```
UPDATE SALM.SALARY SET BONUS= BONUS+5000, TOTAL=TOTAL+5000;
COMMIT;
```

数据表 SALAY 更新之后的结果如图 6-59 所示。

图 6-59   数据表 SALAY 更新之后的结果

【例 6-22】人事部门需要统计公司的全体高管人员情况，整理公司的员工信息，包含员工编号、员工姓名、员工类型（高管或者普通员工，其中部门编号为 101、1001、1101 则显示为高管，其他情况均显示普通员工）。

分析以上需求可以采用情况表达式实现，查询语句如下。

```
SELECT EMPNO AS  员工编号,
  ENAME  AS 员工姓名,
  CASE
      WHEN DEPTNO IN (101, 1001, 1101) THEN '高管' ELSE '普通员工'
  END AS 员工类型
FROM SALM.EMP;
```

使用情况表达式整理公司的员工情况的执行结果如图 6-60 所示。

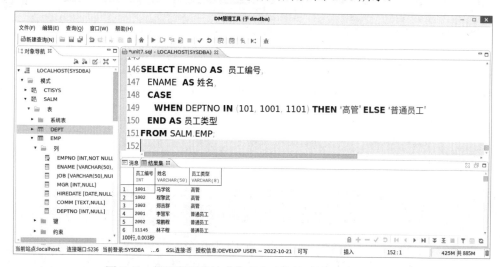

图 6-60   使用情况表达式整理公司的员工情况的执行结果

 # 任务 6.4   事务概述

➤ 任务描述

学习事务概述相关内容。

➤ 任务目标

（1）了解数据库事务的基本概念。
（2）了解达梦数据库事务处理策略。
（3）掌握事务的提交方法和回滚（撤销）方法。

➤ 知识要点

数据库是一种可共享的资源，可以同时被多个应用程序共享使用，同时完成数据的增加、查询、修改、删除等工作，这种行为称为数据库的并发操作。并发操作的过程中，同一时间所有参与并发的程序获取的数据均应保证相同、完整，这样才能保证程序能够正确执行。

　　为了保证并发操作过程中所有程序获得的数据是一致的、完整的和正确的，达梦数据库采用事务和封锁机制解决该问题。

　　事务（Transaction）是访问和操作数据项的一个操作序列，序列中的操作要么全部执行，要么全部不执行，整个序列是一个不可分割的工作单元。达梦数据库中的事务是由一系列 SQL 语句组成的，当这一系列的 SQL 语句全部执行完成之后，且将操作提交到数据库中时，数据库中的数据才会更新。对于达梦数据库来说，在第一次执行 SQL 语句时，隐式地启动一个事务，以 COMMIT 或 ROLLBACK 语句显式地结束事务；在执行模式管理、数据表管理等 DDL 语句操作时，会将前面的操作作为一个完整的事务，前面的操作会自动提交；在数据管理等 DML 语句操作时，需要手动提交事务。

　　事务必须具有 ACID 特性，即原子性（Atomicity）、一致性（Consistency）、隔离性（Isolation）和持久性（Durbility）。下面对以上特性做详细介绍。

　　（1）原子性：是指事务所包含的一组更新操作是原子不可分割的，这些更新操作要么全做要么全不做，不可以部分完成。

　　（2）一致性：表示客观世界同一事务状态的数据，不管出现在何时何处都是一致的、正确的、完整的。

　　（3）隔离性：是指多个事务并发执行时，各个事务之间不能相互干扰。每个事务的执行效果与系统中只有该事务的执行效果一样。

　　（4）持久性：是指事务完成后，事务对数据库中数据的修改将永久保存。

　　达梦数据库中的事务提交目前支持三种模式：自动提交、手动提交、隐式提交。

　　自动提交是指除了命令行交互式工具 DISQL，达梦数据库默认都采用自动提交模式。用户通过达梦数据库的其他管理工具、编程接口访问达梦数据库时，如果不手动或编程设置提交模式，所有的 SQL 语句都会在执行结束后提交事务，或者在执行失败时回滚事务，此时每个事务都只有一条 SQL 语句。

　　手动提交是指数据库操作人员明确定义事务的开始和结束，又称显式事务，在 DMSQL 语句结束后需要执行 COMMIT 或者 ROLLBACK 语句来提交或者回滚（撤销）事务。

　　隐式提交是指执行 SQL 语句时遇到如 CREATE 语句、ALTER 语句、TRUNCATE 语句、DROP 语句、GRANT 语句、REVOKE 语句等模式管理、表管理等 DDL 语句时，会自动提交前面的事务。

　　以公司员工加薪的场景为例介绍事务，员工加薪的流程如下。

　　（1）员工 A 提出加薪请求，事务开启。

　　（2）员工 A 部门领导 B 审批员工 A 的加薪请求。

　　（3）公司总裁审批员工 A 的加薪请求。

　　（4）财务审核员工 A 的加薪请求。

　　（5）加薪完成。

　　以上 5 个步骤中，任意一个环节出错则整个流程退回到加薪前的状态，如总裁退回员工 A 的加薪请求。在事务结束的时候要么以上 5 个步骤全部不做，要么全部都做，它们是不可分割的。

项目总结

　　本项目主要帮助学生学习 DMSQL 语言的语法，了解达梦数据库能够存储的数据类型，掌握达梦数据库中的 DDL 语言和 DML 语言。其中，DDL 语言主要包括模式管理（模式创建、修改、删除等）、表管理（表的创建、修改、删除等）、索引管理（索引的创建、修改、删除等）。在本项目中，用户可以了解达梦数据库系统中事务的概念及提交方式（自动或者手动），事务提交方式在 DM 管理工具中默认为自动提交，其中 DDL 操作一般默认为自动提交，DML 操作主要包括数据的管理，如查询、录入、更新和删除等，以上操作的事务提交方式在 DM 管理工具中默认为手动提交。根据以上知识要点，完成"工资管理系统"中数据的录入和查询操作，提高财务及人事等相关部门的工作效率。

　　本项目涵盖了数据库管理系统中数据管理的基本功能，从图形化工具和 DMSQL 语句两种操作方式入手，完成数据管理的功能。用户在录入、修改、删除数据的过程中一定要认真谨慎，以防数据出错带来后续业务问题。

考核评价

评价项目	评价要素及标准		分值	得分
素养目标	在数据库表设计时能够遵循伦理道德，保护用户隐私		10 分	
	能够在数据录入时注重加密，分析可用的加密措施，树立安全意识		10 分	
技能目标	能够创建数据库模式		5 分	
	了解数据库支持的数据类型		10 分	
	能够使用图形界面创建数据库表，完成部门表、员工表、薪酬表、薪酬登记表的创建		8 分	
	掌握创建表的 SQL 语句		2 分	
	掌握表的修改、删除 SQL 语句		5 分	
	掌握索引的创建方法		5 分	
	掌握视图的创建方法		5 分	
	掌握数据的录入操作方法		10 分	
	掌握数据的更新、删除操作方法		8 分	
	能够进行数据查询	简单查询	7 分	
		连接查询	5 分	
		子查询	4 分	
		合并查询结果	2 分	
		分组和排序	4 分	
	合计			
收获与反思	通过学习，我的收获： 通过学习，发现不足： 我还可以改进的地方：			

思考与练习

一、单选题

1. 数据记录的录入需要使用（　　）关键字。

　　A．INSERT　　　　B．UPDATE　　　　C．DELETE　　　　D．INPUT

2. 删除表"SALM"模式下的 DEPT 表，下列使用的 DMSQL 语句正确的是（　　）。

　　A．DELETE SALM.DEPT;　　　　　　B．DROP TABLE SALM.DEPT;

　　C．DELETE TABLE SALM.DEPT;　　　D．DROP SALM.DEPT;

3. 选择"SALM"模式，下列语句正确的是（　　）。

　　A．USE SALM;　　　　　　　　　　B．SET SALM;

　　C．USE SCHEMA SALM;　　　　　　D．SET SCHEMA SALM;

4. 查询员工表 SALM.EMP 中的张姓，且名字为单字的员工的信息，下列语句正确的是（　　）。

　　A．SELECT * FROM SALM.EMP WHERE ENAME=张_';

　　B．SELECT * FROM SALM.EMP WHERE ENAME LIKE '张%';

　　C．SELECT * FROM SALM.EMP WHERE ENAME = '张%';

　　D．SELECT * FROM SALM.EMP WHERE ENAME LIKE '张_';

二、多选题

1. 数据记录的删除操作可以使用（　　）关键字。

　　A．DELETE　　　　　　　　　　　B．TRUNCATE

　　C．UPDATE　　　　　　　　　　　D．INSERT

2. 获取当前会话时间的语句正确的是（　　）。

　　A．SELECT GETTIME();　　　　　　B．SELECT CURRENTTIME();

　　C．SELECT CURRENT_DATE();　　　D．SELECT LOCALTIME();

3. 达梦数据库的数据表支持（　　）约束类型。

　　A．PRIMARY KEY　　　　　　　　B．UNIQUE

　　C．REFERENCES　　　　　　　　　D．CHECK

三、判断题

1. 使用 DELETE 删除表中的数据记录时，会将数据表一同删除。　　　　　　　（　　）

2. SELECT * FROM　SALM.SALARY WHERE TOTAL>8000；以上语句是查询员工工资大于或等于 8000 的工资信息。　　　　　　　　　　　　　　　　　　　（　　）

3. 达梦数据库的事务都默认采用自动提交的方式。　　　　　　　　　　　　（　　）

4. 如果在达梦数据库中创建一张表 CREATE TABLE TEST(SALARY DEC(4,1))，那么 SALARY 的取值范围是-999.9～999.9。　　　　　　　　　　　　　　　　　（　　）

5．使用索引一定能够提高查询的速度。 （　　）

四、简答题

1．创建、删除模式的 DDL 语句是什么？

2．创建、删除表的 DDL 语句是什么？

3．数据录入之后不执行提交操作，会产生什么后果？

4．HAVING 子句和 WHERE 子句有什么区别？

5．删除数据后，发现将不该删除的数据删除了应该如何处理？

6．达梦数据库支持哪些数据类型？

7．设计一个存储全民核酸数据的数据库，写入测试数据并验证设计是否合理。

8．写入 10 万条数据，测试达梦数据库的运行效率，与市场上其他常见数据库做对比，判断哪个数据库的运行速度最快。

项目 **7**

达梦数据库用户管理

>> ● 项目场景

在现实生活中，任何一个系统如果将所有的权利都赋予某一个人，而不加以监督和管理，势必会产生滥用权利的风险。从数据库安全角度出发，一个大型的数据库系统有必要将数据库系统的权限分配给不同的角色来管理，并且各自偏重于不同的工作职责，使之能够互相限制和监督，从而有效地保证系统的整体安全。

达梦数据库采用"三权分立"的安全机制，"三权分立"是指将系统管理员分为数据库管理员、数据库安全员和数据库审计员三种类型，将系统中所有的权限按照类型进行划分，为每个系统管理员分配相应的权限，系统管理员之间的权限相互制约又相互协助，从而使整个系统具有较高的安全性和较强的灵活性。

在前面的项目中，已经为"工资管理系统"安装了达梦数据库软件，创建了达梦数据库（SALDB）及相关的实例（SALINST），并建立了表空间（TSAL）。基于安全考虑，公司需要为"工资管理系统"创建一个专属的管理用户 SALM，同时创建一个具有访问和修改"工资管理系统"相关表的用户 SALC，此用户专门用来查询和修改"工资管理系统"中人员信息表的相关信息。

>> ● 项目目标

❶ 为"工资管理系统"创建一个专属的管理用户 SALM，用户 SALM 拥有"SALM"模式，并给它授予创建、修改及删除表、索引和视图的权限，可以访问系统数据字典和动态性能视图。

❷ 用户 SALM 所有的对象全部存储在"TSAL"表空间中。

❸ 为"工资管理系统"创建一个用户 SALC，用来查询和修改"工资管理系统"中人员信息表的相关信息。

❹ 为"工资管理系统"编写一套"客服人员权限管理"的方案。

❶ 了解用户的概念和作用。

❷ 了解系统权限和对象权限的概念和作用。

❸ 了解角色的概念和作用。

❹ 掌握用户规划的方法。

❺ 掌握用户创建和管理的方法。

❻ 掌握保障用户安全的方法。

❼ 掌握创建角色及进行相应管理的方法。

❽ 掌握运用角色给用户授予权限的方法。

❾ 能够独立创建和管理用户，保障用户安全，并能规划出一套完整的用户权限管理方案。

❶ 培养学生敏锐的数据库安全意识。

❷ 帮助学生了解数据库安全保障的方法。

❸ 培养学生的责任感和独立思考能力。

任务 7.1 　用户管理

➤ **任务描述**

为"工资管理系统"创建一个专属的管理用户 SALM，账号密码为"dameng123"。用户所有的对象全部存储在"TSAL"表空间中。根据业务需求，收回用户"SALM"的"VTI"角色，同时增加创建同义词的系统权限，将口令有效期改为 60 天，口令宽限期改为 15 天。

➤ **任务目标**

（1）了解模式和用户的关系。

（2）了解使用 DISQL 工具以命令行的方式来创建和管理用户的 SQL 语法和相关操作。

（3）熟练掌握使用 DM 管理工具以图形化的方式来创建和管理用户的方法和操作。

➤ **知识要点**

1. 模式

用户的模式（SCHEMA）是指用户账号拥有的对象集，在概念上可将其看作包含表、外部表、视图、物化视图、索引、触发器、存储过程、函数、序列、包、同义词、类等对象的集合。在引用模式对象时，一般要在模式对象名前面加上模式名。具体格式如下。

[模式名].对象名。

在当前模式和要引用的模式对象所属的模式相同时，可以省略模式名。如果用户访问一个表，没有指明该表属于哪一个模式，系统就会自动为用户在表前加上默认的模式名。如果用户在创建对象时不指定该对象的模式，则该对象的模式为用户的默认模式。

2. 用户和模式之间的关系

在达梦数据库中，一个用户可以创建多个模式，一个模式中的对象（表、视图等）可以被多个用户使用。模式不是严格分离的，一个用户可以访问该用户所连接的数据库中有权限访问的任意模式中的对象。系统自动为每个用户都建立了一个与用户名同名的模式作为其默认模式，用户还可以用模式定义语句建立其他模式。

3. 用户定义的 DDL 语法格式

```
CREATE USER <用户名> IDENTIFIED <身份验证模式> [PASSWORD_POLICY <口令策略>]
[<锁定子句>][<资源限制子句>][<TABLESPACE子句>]
<口令策略> = 口令策略项的任意组合
<锁定子句> = ACCOUNT LOCK | ACCOUNT UNLOCK
<资源限制子句> = LIMIT <资源设置项>{<资源设置项>}
```

参数说明如下。

（1）<用户名>指明要创建的用户名称，用户名称最大长度 128 字节。

（2）<参数设置>用于限制用户对达梦数据库服务器系统资源的使用。

（3）<口令策略>可以为以下值。

① 0，无策略。

② 1，禁止与用户名相同。

③ 2，口令长度不小于 9。

④ 4，至少包含一个大写字母（A～Z）。

⑤ 8，至少包含一个数字（0～9）。

⑥ 16，至少包含一个标点符号（英文输入状态下，除减号和空格外的所有符号）。

若为其他数字，则表示以上设置值的和，如 3＝1＋2，表示同时启用第 1 项和第 2 项策略。当设置为 0 时，表示设置口令没有限制，但总长度不得超过 48 字节。另外，若不指定该项，则默认采用系统配置文件中 PWD_POLICY 所设值。

（4）资源设置项的各参数设置说明见表 7-1。

表 7-1　资源设置项的各参数设置说明

资源设置项	说明	最大值	最小值	默认值
SESSION_PER_USER	在一个实例中，一个用户可以同时拥有的会话数量	32768	1	系统所能提供的最大值
CONNECT_TIME	一个会话连接、访问和操作数据库服务器的时间上限（单位为分钟）	1440（1 天）	1	无限制
CONNECT_IDLE_TIME	会话最长空闲时间（单位为分钟）	1440（1 天）	1	无限制
FAILED_LOGIN_ATTEMPS	将引起一个账户被锁定的连续注册失败的次数	100	1	3

资源设置项	说明	最大值	最小值	默认值
CPU_PER_SESSION	一个会话允许使用的 CPU 时间上限（单位为秒）	31536000（365 天）	1	无限制
CPU_PER_CALL	用户的一个请求能够使用的CPU时间上限（单位为秒）	86400（1 天）	1	无限制
READ_PER_SESSION	会话能够读取的总数据页数上限	2147483646	1	无限制
READ_PER_CALL	每个请求能够读取的数据页数	2147483646	1	无限制
MEM_SPACE	会话占有的私有内存空间上限（单位为 MB）	2147483647	1	无限制
PASSWORD_LIFE_TIME	一个口令在其终止前可以使用的天数	365	1	无限制
PASSWORD_REUSE_TIME	一个口令在可以重新使用前必须经过的天数	365	1	无限制
PASSWORD_REUSE_MAX	一个口令在可以重新使用前必须改变的次数	32768	1	无限制
PASSWORD_LOCK_TIME	如果超过 FAILED_LOGIN_ATTEMPS 设置值，一个账户将被锁定的分钟数	1440（1 天）	1	1
PASSWORD_GRACE_TIME	以天为单位的口令过期宽限时间	30	1	10

使用说明如下。

（1）用户名在服务器中必须唯一。

（2）系统为一个用户存储的信息主要有用户名、口令、资源限制。

（3）用户口令以密文形式存储。

（4）如果没有指定用户默认表空间，则系统指定 MAIN 表空间为用户的默认表空间；

（5）系统预先设置了三个用户，分别为 SYSDBA、SYSAUDITOR 和 SYSSSO。其中，SYSDBA 是系统管理员，SYSAUDITOR 是系统审计员，SYSSSO 是系统安全员。

4．修改用户的 DDL 语法

```
ALTER USER <用户名> [[IDENTIFIED ] [PASSWORD_POLICY <口令策略>]
[<锁定子句>][<资源限制子句>]
<口令策略> = 口令策略项的任意组合
<锁定子句> = ACCOUNT LOCK | ACCOUNT UNLOCK
<资源限制子句> = LIMIT <资源设置项>{<资源设置项>}
```

参数说明如下。

详见"用户定义的 DDL 语法格式"中的参数说明。

使用说明如下。

（1）每个用户均可修改自身的口令，SYSDBA 用户可强制修改所有其他用户的口令（在数据库验证方式下）。

（2）只有具备 ALTER USER 权限的用户才能修改其身份验证模式、系统角色及资源限制项。

（3）修改用户口令时，口令策略应符合创建该用户时指定的口令策略。

（4）不能修改系统固定用户的系统角色。

（5）不能修改系统固定用户为只读。

5. 删除用户的 DDL 语句

语法格式如下。

```
DROP USER <用户名> [CASCADE];
```

参数说明如下。

<用户名> 指明被删除的用户。

使用说明如下。

（1）系统自动创建的三个系统用户 SYSDBA、SYSAUDITOR 和 SYSSSO 不能被删除。

（2）具有 DROP USER 权限的用户即可进行删除用户操作。

（3）执行此语句将导致删除数据库中该用户建立的所有对象，且不可恢复。

（4）如果未使用 CASCADE 选项，若该用户建立了数据库对象（如表、视图、过程或函数），或其他用户对象引用了该用户的对象，或在该用户的表上存在其他用户建立的视图，达梦将返回错误信息，而不删除此用户。

（5）如果使用了 CASCADE 选项，除了数据库中该用户及其创建的所有对象被删除，其他用户创建的表引用了该用户表上的主关键字或唯一关键字，或者在该表上创建了视图，达梦还将自动删除相应的引用完整性约束及视图依赖关系。

（6）正在使用中的用户可以被删除，删除后重新登录或者进行操作时会报错。

➤ 任务实践

1. 使用 DM 管理工具图形化界面来创建用户

（1）在 DM 管理工具左侧的"对象导航"窗格中单击"用户"前面的三角符号，再单击"管理用户"前面的三角符号，将鼠标指针放在"管理用户"选项上，单击鼠标右键，弹出"管理用户"快捷菜单，如图 7-1 所示。

图 7-1　"管理用户"快捷菜单

（2）在"管理用户"快捷菜单中单击"新建用户"选项，弹出"新建用户"窗口，如图 7-2 所示。在"常规"选项的界面中填入用户名"SALM"，输入密码和确认密码"Dameng123"，选择默认的表空间"TSAL"。注意，表空间 TSAL 在项目 5 中已经建立。

图 7-2　"新建用户"窗口

（3）选择"新建用户"窗口中的"所属角色"选项，默认授予的角色有"PUBLIC""SOI""VTI"，勾选"RESOURCE"角色对应的"授予"复选框。即为用户授予"RESOURCE"角色，如图 7-3 所示。

图 7-3　所属角色

（4）选择"新建用户"窗口中的"资源限制"选项，对用户 SALM 进行相关的资源设置，在此窗口中进行登录失败次数、口令有效期、口令等待期、口令锁定期、口令宽限期等设置，如图 7-4 所示，设置完成后单击"确定"按钮。

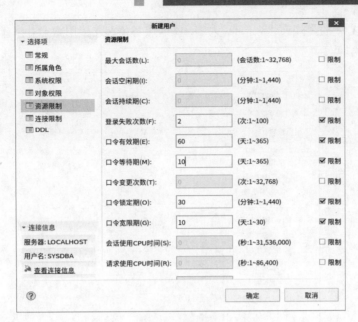

图 7-4　资源限制

（5）全部设置完成后，进入 DM 管理工具左侧的"对象导航"窗格，在"用户"→"管理用户"选项下可以看到生成了用户"SALM"，同时在"模式"选项下拉列表下也生成了模式"SALM"，用户 SALM 创建完成，如图 7-5 所示。

图 7-5　用户 SALM 创建完成

（6）创建完用户，可通过查看用户属性来查看用户的相关信息，查看用户 SALM 的属性，单击"用户"→"管理用户"→"SALM"选项，单击鼠标右键，在弹出的快捷菜单中单击"属性"选项，如图 7-6 所示，弹出"用户属性"窗口，如图 7-7 所示，该窗口中显示了用户 SALM 的常规属性,包括用户所属的服务器、连接用户名、创建时间、用户名、类型、密码策略等。

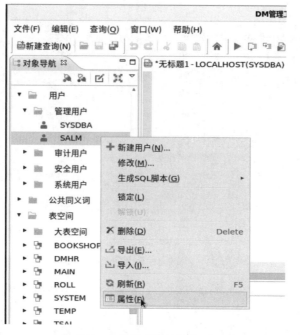

图 7-6 单击"属性"选项

图 7-7 "用户属性"窗口

(7)用户 SALM 创建和授权的命令语句,如图 7-8 所示,可以将其 DDL 语句复制出来并保存。作为一名合格的 DBA 人员,每步操作都要小心,要确保数据的安全,每次执行的命令脚本都要留存,作为后期运维时的参考依据。

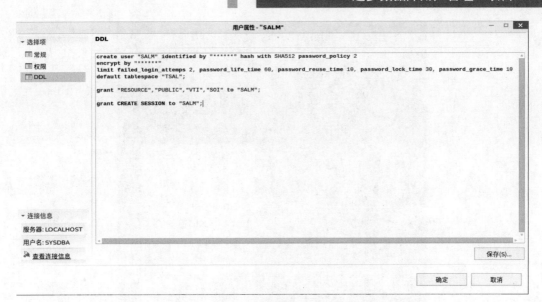

图 7-8 用户 SALM 创建和授权的命令语句

用户 SALM 创建和授权的命令语句如下。

```
create user "SALM" identified by  dameng123  hash with SHA512
password_policy 2
encrypt by dameng123  Limit
failed_login_attemps  2,
password_life_time  60,
password_reuse_time  10,
password_lock_time  30,
password_grace_time  10
default tablespace "TSAL";
grant "RESOURCE","PUBLIC","VTI","SOI" to "SALM";
grant  CREATE SESSION to "SALM";
```

至此，用户 SALM 的创建和授权操作已全部完成，除了使用 DM 管理工具的图形化界面进行操作，还可以使用"create table"命令，在 DISQL 命令行工具内进行创建。

2. 使用 DISQL 命令行工具来创建用户

单击服务器桌面空白处，在弹出的快捷菜单中选择"在终端中打开"选项，打开"终端"窗口，如图 7-9 所示，切换到 dmdba 账号下，执行 DISQL 命令，连接 DM 数据库中"工资管理系统"的实例服务。根据创建用户的 DDL 语法，编写创建用户的 SQL 命令，具体可以参考用户 SALM 创建和授权的命令语句，如图 7-10 所示。

3. 修改用户相关属性

根据业务需求，收回用户 SALM 的"VTI"角色，增加可以创建同义词的权限，将口令有效期改为 60 天，口令宽限期改为 15 天。同样可以通过 DM 管理工具和 DISQL 命令行进行修改。

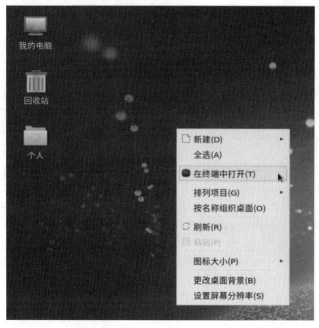

图 7-9 单击"在终端中打开"选项

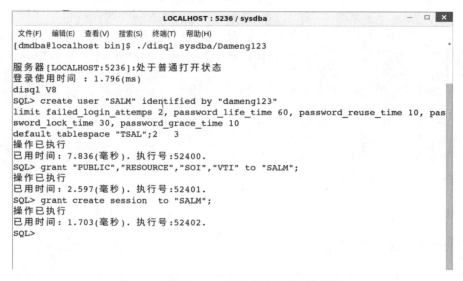

图 7-10 通过 DISQL 命令行创建用户和授权

（1）通过 DM 管理工具修改用户相关属性。

① 收回用户 SALM 所拥有的"VTI"角色。

进入用户 SALM 的"修改用户"窗口，单击"所属角色"选项，取消对"VTI"角色"授予"复选框的勾选，如图 7-11 所示。

② 修改用户 SALM 的口令有效期为 90 天，口令宽限期改为 15 天。

进入用户 SALM 的"修改用户"窗口，单击"资源限制"选项，将口令有效期改为 90 天，口令宽限期改为 15 天，如图 7-12 所示。

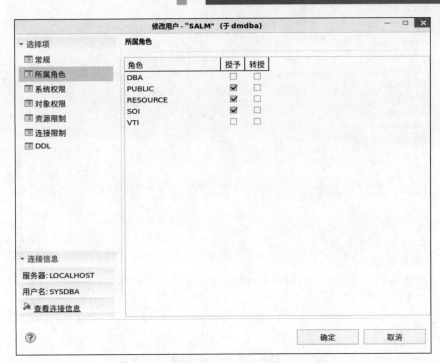

图 7-11　收回用户 SALM 所拥有的"VTI"角色。

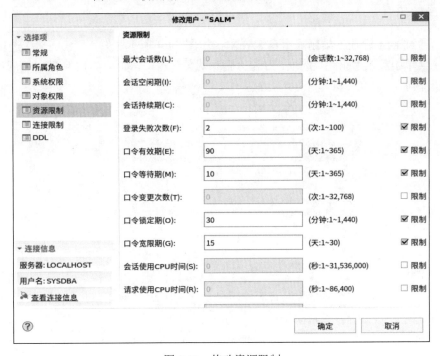

图 7-12　修改资源限制

③ 查看用户 SALM 修改 DDL 语句，如图 7-13 所示。

（2）通过 DISQL 命令行修改用户属性，具体可参考如图 7-13 所示的 SQL 语句。

图 7-13　查看用户 SALM 修改 DDL 语句

4．删除用户

（1）通过 DM 管理工具删除用户 SALM，如图 7-14 所示。右击"SALM"选项，在弹出的快捷菜单中单击"删除"选项，弹出"删除对象"窗口，如图 7-15 所示，然后单击"确定"按钮即可。

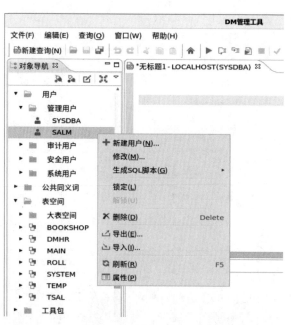

图 7-14　通过 DM 管理工具删除用户 SALM

180

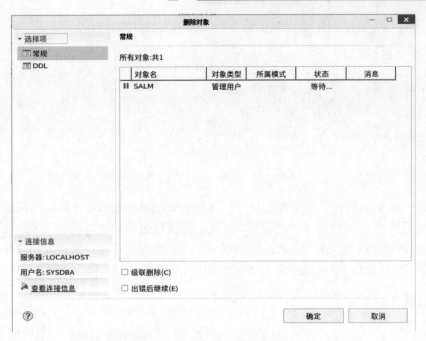

图 7-15　"删除对象"窗口

（2）通过 DISQL 命令行删除用户 SALM，如图 7-16 所示。

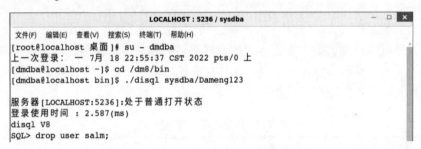

图 7-16　通过 DISQL 命令行删除 SALM 用户

 # 任务 7.2　权限管理

> ## 任务描述

根据项目需求，创建用户 SALC，并对用户 SALC 进行相关对象权限的授予和修改。本任务具体要求如下。

（1）用户 SALM 需要具有创建模式、表、视图、索引和角色的系统权限。

（2）为了方便其他用户管理"工资管理系统"中的部分信息，需要创建用户 SALC，用于查询和修改"工资管理系统"中人员的相关信息，用户 SALC 的默认表空间为 TSAL。

（3）由于用户 SALC 对"工资管理系统"中人员信息有很大的权限，出于安全原因，需要回收用户 SALC 在 SALM 模式下 EMP 表的新增、删除和修改权限。

（4）通过 DM 管理工具或 DISQL 命令行完成相关的权限管理的任务。

> **任务目标**

（1）了解系统权限和对象权限的概念。
（2）学会设置和查看用户的相关权限。

> **知识要点**

1．权限

当使用一个数据库时，数据库管理员（DataBase Administrators，DBA）需要通过一种机制来限制用户可以做什么，不能做什么，这在达梦数据库中可以通过为用户设置权限来实现。权限就是用户可以执行某种操作的权利。达梦数据库对用户的权限管理有着严密的规定，如果没有权限，用户将无法完成任何操作。

2．权限分类

用户权限有两类：系统权限和对象权限。系统权限主要包含数据库对象的创建、删除、修改的权限，对数据库备份等。对象权限主要包含数据库对象中的数据访问权限。系统权限一般由 SYSDBA、SYSAUDITOR 和 SYSSSO 指定，也可以由具有特权的其他用户授予。对象权限一般由数据库对象的所有者授予用户，也可由 SYSDBA 用户指定，或者由具有该对象权限的其他用户授权。

（1）系统权限是与数据库安全相关的非常重要的权限，其权限范围比对象权限更加广泛，因而一般被授予数据库管理员或一些具有管理功能的角色。达梦数据库提供了 100 多种数据库权限，常用的数据库权限见表 7-2。

表 7-2　常用的几种数据库权限

据库权限	说明
CREATE TABLE	在用户的模式中创建表的权限
CREATE VIEW	在用户的模式中创建视图的权限
CREATE USER	创建用户的权限
CREATE TRIGGER	在用户的模式中创建触发器的权限
ALTER USER	修改用户的权限
ALTER DATABASE	修改数据库的权限
CREATE PROCEDURE	在用户的模式中创建存储程序的权限

不同类型的数据库对象，其相关的数据库权限也不相同。例如，对于表对象，相关的数据库权限包括如下内容。

① CREATE TABLE：创建表。
② INSERT TABLE：插入表记录。
③ UPDATE TABLE：更新表记录。
④ DELETE TABLE：删除表记录。
⑤ SELECT TABLE：查询表记录。

⑥ DUMP TABLE：导出表。

需要说明的是，表、视图、触发器和存储程序等对象为模式对象，在默认情况下对这些对象的操作都是在当前用户自己的模式下进行的。如果要在其他用户的模式下操作这些类型的对象，需要具有相应的 ANY 权限。例如，要能够在其他用户的模式下创建表，当前用户必须具有 CREATE ANY TABLE 数据库权限，如果希望能够在其他用户的模式下删除表，必须具有 DROP ANY TABLE 数据库权限。

（2）对象权限主要是对数据库对象中的数据的访问权限，主要用来授予需要对某个数据库对象的数据进行操纵的数据库普通用户。常用的对象权限见表 7-3。

表 7-3 常用的对象权限

数据库对象类型/对象权限	表	视图	存储程序	包	类	类型	序列	目录	域
SELECT	√	√					√		
INSERT	√	√							
DELETE	√	√							
UPDATE	√	√							
REFERENCES	√								
DUMP	√								
EXECUTE			√	√	√	√		√	
READ								√	
WRITE								√	
USAGE									√

说明：

SELECT、INSERT、DELETE 和 UPDATE 权限分别是针对数据库对象中数据的查询、插入、删除和修改的权限。对于表和视图来说，删除操作是整行进行的，而查询、插入和修改却可以在一行的某个列上进行，所以在指定权限时，DELETE 权限只要指定所要访问的表就可以了，而 SELECT、INSERT 和 UPDATE 权限还可以进一步指定是对哪个列的权限。

表对象的 REFERENCES 权限是指可以与一个表建立关联关系的权限，如果具有了这个权限，当前用户就可以通过自己的一个表中的外键，与对方的表建立关联。关联关系是通过主键和外键进行的，所以在授予这个权限时，可以指定表中的列，也可以不指定。

3. 数据库权限的分配

数据库权限的分配是将系统权限、对象权限和角色分配给相应的用户，可以使用 DM 管理工具和 DISQL 命令行方式来进行数据库权限的分配。

系统权限与达梦数据库预定义角色有着重要的联系，一些数据库权限较大，只集中在几个达梦系统预定义角色中，且不能转授。当一个用户获得另一个用户的某个对象的访问权限后，可以以"模式名.对象名"的形式访问这个数据库对象。一个用户所拥有的对象和可以访问的对象是不同的，这一点在数据字典视图中有所反映。在默认情况下，用户可以直接访问自己模式中的数据库对象，但是如果要访问其他用户所拥有的对象，就必须具有相应的对象权限。对象权限的授予一般由对象的所有者完成，也可由 SYSDBA 或具有某对象权限且具有转授权限的用户授予，但最好由对象的所有者完成。

4．数据库权限的回收

当用户账号不再使用或者应用需求有调整，导致用户的权限需要回收部分权限时，应当回收一部分数据库权限，包括系统权限、对象权限和相关的角色。用户可以使用 DM 管理工具和 DISQL 命令行方式来进行数据库权限的回收。

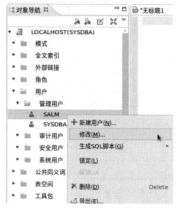

图 7-17　单击"修改"选项

> ➢ **任务实践**

1．系统权限分配

授予用户 SALM 创建模式、表、视图、索引和角色的系统权限。

（1）使用 DM 管理工具为用户分配权限，单击"修改"选项，如图 7-17 所示，进入"修改用户"界面。

（2）使用 DM 管理工具修改用户 SALM 系统权限，如图 7-18 所示，勾选 CREATE ROLE、CREATE SCHEMA、CREATE TABLE、CREATE VIEW、CREATE INDEX 等权限授予用户 SALM。

图 7-18　使用 DM 管理工具修改用户 SALM 系统权限

（3）使用 DISQL 命令行方式分配用户权限。

```
grant CREATE ROLE to "SALM";
grant CREATE SCHEMA to "SALM";
grant CREATE TABLE to "SALM";
grant CREATE VIEW to "SALM";
grant CREATE INDEX to "SALM";
```

2．对象权限分配

创建用户 SALC，用于访问和修改"工资管理系统"中人员的相关信息。用户 SALC 的默认表空间为 TSAL。

（1）使用 DM 管理工具创建用户 SALC，如图 7-19 和图 7-20 所示。用户 SALC 的密码为 Dameng123，所属表空间为 TSAL。

图 7-19　使用 DM 管理工具新建用户 SALC 1

图 7-20　使用 DM 管理工具新建用户 SALC 2

（2）授予用户 SALC 查看"SALM"模式下的 EMP 表的查询、新增、修改和删除的权限，如图 7-21 和图 7-22 所示。

图 7-21　使用 DM 管理工具来分配对象权限

图 7-22　使用 DM 管理工具查看创建用户 SALC 的 DDL 语句

（3）使用 SQL 命令来创建用户 SALC 及分配相应的权限。

```
    create user "SALC" identified by Dameng123 hash with SHA512
password_policy 2
    encrypt by "******"
    limit failed_login_attemps 3, password_lock_time 1, password_grace_time 10
    default tablespace "TSAL";
    grant "PUBLIC","VTI","SOI" to "SALC";
    grant CREATE SESSION to "SALC";
    grant SELECT on "SALM"."EMP" to "SALC";
```

3. 修改用户权限

回收用户 SALC 在 "SALM" 模式下的 EMP 表的新增、删除和修改权限。

（1）使用 DM 管理工具修改用户 SALC 的对象权限，如图 7-23 所示。进入用户 SALC 账号的修改界面，将 "SALM" 模式下 EMP 表的 INSERT、DELETE 和 UPDATE 这三项权限中 "授予" 复选框的勾选取消，单击 "确定" 按钮，即可将 EMP 表的新增、删除、修改权限从用户 SALC 中回收，如图 7-24 所示。

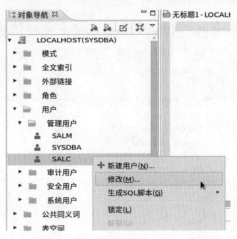

图 7-23　使用 DM 管理工具修改用户 SALC 的对象权限 1

图 7-24　使用 DM 管理工具修改用户 SALC 的相关权限 2

（2）使用 SQL 命令修改用户 SALC 的相关权限。

```
revoke INSERT on "SALM"."EMP" from "SALC" cascade;
revoke DELETE on "SALM"."EMP" from "SALC" cascade;
revoke UPDATE on "SALM"."EMP" from "SALC" cascade;
```

4．查看用户权限

很多时候，管理员需要知道用户具体有哪些权限，可以通过数据字典 DBA_SYS_PRIVS 来查看用户所拥有的权限信息，如图 7-25 所示，用户 SALM 拥有"CREATE SESSION" "CREATE TABLE""CREATE SCHEMA""INSERT TABLE""DROP ROLE"等权限。当然，管理员也可以使用 DM 管理工具查看用户的权限信息，如图 7-26 和图 7-27 所示。

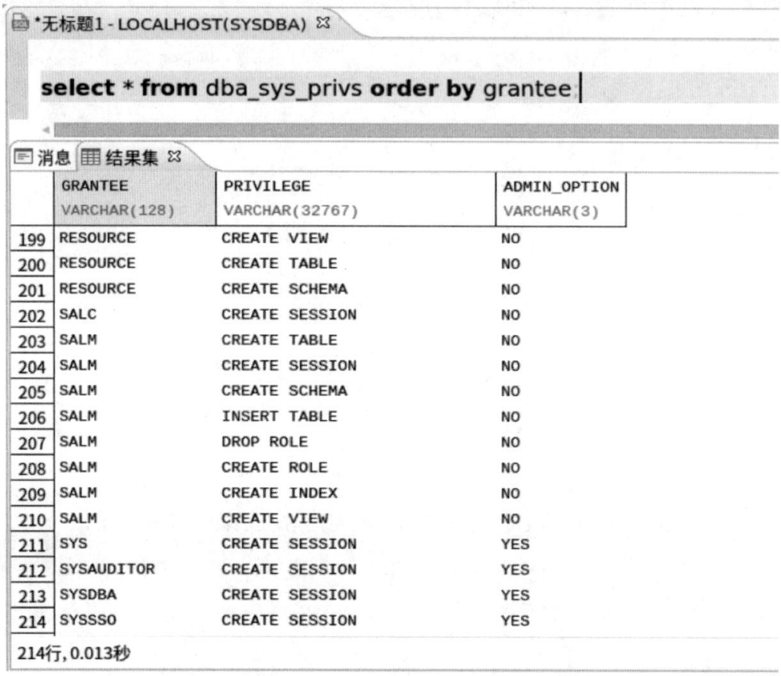

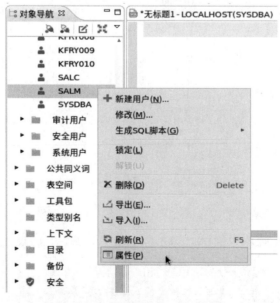

图 7-25　查看用户的权限信息 1

	GRANTEE VARCHAR(128)	PRIVILEGE VARCHAR(32767)	ADMIN_OPTION VARCHAR(3)
199	RESOURCE	CREATE VIEW	NO
200	RESOURCE	CREATE TABLE	NO
201	RESOURCE	CREATE SCHEMA	NO
202	SALC	CREATE SESSION	NO
203	SALM	CREATE TABLE	NO
204	SALM	CREATE SESSION	NO
205	SALM	CREATE SCHEMA	NO
206	SALM	INSERT TABLE	NO
207	SALM	DROP ROLE	NO
208	SALM	CREATE ROLE	NO
209	SALM	CREATE INDEX	NO
210	SALM	CREATE VIEW	NO
211	SYS	CREATE SESSION	YES
212	SYSAUDITOR	CREATE SESSION	YES
213	SYSDBA	CREATE SESSION	YES
214	SYSSSO	CREATE SESSION	YES

214行, 0.013秒

图 7-26　查看用户的权限信息 2

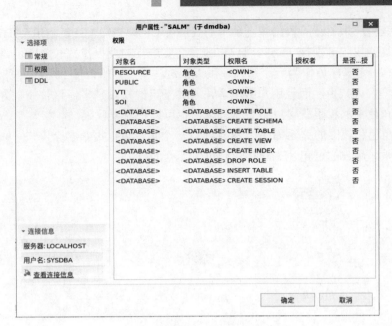

图 7-27　查看用户的权限信息 3

 任务 7.3　角色管理

➢ **任务描述**

公司新招聘了一批客服人员，需要给这些客服人员授予相应的权限，而且所有客服人员的权限都是一样的。这批客服人员需要拥有"工资管理系统"中部门查询、增加、删除、修改的权限，以及员工部分信息查询的权限。客服人员权限变更比较频繁，当客服人员权限变更时，所有客服人员的权限需要全部进行更新。

请给出一套"客服人员权限管理"的方案，方便系统管理员能快速地授予和更新客服人员的权限。

➢ **任务目标**

（1）学会创建角色。
（2）学会分配与收回角色。
（3）学会启用与禁用角色。
（4）学会删除角色。

➢ **知识要点**

1. 角色

角色是为了方便数据库管理员（DataBase Administrators，DBA）管理权限而引入的一个概念，它实际上是一组权限的组合，使用角色的目的是使权限管理更加方便。假设有 10

个用户，这些用户为了访问数据库，至少需要拥有 CREATE TABLE、CREATE VIEW 等权限。如果将这些权限分别授予这些用户，那么需要进行的授权次数较多。但是如果把这些权限事先放在一起，然后作为一个整体权限授予这些用户，那么每个用户只需要一次授权，授权的次数将大大减少，而且用户数越多，需要指定的权限越多，这种授权方式的优越性就越明显。角色中的权限既可以是系统权限，也可以是对象权限。

用户、角色和权限的关系如图 7-28 所示，一个角色可以授给多个用户，一个角色可以拥有多种权限。用户通过角色来获得该角色所拥有的权限。

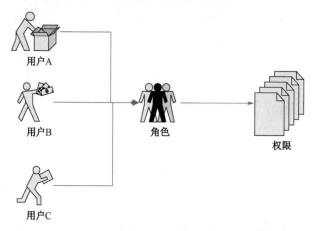

图 7-28　用户、角色和权限的关系

2．达梦数据库角色分类

在达梦数据库中有两类角色，一类是达梦数据库预先设定的角色，另一类是用户自定义的角色。达梦数据库提供了一系列的预定义角色以帮助用户进行数据库相关权限的管理。预定义角色在数据库被创建后即存在，并且已经包含了一些权限，数据库管理员可以将这些角色直接授予用户。

达梦数据库常见的预设定角色见表 7-4。

表 7-4　达梦数据库常见的设定角色

角色名称	角色说明
DBA	达梦数据库系统中对象与数据操作的最高权限集合，拥有构建数据库的全部特权，只有 DBA 才可以创建数据库结构
RESOURCE	可以创建数据库对象，对有权限的数据库对象进行数据操纵，不可以创建数据库结构
PUBLIC	不可以创建数据库对象，只能对有权限的数据库对象进行数据操纵
VTI	具有系统动态视图的查询权限，VTI 默认授权给 DBA 且可转授
SOI	具有系统表的查询权限

初始时仅有管理员具有创建用户的权限，每种类型的管理员创建的用户默认就拥有这种类型的"PUBLIC"和"SOI"预定义角色的权限。管理员可根据需要进一步授予新建用户其他的预定义角色。管理员也可以将"CREATE　USER"权限转授给其他用户，之后这些用户就可以创建新的用户了，他们创建的新用户默认也具有与其创建者相同类型的"PUBLIC"和"SOI"预定义角色的权限。

3．创建角色

除了 SYSDBA 用户名，只要具有"CREATE ROLE"数据库权限的用户就可以创建新的角色，语法如下。

```
CREATE  ROLE  <角色名>;
```

使用说明如下。

（1）创建者必须具有 CREATE ROLE 数据库权限。

（2）角色名的长度不能超过 128 个字符。

（3）角色名不允许和系统已存在的用户名重名。

（4）角色名不允许是达梦数据库的保留字。

4．分配与回收角色

（1）可以使用 GRANT 语句授予用户和角色数据库权限。

数据库权限授予语句的语法如下。

```
GRANT <特权> TO <用户或角色>,{<用户或角色>} [WITH ADMIN OPTION];
<特权> = <数据库权限>,{<数据库权限>}
<用户或角色> = <用户名> | <角色名>
```

使用说明如下。

① 授权者必须具有对应的数据库权限及其转授权。

② 接受者必须与授权者用户类型一致。

③ 如果有 WITH ADMIN OPTION 选项，接受者可以再把这些权限转授给其他用户/角色。

（2）可以使用 REVOKE 语句回收授出的指定数据库权限。

回收数据库权限语句的语法如下。

```
REVOKE [ADMIN OPTION FOR]<特权> FROM <用户或角色>,{<用户或角色>} ;
<特权> = <数据库权限>,{<数据库权限>}
<用户或角色>= <用户名> | <角色名>
```

使用说明如下。

① 权限回收者必须是具有回收相应数据库权限及转授权的用户。

② ADMIN OPTION FOR 选项的意义是取消用户或角色的转授权限，但是权限不回收。

5．启用与禁用角色

某些时候，用户不愿意删除角色，但却希望这个角色失效，此时可以使用过程 SP_SET_ROLE 来设置这个角色为不可用，将第二个参数设置为 0，表示禁用角色。

例如，将角色 BOOKSHOP_ROLE1 禁用。

```
SP_SET_ROLE('BOOKSHOP_ROLE1', 0);
```

使用说明如下。

① 只有拥有 ADMIN_ANY_ROLE 权限的用户才能启用和禁用角色，并且设置后立即生效。

② 凡是包含禁用角色 A 的角色 M，角色 M 中禁用的角色 A 将无效，但是角色 M 仍有效。

③ 系统预设的角色是不能设置的，如 DBA、PUBLIC、RESOURCE。

④ 当用户希望启用某个角色时，同样可以通过 DM 系统过程 SP_SET_ROLE 来启用角色，只要将第二个参数设置为 1 即可。例如，启用角色 BOOKSHOP_ROLE1。

```
SP_SET_ROLE('BOOKSHOP_ROLE1', 1);
```

6．删除角色

除了 SYSDBA 用户名，只要具有"DROP ROLE"权限的用户都可以删除角色，语法如下。

```
DROP  ROLE  <角色名>;
```

即使已将角色授予了其他用户，删除这个角色的操作也会成功。此时，那些之前被授予该角色的用户将不再具有这个角色所拥有的权限，除非用户通过其他途径也获得了这个角色所具有的权限。

> **任务实践**

根据项目需求，管理员可以使用角色的功能来完成"客服人员权限管理"的方案。

（1）管理员需要新建一个角色 KFROLE，该角色拥有客服人员的全部权限。

（2）将创建好的角色分配给所有的客服账号。

（3）当客服人员的权限有变动时，管理员只需要修改 KFROLE 角色所拥有的权限即可，而不需要对每个客服人员的权限进行变更。

1．创建角色 KFROLE

根据项目需求，客服人员具有预定义角色"RESOURCE"和"SOI"的权限，同时拥有"工资管理系统"中部门查询、增加、删除、修改的权限，以及员工编号、员工姓名、工作岗位、入职日期的查询权限。

（1）使用 DM 管理工具新建角色 KFROLE。步骤如图 7-29 至图 7-35 所示。

图 7-29 新建角色

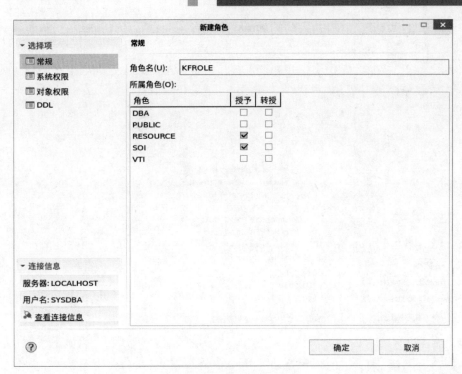

图 7-30 角色授权

图 7-31 部门信息增删改查授权

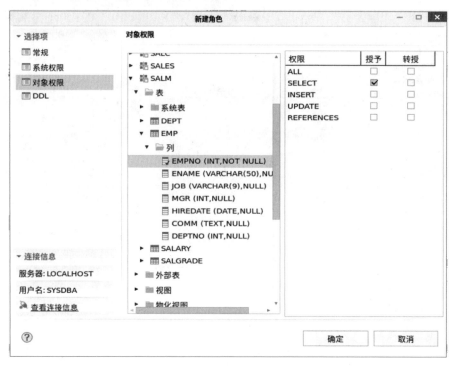

图 7-32　员工编号查询授权

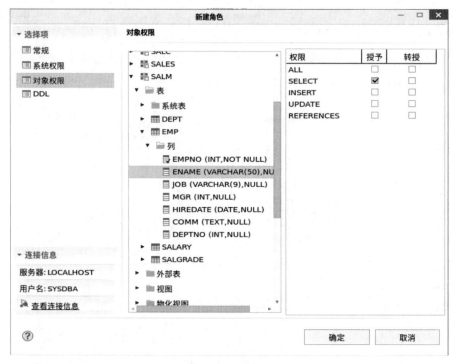

图 7-33　员工姓名查询授权

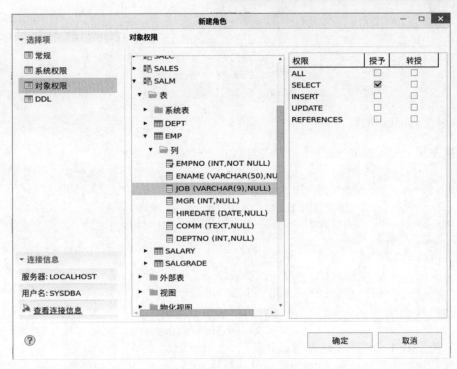

图 7-34　员工岗位查询授权

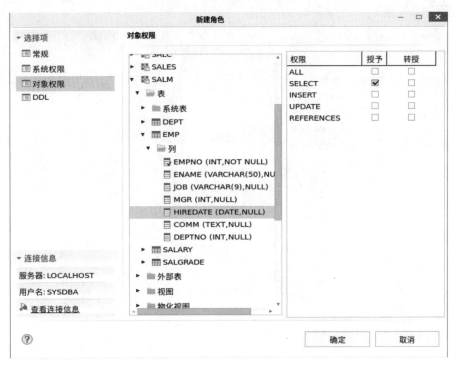

图 7-35　员工入职日期查询授权

（2）使用 SQL 命令语句方式新建角色和授予权限。

```
create  role  KFROLE;
grant SELECT, INSERT,DELETE,UPDATE  ON  SALM.DEPT  TO  KFROLE;
```

```
grant  RESOURCE, SOI  to  KFROLE;
grant  SELECT(EMPNO)  on  SALM.EMP  to  KFROLE;
grant  SELECT(ENAME)  on  SALM.EMP  to  KFROLE;
grant  SELECT(JOB)  on  SALM.EMP  to  KFROLE;
grant  SELECT(HIREDATE)  on  SALM.EMP  to  KFROLE;
```

2. 分配与回收角色

根据需求，使用 SQL 命令语句方式创建 10 个客服人员账号。

```
create  user  KFRY001  identified by dmKFRY001;
create  user  KFRY002  identified by dmKFRY002;
create  user  KFRY003  identified by dmKFRY003;
create  user  KFRY004  identified by dmKFRY004;
create  user  KFRY005  identified by dmKFRY005;
create  user  KFRY006  identified by dmKFRY006;
create  user  KFRY007  identified by dmKFRY007;
create  user  KFRY008  identified by dmKFRY008;
create  user  KFRY009  identified by dmKFRY009;
create  user  KFRY010  identified by dmKFRY010;
```

（1）使用 DM 管理工具进行角色分发。

管理员将创建好的角色 KFROLE 同时分发给 KFRY001～KFRY010 这 10 个客服人员的账号，角色分发如图 7-36 和图 7-37 所示。

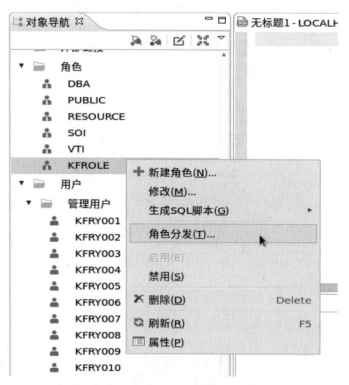

图 7-36 角色分发 1

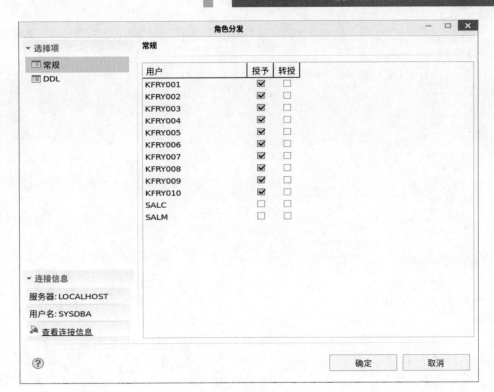

图 7-37 角色分发 2

（2）使用 SQL 命令语句方式对角色进行分配。

```
grant "KFROLE" to "KFRY001";
grant "KFROLE" to "KFRY002";
grant "KFROLE" to "KFRY003";
grant "KFROLE" to "KFRY004";
grant "KFROLE" to "KFRY005";
grant "KFROLE" to "KFRY006";
grant "KFROLE" to "KFRY007";
grant "KFROLE" to "KFRY008";
grant "KFROLE" to "KFRY009";
grant "KFROLE" to "KFRY010";
```

（3）因为 KFRY008、KFRY009、KFRY010 三个人员离职，所以需要将这三个账号的角色回收。回收角色的两种方法如下。

① 使用 DM 管理工具对角色进行回收，角色回收如图 7-38 所示。选择账号 KFRY008 的"所属角色"选项，将角色"KFROLE"选项的"授予"这一列复选框的勾选取消即可。然后依次将 KFRY009 和 KFRY010 这两个账号的角色进行回收。

② 使用 SQL 命令语句方式对角色进行回收。

```
revoke "KFROLE" from "KFRY008";
revoke "KFROLE" from "KFRY009";
revoke "KFROLE" from "KFRY010";
```

图 7-38　角色回收

3. 启用和禁用角色

因为客服业务的范围进行了调整，之前的角色 KFROLE 已经无法满足当前应用的需要，所以需要将角色 KFROLE 禁用。

（1）使用 DM 管理工具禁用角色 KFROLE，角色禁用如图 7-39 所示。如果后期需要启用这个角色，则直接单击"启用"选项即可。

图 7-39　角色禁用

（2）使用 SQL 命令语句方式启用和禁用角色。

① 禁用角色。

```
SP_SET_ROLE('KFROLE', 0);
```

② 启用角色。

```
SP_SET_ROLE('KFROLE', 1);
```

4．查询角色

用户可以通过数据字典 DBA_ROLES 查看数据库中所有的角色信息，如图 7-40 所示。用户还可以通过数据字典 DBA_ROLE_PRIVS 查看数据库中所有的角色信息，如图 7-41 所示。

```
SELECT * FROM DBA_ROLES ORDER BY ROLE;
SELECT * FROM DBA_ROLE_PRIVS ORDER BY GRANTEE;
```

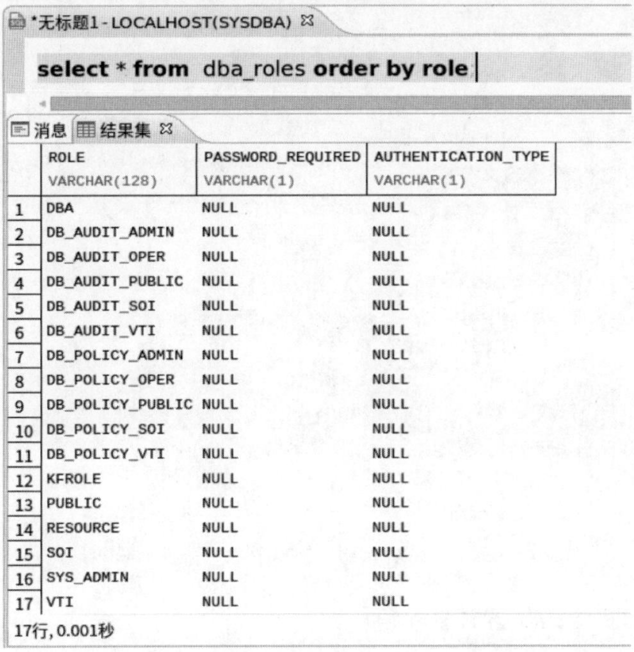

	ROLE VARCHAR(128)	PASSWORD_REQUIRED VARCHAR(1)	AUTHENTICATION_TYPE VARCHAR(1)
1	DBA	NULL	NULL
2	DB_AUDIT_ADMIN	NULL	NULL
3	DB_AUDIT_OPER	NULL	NULL
4	DB_AUDIT_PUBLIC	NULL	NULL
5	DB_AUDIT_SOI	NULL	NULL
6	DB_AUDIT_VTI	NULL	NULL
7	DB_POLICY_ADMIN	NULL	NULL
8	DB_POLICY_OPER	NULL	NULL
9	DB_POLICY_PUBLIC	NULL	NULL
10	DB_POLICY_SOI	NULL	NULL
11	DB_POLICY_VTI	NULL	NULL
12	KFROLE	NULL	NULL
13	PUBLIC	NULL	NULL
14	RESOURCE	NULL	NULL
15	SOI	NULL	NULL
16	SYS_ADMIN	NULL	NULL
17	VTI	NULL	NULL

17行,0.001秒

图 7-40　查看数据库中所有的角色信息 1

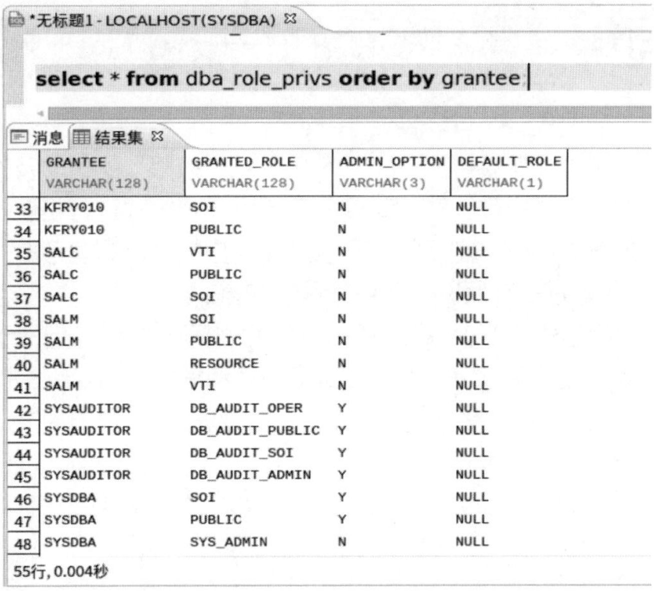

	GRANTEE VARCHAR(128)	GRANTED_ROLE VARCHAR(128)	ADMIN_OPTION VARCHAR(3)	DEFAULT_ROLE VARCHAR(1)
33	KFRY010	SOI	N	NULL
34	KFRY010	PUBLIC	N	NULL
35	SALC	VTI	N	NULL
36	SALC	PUBLIC	N	NULL
37	SALC	SOI	N	NULL
38	SALM	SOI	N	NULL
39	SALM	PUBLIC	N	NULL
40	SALM	RESOURCE	N	NULL
41	SALM	VTI	N	NULL
42	SYSAUDITOR	DB_AUDIT_OPER	Y	NULL
43	SYSAUDITOR	DB_AUDIT_PUBLIC	Y	NULL
44	SYSAUDITOR	DB_AUDIT_SOI	Y	NULL
45	SYSAUDITOR	DB_AUDIT_ADMIN	Y	NULL
46	SYSDBA	SOI	Y	NULL
47	SYSDBA	PUBLIC	Y	NULL
48	SYSDBA	SYS_ADMIN	N	NULL

55行,0.004秒

图 7-41　查看数据库中所有的角色信息 2

5. 删除角色

当不需要角色 KFROLE 时，可以将角色 KFROLE 删除。

（1）使用 DM 管理工具删除角色，如图 7-42 所示。

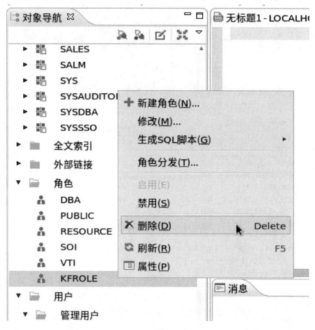

图 7-42　删除角色

（2）使用 SQL 命令语句方式删除角色。

```
DROP  ROLE  KFROLE;
```

 项目总结

在本项目中，用户需要了解"用户"、"角色"和"权限"的概念及作用，用户也需要熟练掌握图形化工具的相关操作，能够了解并使用命令行方式进行相应操作。此外，用户还需要对"用户"的安全性有一定了解，可以利用用户的"所属角色""系统权限""对象权限""资源设置项"等方式来保护数据和账号的安全。

在本项目中，用户创建了 SALM 账号和 SALC 账号，并对它们授予相关的系统权限和对象权限。同时用户也创建了角色 KFROLE，并将角色 KFROLE 授予所有的客服账号，利用角色的便利性，为一批客服人员提供了权限管理，这样既方便授予权限和回收权限，同时也方便权限的统一修订，从而大大减少了权限维护的工作量。因此，在以后的学习、工作和生活中遇到问题，大家也需要先思考一下，找到最优的解决方案，这样可以达到事半功倍的效果。

考核评价

评价项目	评价要素及标准		分值	得分
素养目标	有敏锐的数据库安全意识		8 分	
	积极了解数据库安全保障的方法		8 分	
	有责任感和独立思考能力		6 分	
技能目标	了解用户相关概念和作用		3 分	
	了解系统权限的概念和作用		3 分	
	了解对象权限的概念和作用		3 分	
	了解角色的概念和作用		3 分	
	掌握用户创建的方法	用图形化的方式（使用 Manager 工具）	6 分	
		用命令方式来创建（使用 Create user 命令）	2 分	
	掌握用户管理维护的方法	用图形化的方式（使用 Manager 工具）	6 分	
		用命令方式来创建（使用 alter user 命令）	2 分	
	掌握创建角色	用图形化的方式（使用 Manager 工具）	6 分	
		用命令方式来创建（使用 Create role 命令）	2 分	
	掌握角色管理和维护的方法	用图形化的方式（使用 Manager 工具）	6 分	
		用命令方式来创建（使用 alter role 命令）	2 分	
	掌握给用户赋系统权限和回收权限的方法	用图形化的方式（使用 Manager 工具）	6 分	
		用命令方式来创建（使用 grant 和 revoke 命令）	2 分	
	掌握给用户赋对象权限和回收权限的方法	用图形化的方式（使用 Manager 工具）	6 分	
		用命令方式来创建（使用 grant 和 revoke 命令）	2 分	
	掌握如何运用角色给用户赋予权限的方法	用图形化的方式（使用 Manager 工具）	6 分	
		用命令方式来（使用 grant 和 revoke 命令）	2 分	
	能够保障用户的安全		10 分	
合计				

续表

收获与反思	通过学习，我的收获：
	通过学习，发现不足：
	我还可以改进的地方：

 思考与练习

一、多选题

1. 以下为用户资源访问控制选项的是（ ）
   A．最大会话数 B．登录失败次数 C．口令锁定期 D．口令宽限期
2. 数据库管理员的职责有（ ）。
   A．评估数据库服务器所需的软/硬件运行环境
   B．安装和升级 DM 服务器 C．数据库结构设计
   D．监控和优化数据库的性能 E．计划和实施备份与故障恢复

二、判断题

1. 用户可以使用"命令行方式"和"图形化工具"两种方式对权限进行管理。
   （ ）
2. 角色可以禁用也可以启用。 （ ）
3. 用户的权限分为系统权限和表的权限。 （ ）

三、简答题

1. 在安装达梦数据库时，为什么不建议使用 root 账号进行安装？
2. 为什么需要创建角色？
3. 如何创建角色并进行角色分配？
4. 如何创建用户并设置相关的用户权限？

项目 **8**

扫一扫获取微课

达梦数据库备份与还原

>> ● **项目场景**

为了提高"工资管理系统"的安全性，用户需要对数据进行定期备份，以防出现意外，如因硬盘损坏或服务器关机引起的数据丢失的情况。备份的主要目的是数据容灾，保证数据的安全性。在数据库发生故障时，可通过还原备份集，将数据恢复到可用状态。

本项目主要介绍备份和还原的基本概念，使用达梦数据库管理系统中的工具，如 DM 管理工具、DISQL 命令行工具等，对"工资管理系统"进行备份和还原。

>> ● **项目目标**

❶ 完成"工资管理系统"的备份和还原。
❷ 使用作业管理对"工资管理系统"进行定期备份。

>> ● **技能目标**

备份和还原的基本概念。
❶ 使用 DM 管理工具进行备份。
❷ 使用 DISQL 命令行工具进行备份和还原。
❸ 使用 DMRMAN 工具进行备份和还原。
❹ 使用 CONSOLE 工具进行备份和还原。
❺ 使用 dexp、dimp 工具进行逻辑备份和还原。

>> ● **素养目标**

备份还原对数据的安全和可靠性有着直接的影响，定期备份和还原能够保证数据安全，系统可靠。培养学生的应急安全意识和工作中的责任感。

任务 8.1 达梦数据库备份恢复概述

> ➤ **任务描述**

学习达梦数据库备份恢复的相关概念，为"工资管理系统"的备份和还原做准备。

> ➤ **任务目标**

（1）了解重做日志、归档日志、备份、还原、恢复等相关概念。
（2）了解备份还原的分类。
（3）了解备份还原的条件。

> ➤ **知识要点**

在达梦数据库中，数据存储在数据库的物理数据文件，按照页、簇和段的方式进行管理，其中数据页是最小的数据存储单元。达梦数据库备份的本质是从数据库文件中复制有效的数据页保存到备份集中，包括数据文件的描述页和已经使用的数据页。一般在备份的过程中，数据库正常提供服务，这期间数据库的操作并不是都会立即体现在数据文件中，而是先以日志的形式写入归档日志中。因此，为了保证备份集的完整性，用户需要将备份过程中产生的归档日志一起保存在备份集中。

还原是备份的逆过程，是指将备份集中的有效数据页重新写入目标数据库的数据文件中的过程。恢复是指通过重做归档日志，将数据库状态恢复到备份结束时的状态。恢复结束以后，如果数据库中存在未提交的事务，这些事务会在恢复结束后的数据库系统第一次启动时自动进行回滚。

1．重做日志

重做日志又称 REDO 日志。重做日志详细地记录了所有物理页的修改，包含操作类型、表空间号、文件号、页号、页内偏移、实际数据等。数据库的数据操作，如 INSERT、DELETE、UPDATE，以及创建表 CREATE TABLE 等，最终都会记录在数据文件中，因此在系统恢复重启时，用户需要通过重做日志将数据库恢复到故障前的状态。

达梦数据库默认包含两个扩展名为.log 的日志文件，用来保存 REDO 日志，称为联机重做日志文件，这两个文件循环使用。任何数据页从内存缓冲区写入磁盘之前，用户必须保证其对应的 REDO 日志已经写入联机日志文件中。

2．归档日志

归档是指数据集合的一致性复制，通常用于长期保存事务和应用状态记录。达梦数据库的归档是通过开启归档日志，在日志中记录事务和应用状态记录来完成的。达梦数据库可以在归档和非归档两种模式下运行，支持本地归档和远程归档。如果是归档模式，联机日志文件中的内容会保存到硬盘中，形成归档日志文件；如果是非归档模式，则不会形成归档日志。本书中若无特殊说明，均指本地归档。当数据库处于归档模式且配置了本地归档时，REDO 日志先写入联机日志文件，然后再异步写入归档日志文件。归档日志文件以配置的归档名称和文件创建时间命名，扩展名为.log。

系统在归档模式下运行会更安全，当出现介质故障，如磁盘损坏导致数据文件丢失时，利用归档日志，系统可以恢复至故障发生前的状态。为防止磁盘损坏，建议将归档目录与数据文件配置保存到不同的物理磁盘上。

3. 检查点

在达梦数据库的运行过程中，所有操作都在内存中进行。每次数据变更都必须先把记录所在的数据页加载到 BUFFER 缓冲区中，然后再进行修改。事务运行时，会把生成的 REDO 日志保留在 REDO 日志包 RLOG_PKG 中，当事务提交、REDO 日志包满或执行检查点时会进行日志刷盘。

检查点（checkpoint）是一个数据库事件，它的功能是按照数据页的修改顺序，依次将 BUFFER 缓冲区中的脏页（发生修改的页面称为脏页）写入磁盘，释放日志。

4. 备份

任何一个对达梦数据库的操作，归根结底都是对某个数据文件页的读写操作。备份是把这些数据文件中的有效数据页备份起来，在出现故障时用于恢复数据。使用达梦数据库提供的备份还原工具完成的备份，一般包括数据备份和日志备份两部分。其中，数据备份主要复制数据页内容；日志备份主要复制备份过程中产生的 REDO 日志。数据备份过程中，根据达梦数据库的描述信息，准确判断每个数据页是否已被分配使用，将未使用的数据页剔除，仅保留有效数据页进行备份，这个过程称为智能抽取。与直接复制文件的方式相比，达梦数据库备份丢弃了那些没有使用的数据页，因此可以节省存储空间，并有效减少输入输出操作次数，提高备份、还原的效率。

（1）根据备份的内容，可将备份划分为数据库备份、表空间备份、表备份、日志备份。

数据库备份是指对整个数据库的文件执行备份，又称库级备份。数据库备份的对象是数据库中所有数据文件和备份过程中的归档日志。

表空间备份是指对表空间执行的备份，又称表空间级备份。表空间备份是复制表空间内所有数据文件的有效数据的过程。相对于数据库备份，表空间备份的速度更快，生成的备份集更小。对于一些包含关键数据的用户表空间，可以使用表空间备份功能，表空间备份支持完全备份和增量备份，但只能在联机状态下执行，不支持 TEMP 表空间备份还原。库备份会扫描数据库的所有数据文件，表空间备份则只扫描表空间内的数据文件。

表备份主要包括数据备份和元信息备份两部分。与数据库备份和表空间备份不同，表备份不是直接扫描数据文件，而是从 BUFFER 缓冲区中加载数据页，复制到备份片文件中。表备份的元信息包括建表语句、重建约束语句、重建索引语句及其他相关属性信息。表备份不需要配置归档就可以执行，但不支持增量备份。

日志备份是将备份过程中产生的 REDO 日志复制到备份片文件中，在数据库还原结束后，将数据库恢复到一致性状态。

（2）根据备份数据的完整性，可将备份分为完全备份和增量备份。

完全备份时，备份程序会扫描数据文件，复制所有被分配、使用的数据页，写入备份片文件中。在数据规模比较大的情况下，生成的完全备份集通常会比较大，而且备份时间也会比较长。

增量备份是在某个特定备份集基础上，备份程序会扫描数据文件，复制所有备份结束以后被修改的数据页，增量备份可以有效减少备份集的空间占用，提高备份速度。

达梦数据库通过动态视图存储备份相关内容，动态视图及其存储的信息见表 8-1。

表 8-1 动态视图及其存储的信息

动态视图名称	存储信息
V$BACKUPSET	备份集基本信息
V$BACKUPSET_DBINFO	备份集中数据库的相关信息
V$BACKUPSET_DBF	备份集中数据文件的相关信息
V$BACKUPSET_ARCH	备份集的归档信息
V$BACKUPSET_BKP	备份集的备份片信息
V$BACKUPSET_SEARCH_DIRS	备份集搜索目录
V$BACKUPSET_TABLE	表备份集中备份表信息
V$BACKUPSET_SUBS	并行备份中生成的子备份集信息

（3）根据备份的方式，可将备份划分为物理备份和逻辑备份。物理备份是指直接扫描数据库文件，找到那些已经被分配、使用的数据页，复制并保存到备份集中。在物理备份过程中，用户无须关心数据页的具体内容，也无须关心数据页属于哪一张表，只是通过数据库文件系统的描述来挑选有效的数据页。

逻辑备份是指利用 dexp 导出工具，将指定对象（库级、模式级、表级）的数据导出到文件的备份方式。逻辑备份针对的是数据内容，用户并不关心这些数据物理存储的位置，逻辑备份必须在联机状态下进行。

5．压缩与加密

达梦数据库支持对备份数据进行压缩和加密处理，用户在执行备份时，可以指定不同的压缩级别，以获得不同的数据压缩比。达梦数据库共支持 9 个级别的压缩处理，级别越高压缩比越高，但相应的压缩速度越慢，CPU 开销越大，备份集文件越小。默认情况下，备份是不需要进行压缩和加密处理的。

备份加密包括加密密码、加密类型和加密算法三个要素。加密类型和加密算法，用户均可手动指定。其中，加密密码通过使用 IDENTIFIED BY<加密密码>来指定，用户在使用备份集的时候必须输入对应密码。加密类型分为加密、简单加密和完全加密。简单加密仅仅对部分数据进行加密，加密速度快；完全加密对所有数据执行加密，安全系数高。

备份的过程中如果同时指定加密和压缩，则会先进行压缩处理，再进行加密处理，备份的所有数据页和 REDO 日志都会进行压缩和加密处理。

6．还原

还原是备份的逆过程，还原与恢复的主要目的是将目标数据库恢复到备份结束时刻的状态。还原的主要动作是将数据页从备份集中复制到数据库文件的相应位置，恢复则是通过 REDO 日志将数据库恢复到一致性状态。达梦数据库的还原主要分为数据库还原、表空间还原和表还原。根据备份集的备份类型，可以分为物理还原和逻辑还原，其中逻辑还原必须在联机状态下进行。

数据库还原是指根据数据库备份集中记录的文件信息重新创建数据库文件，并将数据页重新复制到目标数据库的过程。达梦数据库既可以将一个已存在的数据库作为还原目标库，也可以指定一个路径作为还原目标库的目录。如果选择已存在的数据库作为还原目标库，若还原过程失败，则目标库将被损坏，不能使用，因此建议不要在原数据库上进行库还原。库还原的主要步骤包括清理目标库环境、重建数据库文件、复制数据页、重建联机日志文件和修改配置参数等。

表空间还原是根据数据库备份集或表空间备份集中记录的数据信息，重建目标表空间数据文件并复制数据页的过程，该过程不涉及日志操作。表空间还原只能在脱机状态下执行。

表还原是表备份的逆过程，表还原从表备份集中读取数据替换目标表，将目标表还原成备份时刻的状态。表还原主要包括三部分内容：表结构还原、数据还原及重建索引和约束。如果还原目标表不存在，则利用备份集中记录的建表语句重建目标表；如果还原目标表已经存在，则清除表中的数据和删除二级索引和约束；如果备份表存在附加列（通过 ALTER TABLE 语句快速增加的列），那么还原目标表必须存在，并且目标表所有列的物理存储格式必须与备份源表完全一致。数据还原过程是从表备份集复制数据页，重构数据页之间的逻辑关系中，重新形成一个完整的表对象。在数据还原结束后，使用备份集中记录的信息，重新在表上创建二级索引，并建立各种约束。表还原只支持在联机状态下执行，表还原过程中也不需要重做 REDO 日志。并且表备份集允许跨库还原，但要求还原目标库与原数据库的数据页大小等建库参数相同。

7. 恢复

数据恢复是指在还原执行结束后，REDO 日志将数据库恢复到一致性状态，并执行更新 DB_MAGIC 的过程。其中 REDO 日志可以多次执行，直到恢复目标状态。还原结束后，必须经过恢复操作，数据库才允许启动。即使备份过程中没有修改任何数据，备份集不包含任何 REDO 日志，在数据库还原结束后，也必须使用 DMRMAN 工具执行数据恢复操作，数据库才允许启动。

数据恢复重做的 REDO 日志，既可以是那些在备份过程中产生的和包含在备份集中的 REDO 日志，也可以是备份数据库本地归档日志文件。在本地归档日志完整的情况下，数据还原结束后，用户可以利用本地归档日志，将数据库恢复到备份结束后任意时间点状态。归档日志缺失将会导致数据库恢复失败。只有库备份和表空间备份还原后，才需要执行数据恢复，表还原结束后，不需要执行数据恢复。恢复是重做本地归档日志或者备份集中备份的归档日志的过程。

8. 解密与解压缩

解密和解压缩是备份过程中加密和压缩的逆操作，如果备份时未指定加密或压缩，还原和恢复过程中也不需要执行解密或者解压缩操作。如果备份时进行了加密，那么还原时，用户必须指定与备份时一致的加密密码和加密算法，否则还原会报错。如果备份时没有加密，那么还原时用户不需要指定加密密码和加密算法，即使指定，也不起作用。达梦还原时的解密过程主要包括如下内容。

（1）检查用户输入的密码和算法是否与备份集中记录的加密信息一致。

（2）从备份集读取数据后，写入目标文件（包括目标数据文件和临时归档文件）之前执行解密操作。

与解密不同，解压缩不需要用户干预，如果备份集指定了压缩，从备份集读取数据写入目标文件之前，会自动进行解压缩操作。如果备份时既指定了加密又指定了压缩，那么与备份过程处理相反，还原时会先进行解密，再进行解压缩，然后将处理后的数据写入目标文件中。

表空间和表还原为联机执行，都不需要再执行恢复操作。因为表空间的还原和恢复操作是一次性完成的，而表还原是联机完全备份还原，不需要借助本地归档日志，所以也不需要恢复。

 ## 任务 8.2　联机备份与还原

> ### 任务描述

"工资管理系统"需要定期备份，以防出现因硬件故障等意外造成数据丢失的情况。出现故障时，需要使用日期最近的备份数据对数据库进行还原，以保障"工资管理系统"恢复正常运行。本任务具体要求如下。

（1）配置"工资管理系统"数据库的归档，为数据库的备份做准备。

（2）完成一次"工资管理系统"数据库的全量备份。

（3）完成一次"工资管理系统"数据库的还原。

> ### 任务目标

（1）了解联机备份的条件和限制。

（2）掌握配置归档日志的方法。

（3）掌握使用不同工具完成联机备份和还原的方法。

（4）根据本任务内容，规划"工资管理系统"的备份策略。

> ### 知识要点

1．联机备份

在联机备份的过程中数据库正常运行，数据库处于 OPEN（打开）状态，数据库能够正常访问。联机备份时，大量的事务处于活动状态，为确保备份数据的一致性，用户需要同时备份一段日志（备份期间产生的 REDO 日志）。按照联机备份要求，数据库必须配置本地归档，且归档必须处于开启状态。

备份的过程中也可能会发生数据的修改，因此需要将归档日志一起备份，以防数据丢失。联机方式支持以下内容的备份。

（1）数据库备份。

（2）用户表空间备份。

（3）用户表备份。

（4）归档备份。

注意，使用中文文件名或路径名等可能会造成控制台打印信息和日志文件中信息的中文部分显示乱码，建议文件名及路径名仅包含英文字母。

达梦数据库提供多种联机备份的工具，如 DM 管理工具、DM 控制台工具和 DISQL 命令行工具等。

2. 联机还原

联机还原仅支持表还原，数据库处于 OPEN/NORMAL 状态。达梦数据库联机还原主要通过 DM 管理工具实现。

3. 归档

达梦数据库可以运行在归档模式或非归档模式下。如果是归档模式，联机日志文件的内容保存到硬盘中，形成归档日志文件；如果是非归档模式，则不会形成归档日志。

开启归档模式会降低数据库系统的性能，但提高数据的安全性。一旦出现介质故障时，如磁盘损坏，利用归档模式产生的归档日志，系统可以被恢复至故障发生前的状态，也可以还原到指定的时间点，但如果没有归档日志文件，则只能进行备份恢复，只能恢复到备份时刻，而非故障发生前的状态。

（1）以下情况必须需要配置归档。

① 联机备份数据库必须要配置归档。联机备份时，大量的事务处于活动状态，为确保备份数据的一致性，需要同时备份一段日志（备份期间产生的 REDO 日志），因此要求数据库必须配置本地归档且归档必须处于开启状态。

② 脱机备份因故障退出数据库时，因故障未刷盘的日志也必须存在于本地归档中，因此必须配置归档，如果本地归档缺失，需要用户先修复归档，然后再备份。

③ 备份表空间属于联机备份，必须配置归档。

④ 备份归档日志必须配置归档。

（2）以下情况可不必配置归档。

① 脱机备份正常退出的数据库。

② 备份表虽然是联机完全备份，但不需要配置归档。因为表在还原后不需要再进行恢复操作，用不到归档日志。

达梦数据库使用动态视图存储备份信息，用户可以通过查询 V$DM_ARCH_INI、V$ARCH_STATUS 等动态视图获取归档配置及归档状态信息。V$DM_ARCH_INI 中的主要字段见表 8-2；V$ARCH_STATUS 中的主要字段见表 8-3。

表 8-2　V$DM_ARCH_INI 中的主要字段

字段名称	字段含义
ARCH_NAME	REDO 日志归档名
ARCH_TYPE	REDO 日志归档类型。LOCAL 表示本地归档；REMOTE 表示远程

续表

字段名称	字段含义
ARCH_DEST	REDO 日志归档目标。LOCAL 对应归档文件存放路径；REMOTE 对应远程目标节点实例名
ARCH_FILE_SIZE	单个 REDO 日志归档文件大小，取值范围（64 MB～2048 MB），默认 1024 MB，即 1 GB
ARCH_SPACE_LIMIT	REDO 日志归档空间限制。当所有本地归档文件达到限制值时，系统自动删除最老的归档文件。其取值范围（1024 MB～2147483647 MB），默认为 0，0 表示无空间限制
ARCH_INCOMING_PATH	仅 REMOTE 归档有效，对应远程归档存放在本节点的实际路径

表 8-3　V$ARCH_STATUS 中的主要字段

字段名称	字段含义
ARCH_TYPE	REDO 日志归档类型。LOCAL 表示本地归档；REMOTE 表示远程
ARCH_DEST	REDO 日志归档目标。LOCAL 对应归档文件存放路径；REMOTE 对应远程目标节点实例名
ARCH_STATUS	归档状态。VALID 表示已经开启

> **任务实践**

【例 8-1】配置归档。"工资管理系统"中的数据需要定期保存，以防出现因服务器硬盘损坏等导致数据丢失的情况。备份的过程中需要"工资管理系统"能够正常访问，因此采用联机备份策略完成"工资管理系统"的备份。联机备份需要配置归档，归档日志目录存放在"/dm8/archiveLog"目录下。

步骤 1：使用 DM 管理工具，建立与数据库的连接。打开 DM 管理工具，在左侧的"对象导航"窗格中找到"LOCALHOST（SYSDBA）"选项，在其上单击鼠标右键，在弹出的快捷菜单中选择"管理服务器"选项，如图 8-1 所示。

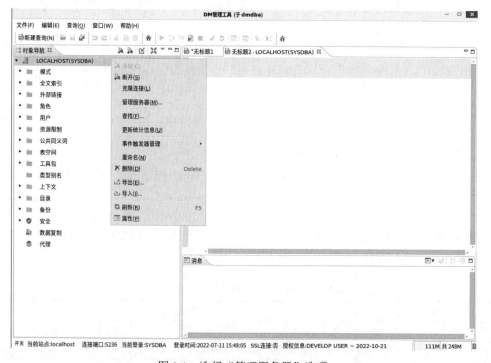

图 8-1　选择"管理服务器"选项

步骤 2：在弹出的"管理服务器"窗口中，选择左侧"选择项"中的"系统管理"选项，如图 8-2 所示。

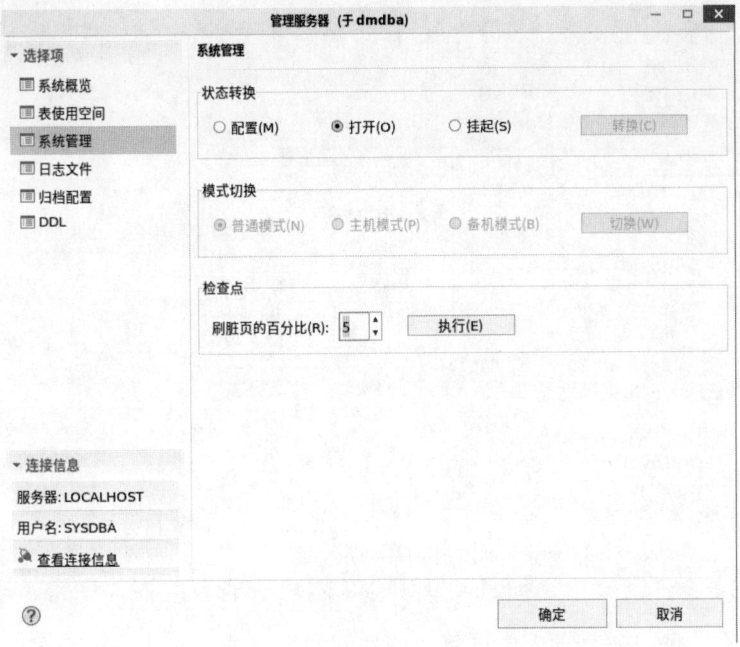

图 8-2 "管理服务器"窗口

步骤 3：在"系统管理"界面的"状态转换"选区中，将"打开"状态转换到"配置"状态，选中"配置"单选按钮，并单击"转换"按钮，如图 8-3 所示。在弹出的"转换状态成功"提示框中，单击"确定"按钮，完成状态转换。如图 8-4 所示。

图 8-3 将"打开"状态转换为"配置"状态

图 8-4 "转换状态成功"提示框

步骤 4：在左侧"选择项"中选择"归档配置"选项，在"归档配置"界面的"归档模式"选区中选中"归档"单选按钮，如图 8-5 所示。

图 8-5 "归档配置"界面

步骤 5：在如图 8-5 所示的"归档配置"界面中，单击右侧的"+"按钮，添加归档日志存放路径。双击"归档目标"可以配置归档日志存放路径，以"/dm8/archiveLog"为例，归档类型及文件大小等选项可以根据实际需求填写，添加归档日志存放路径完成如图 8-6 所示。

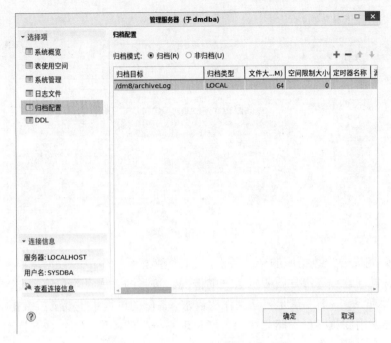

图 8-6 添加归档日志存放路径完成

步骤 6：单击如图 8-6 所示界面中的"确定"按钮，完成归档日志路径的配置。

步骤 7：再次重复步骤 1，打开"管理服务器"窗口。在左侧"选择项"中再次选择"系统管理"选项，将系统状态再次转换到"打开"状态，如图 8-2 所示。完成后单击"管理服务器"窗口右下角的"确定"按钮，完成归档日志配置。

步骤 8：检验归档日志配置。通过动态视图 V$ARCH_STATUS 查看归档状态，命令语句如下。

```
SELECT * FROM V$ARCH_STATUS;
```

查询结果如图 8-7 所示。

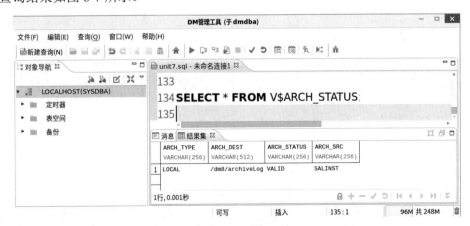

图 8-7 查询结果

通过动态视图 V$DM_ARCH_INI 查看详细归档配置，命令语句如下。

```
SELECT * FROM V$DM_ARCH_INI;
```

查询结果如图 8-8 所示。

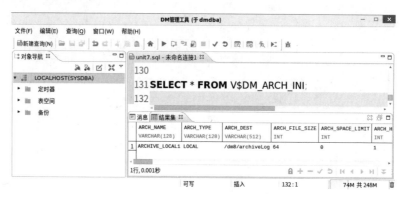

图 8-8　查询结果

【例 8-2】完成一次数据库的全量备份。"工资管理系统"中的数据需要定期保存，以防出现因服务器硬盘损坏等导致数据丢失的情况。每月的月底，用户都需要对数据库进行备份。"工资管理系统"需要满足日常工作的需求，备份的过程中也要支持数据的正常访问，因此用户需要采用联机备份策略完成"工资管理系统"的备份。请完成一次对"工资管理系统"数据库的全量备份。

步骤 1：备份前可以通过达梦数据库的 dmservice 工具查看达梦数据库服务的状态，需要保证 DmAPService 处于启动状态。

步骤 2：打开 DM 管理工具，在左侧的"对象导航"窗格中找到"备份"选项，将其展开，然后找到"库备份"选项，在其上右击，在弹出的快捷菜单中选择"新建备份"选项，如图 8-9 所示。

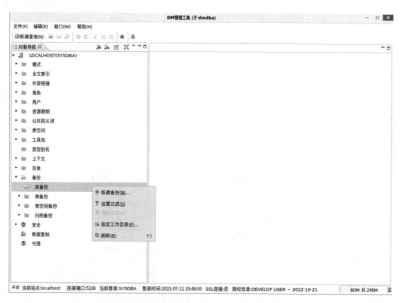

图 8-9　选择"新建备份"选项

步骤 3：弹出"新建库备份"窗口，如图 8-10 所示。按照实际需求填写备份名（也可以不修改，直接使用默认名）和备份集目录（默认路径为实例存放路径下的 bak 文件夹，以备份名命名的文件夹，默认路径显示在该窗口的"路径"模块，如/dm8/data/SALDB/bak），备份类型设为"完全备份"。

图 8-10 "新建库备份"窗口

步骤 4：单击如图 8-10 所示窗口左侧"选择项"中的"DDL"选项，查看全量备份的命令语句，如图 8-11 所示。用户可以将该命令语句在 DM 管理工具的"查询"窗口中直接执行，也可以在 DISQL 命令行工具中直接执行，完成数据库备份。

图 8-11 查看全量备份数据库的命令语句

全量备份的命令语句如下。

```
BACKUP DATABASE FULL TO "DB_SALDB_FULL_2022_07_17_13_40_37" BACKUPSET
'DB_SALDB_FULL_2022_07_17_13_40_37';
```

步骤 5：单击如图 8-11 所示窗口中右下角的"确定"按钮即可完成备份。备份完成后可以在 DM 管理工具的"对象导航"窗格中的"库备份"目录下查看备份信息，如图 8-12 所示。

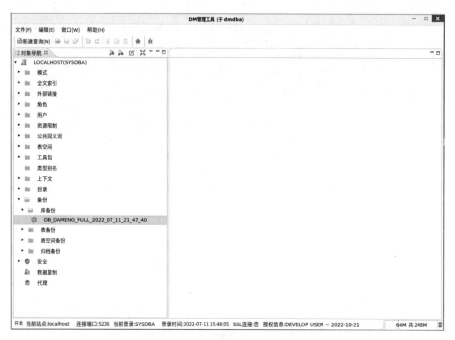

图 8-12　查看库备份

表备份、表空间备份的操作方法与数据库备份相同。在备份的过程中有以下两项需要注意。

（1）备份过程中报错，单击"错误"提示框中的"详情"按钮，错误消息为"收集到的归档日志不连续"，如图 8-13 所示。

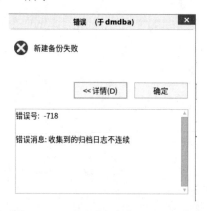

图 8-13　归档日志不连续的错误提示

此问题可以通过在"查询"窗口中执行如下命令语句。

```
checkpoint(100);
```

该命令语句为设置检查点，参数 100 表示刷脏页百分比，参数取值范围为 1～100。

（2）备份过程中如果将备份目录集存放在自定义路径下，备份完成之后不会立即显示在"对象导航"窗格中"对应类型"的"备份"选项下。用户可以通过在对应备份类型上右击，在弹出的快捷菜单中选择"指定工作目录"中添加对应的备份目录即可，如图 8-14 所示。

图 8-14 指定工作目录

【例 8-3】由于误操作，删除了"工资管理系统"中 DEPT 表的数据。数据库管理员发现删除之前存在一个表备份，备份集目录为"/dm8/data/SALDB/bak/TAB_SALM_DEPT_2022_07_17_13_58_50"。因此数据库管理员需要进行表的联机备份还原。

1. 使用 DM 管理工具完成表还原

步骤 1：校验备份集是否正确。在 DM 管理工具左侧的"对象导航"窗格中找到"表备份"选项并展开，找到可以进行还原的表备份，在其上单击鼠标右键，弹出的快捷菜单如图 8-15 所示。

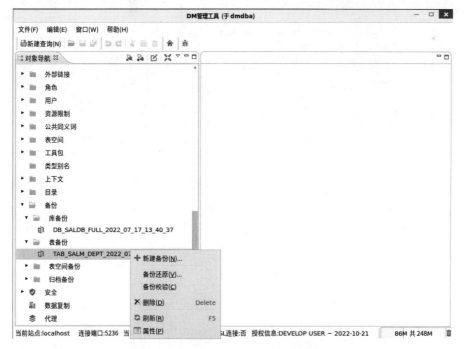

图 8-15 表备份的快捷菜单

步骤 2：单击如图 8-15 所示菜单中的"备份校验"选项，检查备份集是否完整。如果完整则弹出"备份校验成功"对话框。

步骤 3：单击如图 8-15 所示菜单中的"备份还原"选项，弹出"表备份还原"窗口，选择要还原的表模式名及表名，并勾选上"表结构"，如图 8-16 所示。

图 8-16　配置待还原的表信息

步骤 4：单击如图 8-16 窗口中"选择项"下的"DDL"选项，查看表还原的命令语句，如图 8-17 所示。

图 8-17　表还原的 DMSQL 语句

步骤 5：单击如图 8-17 窗口中的"确定"按钮，开启还原。还原成功后弹出"表备份恢复成功"提示框，如图 8-18 所示。

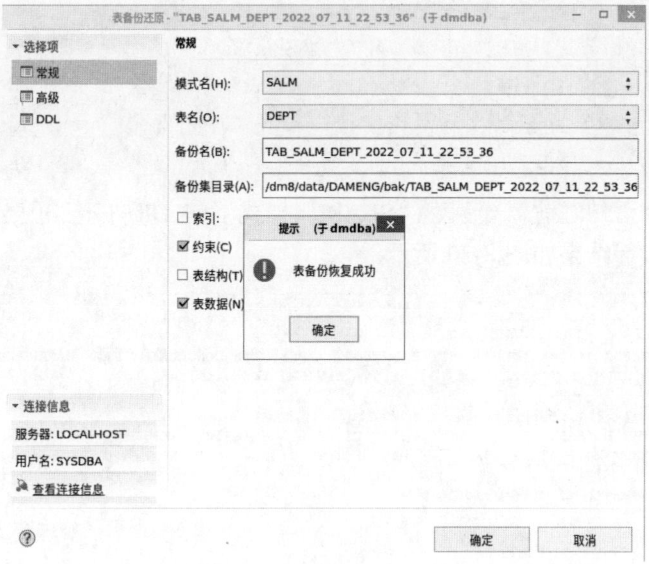

图 8-18　表备份恢复成功

步骤 6：分别单击如图 8-18 所示窗口中两个界面的"确定"按钮，还原成功。

2. 使用 DISQL 命令行工具进行表还原

DISQL 命令行工具主要通过执行命令语句操作，校验和还原的语法结构如下。

```
SELECT SF_BAKSET_CHECK('DISK',表备份集目录); -- 校验备份集
RESTORE TABLE [表空间名].表名 FROM BACKUPSET 表备份集目录; -- 还原
```

步骤 1：在安装目录的 bin 文件夹下，找到 DISQL 并建立连接，命令语句如下。

```
./disql SYSDBA/Dameng123@localhost:5236
```

其中，SYSDBA 代表创建连接使用的用户名，Dameng123 为用户对应的密码，localhost 为服务器地址，5236 为数据库实例所在的端口号。

步骤 2：校验备份集是否正确，命令语句如下。

```
SELECT SF_BAKSET_CHECK('DISK','/dm8/data/SALDB/bak/TAB_SALM_DEPT_2022_07
_17_13_58_50');
```

校验成果结果如图 8-19 所示。

图 8-19　校验备份集

步骤 3：使用备份集还原 SLAM.DEPT 表，命令语句如下。

```
RESTORE TABLE "SALM"."DEPT" STRUCT WITHOUT INDEX WITH CONSTRAINT FROM BACK
UPSET '/dm8/data/SALDB/bak/TAB_SALM_DEPT_2022_07_17_13_58_50' DEVICE TYPE DI
SK;

RESTORE TABLE "SALM"."DEPT" WITHOUT INDEX WITH CONSTRAINT FROM BACKUPSET '
/dm8/data/SALDB/bak/TAB_SALM_DEPT_2022_07_17_13_58_50' DEVICE TYPE DISK;
```

执行还原命令语句之前需要创建"SLAM"模式下的 DEPT 表，表结构应与备份集中的表结构相同。执行结果如图 8-20 所示。

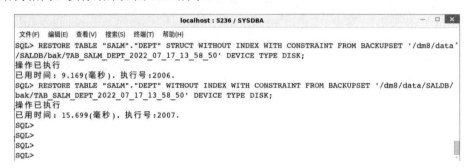

图 8-20　执行结果 1

【例 8-4】公司准备购买新的高性能服务器（操作系统不变，均为银河麒麟操作系统 V10），对存放"工资管理系统"的服务器进行硬件的升级，因此需要将"工资管理系统"的数据库从原服务器转移到新服务器上。转移过程中需要保持数据库不停机，因此用户应该考虑采用逻辑备份和还原的方式来完成操作。

步骤 1：假设新的高性能服务器的 IP 地址为 192.168.192.139。"工资管理系统"所在的原服务器 IP 地址为 192.169.192.138。在新的高性能服务器上安装达梦数据库，并初始化一个新的数据库实例，数据库名为"SALDB"，实例名为"SALINST"，端口号为"5236"，安装在"/dm8"目录下。

步骤 2：在"工资管理系统"原服务器上使用 dexp 工具导出整个数据库，该工具存放在安装目录下的 bin 目录下，即/dm8/bin 文件夹下。逻辑备份需要配置以下参数。

（1）导出数据文件，命名为 salexp01.dmp。

（2）导出日志文件，命名为 salexplog01.log。

（3）导出文件的存放目录，存放在"/dm8/data/exp_bak"目录下。

（4）导出的内容，包含以下 4 种类型。

① FULL：导出整个数据库。

② OWNER：按照用户导出，导出一个或多个用户拥有的所有对象。

③ SCHEMAS：按照模式导出，导出一个或多个模式拥有的所有对象。

④ TABLES：按照表导出，导出一个或多个指定表或表分区。

导出的命令语句如下。

```
mkdir -p /dm8/data/exp_bak
cd /dm8/bin/
./dexp SYSDBA/Dameng123@192.168.192.138:5236 FILE=salexp01.dmp LOG=salexp
log01.log DIRECTORY=/dm8/data/exp_bak FULL=Y
```

用户 dmdba 执行以上命令，执行结果如图 8-21 所示。

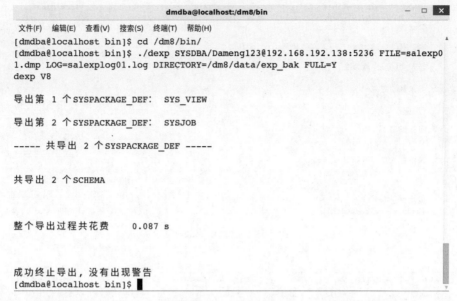

图 8-21　执行结果 2

步骤 3：将目录"/dm8/data/exp_bak"复制到 IP 地址为 192.168.192.139 的新服务器上，存放在/dm8/data 下，完成逻辑还原前的准备工作。

步骤 4：逻辑还原使用 dimp 工具，该工具存放在安装目录下的 bin 目录下，即/dm8/bin 文件夹下。逻辑还原需要配置以下参数。

（1）还原使用到的数据文件/dm8/data/salexp01.dmp。

（2）还原的日志文件，命名为 implog01.log。

（3）还原日志的存储目录，存放在/dm8/data/dimp 文件夹下。

（4）还原类型，包含以下 4 种类型。

① FULL：导出整个数据库。

② OWNER：按照用户导出，导出一个或多个用户拥有的所有对象。

③ SCHEMAS：按照模式导出，导出一个或多个模式拥有的所有对象。

④ TABLES：按照表导出，导出一个或多个指定表或表分区。

本次还原为整个数据库的还原，使用 dmdba 用户在终端执行下列命令语句：

```
cd /dm8/bin/

./dimp SYSDBA/Dameng123@192.168.192.139:5236 FILE=/dm8/data/exp_bak/salex
p01.dmp LOG=implog01.log DIRECTORY=/dm8/data/dimp FULL=Y
```

执行结果如图 8-22 所示。

此时全部数据均已经迁移到 IP 地址为 192.168.192.139 的新的高性能服务器上，后续开发人员直接将服务端代码访问数据的 IP 地址切换到 192.168.192.139，"工资管理系统"能够正常访问之后，即可停掉原服务器，对硬件进行升级。

```
                          dmdba@localhost:/dm8/bin
文件(F) 编辑(E) 查看(V) 搜索(S) 终端(T) 帮助(H)
[dmdba@localhost bin]$ cd /dm8/bin
[dmdba@localhost bin]$ ./dimp SYSDBA/Dameng123@192.168.192.139:5236 FILE=/dm8/data
/exp_bak/salexp01.dmp LOG=implog01.log DIRECTORY=/dm8/data/dimp FULL=Y
dimp V8

本地编码: PG_UTF8,导入文件编码: PG_GB18030

导入 GLOBAL 对象......

导入表的约束:

FK_EMP

导入成功......

整个导入过程共花费       0.712 s


成功终止导入
[dmdba@localhost bin]$
```

图 8-22　逻辑还原成功

 ## 任务 8.3　脱机备份与还原

➤　任务描述

当公司的"工资管理系统"运行多年后,需要对其所在的服务器进行硬件的升级,因此需要对"工资管理系统"进行脱机备份和还原。达梦数据库支持使用达梦控制台工具、DMRMAN 工具完成库备份,使用表空间备份等对数据库进行脱机备份和还原。本任务具体要求如下。

(1)完成"工资管理系统"的脱机全量备份。

(2)完成"工资管理系统"的脱机还原。

➤　任务目标

(1)了解脱机备份的条件和限制。

(2)掌握使用不同工具完成脱机备份和还原的方法。

➤　知识要点

脱机备份和还原功能比较强大,用户可以完成库备份与还原、表空间备份与还原及表备份与还原,此时数据库实例处于停止状态,无法通过 DM 管理工具或 DISQL 工具建立连接,但仍旧要保证 DmAPService 服务处于启动状态。脱机备份还原主要借助两个工具,DM控制台工具和 DMRMAN 工具。

1.　DM 控制台工具

DM 控制台工具为达梦数据库提供的脱机备份、还原的图形化工具,存放在安装目录的 tool 文件夹下,如/dm8/tool。DM 控制台工具的启动方式为打开终端,切换到使用 dmdba

用户，进入安装目录的 tool 文件夹下，执行文件名为 console 的脚本。启动命令语句如下。

```
./console
```

执行以上命令，结果如图 8-23 所示。

图 8-23　启动 DM 控制台工具

2. DMRMAN 工具

DMRMAN 工具是达梦数据库提供的命令行工具，存放在安装目录的 bin 文件夹下，用于对数据库进行脱机备份。DMRMAN 工具启动方式为打开终端，切换到 DMRMAN 所在的目录（如/dm8/bin）下，执行文件名为 dmrman 的脚本，使用 dmdba 用户操作。

启动 DMRMAN 工具的命令语句如下。

```
./dmrman
```

退出 DMRMAN 工具的命令语句如下。

```
./exit
```

执行上述两条命令语句结果如图 8-24 所示。可在 RMAN>后输入备份、还原的命令语句。

图 8-24　启动和退出 DMRMAN 工具

➤ 任务实践

【例 8-5】对于"工资管理系统"来说，在上班时间的访问频率较高，在下班之后的访问频率较低。一般来说深夜 12 点之后到次日 6 点之间，访问频率最低。如果"工资管理系统"出现较大的改动，需要升级时，一般选择在深夜 12 点之后到次日 6 点之间的时间段进行。进行整体系统升级之前需要对数据库系统进行一次全量备份，以防升级失败，可用于"工资管理系统"的恢复。公司需要协助开发部门做好升级前的准备工作，包括停止数据库实例服务并完成一次全量备份。不同工具完成脱机备份的方法如下。

1. 使用 DM 控制台工具完成全量备份

步骤 1：使用 root 用户运行 dmservice 脚本，启动达梦服务查看器，找到达梦数据库实例服务 DmServiceSALINST，然后停止服务。完成之后如图 8-25 所示。

图 8-25　停止达梦数据库实例服务 DmSeriviceSALINST

步骤 2：打开 DM 控制台工具，在"控制导航"窗口中选择"备份还原"选项，界面如图 8-26 所示。

图 8-26　DM 控制台工具

步骤 3：单击窗口右侧的"新建备份"按钮，弹出"新建备份"对话框，如图 8-27 所示。

步骤 4：选择要备份的数据库实例对应的配置文件，以数据库 SALDB 为例，其配置文件路径为/dm8/data/SALDB/dm.ini。其中"备份名"和"备份集目录"可以填写，也可以不填写。单击"确定"按钮后开始备份。备份完成则会弹出"备份成功"提示框，如图 8-28 所示。

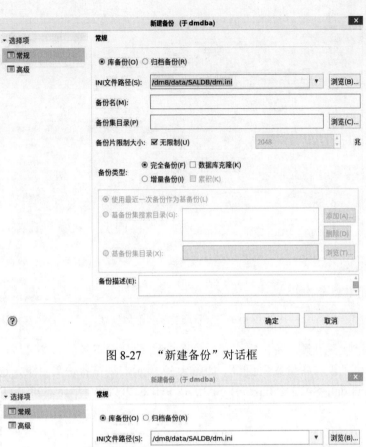

图 8-27 "新建备份"对话框

图 8-28 备份成功

步骤 5：单击"确定"按钮，新建备份对话框关闭，备份完成。可以在如图 8-26 所示的窗口中展示所有的备份集信息，如图 8-29 所示。

图 8-29　展示所有的备份集信息

步骤 6：校验备份集。备份完成之后，在 DM 控制台工具的右侧区域单击"校验备份集"按钮，弹出"校验备份集"窗口，如图 8-30 所示。浏览备份集目录，选择上一步创建的备份集"/dm8/data/SALDB/bak/DB_SALDB_FULL_20220717_162529_244764"。

图 8-30　校验备份集

步骤 7：单击如图 8-30 所示窗口右下角的"校验"按钮，开始校验。校验完成后弹出"还原成功"提示框，如图 8-31 所示。

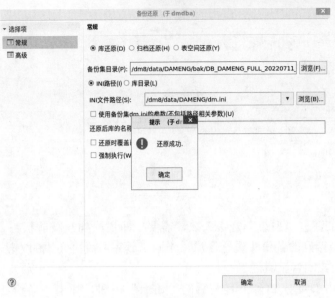

图 8-31 校验完成

2. 使用 DMRMAN 工具备份

步骤 1：执行全量备份的 DMSQL 命令语句，语法结构如下。

```
BACKUP DATABASE '数据库实例配置文件' [FULL|INCREMENT WITH BACKUPDIR '基备份集
目录'] ] BACKUPSET '备份集存放目录';
```

说明：

（1）FULL 为全量备份。

（2）INCREMENT 为增量备份。

下面对数据 SALDB 进行全量备份，备份集存放在 "/dm8/data/SALDB/bak/DMRMAN_FULL_20220712" 目录下，命令语句如下。

```
BACKUP DATABASE '/dm8/data/SALDB/dm.ini' FULL BACKUPSET '/dm8/data/SALDB/
bak/DMRMAN_FULL_20220712';
```

使用 DMRMAN 工具创建备份，执行结果如图 8-32 所示。

图 8-32 执行结果

步骤 2：校验备份集。备份完成之后，使用 CHECK 语句校验备份集是否完整。命令语句如下。

```
CHECK BACKUPSET '/dm8/data/SALDB/bak/DMRMAN_FULL_20220712';
```

校验结果如图 8-33 所示。

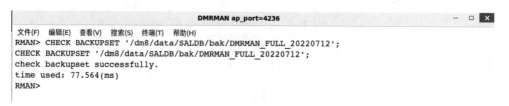

图 8-33 校验结果

【例 8-6】"工资管理系统"升级失败，需要立即还原到升级前状态。请协助开发部门利用【例 8-4】中做好的备份集进行还原。不同工具完成脱机还原的方法如下：

1. 使用 DM 控制台工具还原

步骤 1：单击 DM 控制台工具右侧的"还原"按钮，弹出"备份还原"对话框，如图 8-34 所示。

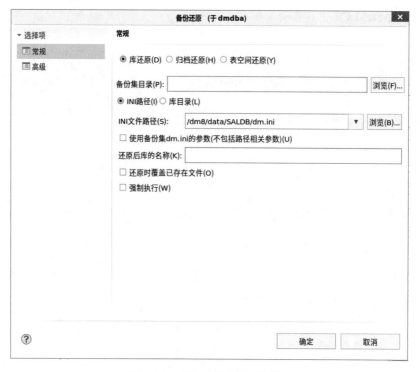

图 8-34 "备份还原"对话框

步骤 2：选择用于恢复的备份集目录及还原到的目标库的配置文件，配置如图 8-35 所示，本案例中备份集的源数据库与目标数据库为同一数据库。备份集使用【例 8-4】中脱机备份生成的备份集"/dm8/data/SALDB/bak/DMRMAN_FULL_20220712"。

步骤 3：在如图 8-34 所示的对话框中，单击右下角的"确定"按钮开始还原，还原成功后弹出"还原成功"的提示框，如图 8-36 所示。

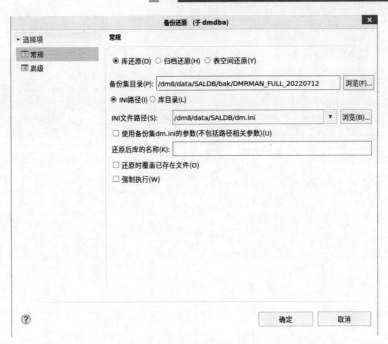

图 8-35　"备份还原"对话框的配置

图 8-36　还原成功

步骤 4：单击"确定"按钮完成还原。

步骤 5：还原完成后，不要立即启动数据库，还需要对数据库进行"恢复"操作，以保证数据处于一致性状态。"恢复"操作为单击 DM 控制台工具中"备份还原"对话框中的"恢复"按钮，弹出"备份恢复"对话框，如图 8-37 所示。

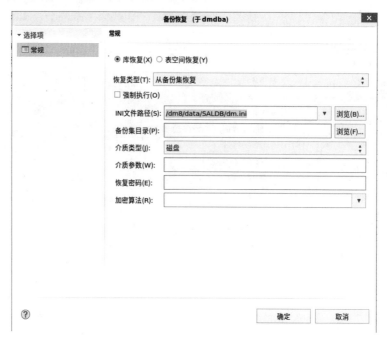

图 8-37　"备份恢复"对话框

　　步骤 6：选中"库恢复"单选按钮，恢复类型可以选择"从备份集恢复"或"从指定归档恢复"选项，本案例选择"从备份集恢复"。配置备份集目录，备份集仍需选择步骤 2 中的备份集，配置完成之后如图 8-38 所示。

图 8-38　"配置恢复"对话框

　　步骤 7：单击如图 8-38 所示对话框中的"确定"按钮，开始恢复操作。恢复成功后弹出"恢复成功"的提示框，如图 8-39 所示。

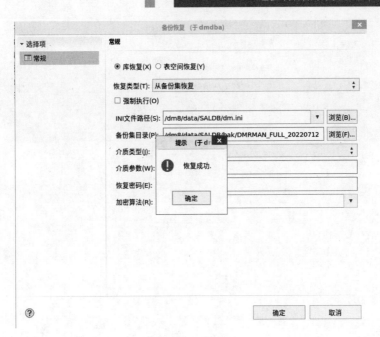

图 8-39 恢复成功

步骤 8：单击"确定"按钮，完成恢复。

步骤 9：数据库启动前需要更新数据库的 DB_MAGIC，将数据库调整为可正常工作状态。单击 DM 控制台工具"备份还原"对话框中的"更新 DB_Magic"按钮，弹出"更新 DB_Magic"对话框，如图 8-40 所示。

图 8-40 "更新 DB_Magic"对话框

步骤 10：单击"确定"按钮，开始更新。更新成功后弹出"恢复成功"的提示框，如图 8-41 所示。

图 8-41　更新成功

步骤 11：单击"确定"按钮，完成脱机还原的所有步骤。用户可以使用 root 用户打开 dmservice 工具，启动达梦数据库实例服务，如图 8-42 所示，数据库还原至备份所记录的状态，可以正常访问并进行数据存储。

图 8-42　启动达梦数据库实例服务

2. 使用 DMRMAN 工具还原

步骤 1：还原数据库，命令语法结构如下。

RESTORE DATABASE '数据库实例配置文件' FROM BACKUPSET '备份集存放目录';

以数据库 SALDB 为例，备份集存放在"/dm8/data/SALDB/bak/DMRMAN_FULL_20220712"目录下，命令语句如下。

RESTORE DATABASE '/dm8/data/SALDB/dm.ini' FROM BACKUPSET '/dm8/data/SALDB/bak/DMRMAN_FULL_20220712';

执行结果如图 8-43 所示。

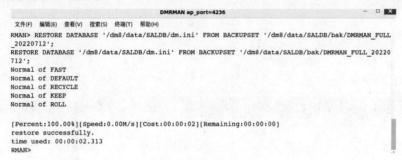

图 8-43　执行结果 1

步骤 2：从备份集中恢复数据库，命令语法结构如下。

RECOVER DATABASE '数据库实例配置文件' FROM BACKUPSET '备份集存放目录';

以数据库 SALDB 为例，备份集存放于/dm8/data/DAMENG/bak/DMRMAN_FULL_20220712 目录，命令语句如下。

RECOVER DATABASE '/dm8/data/SALDB/dm.ini' FROM BACKUPSET '/dm8/data/SALDB/bak/DMRMAN_FULL_20220712';

执行结果如图 8-44 所示。

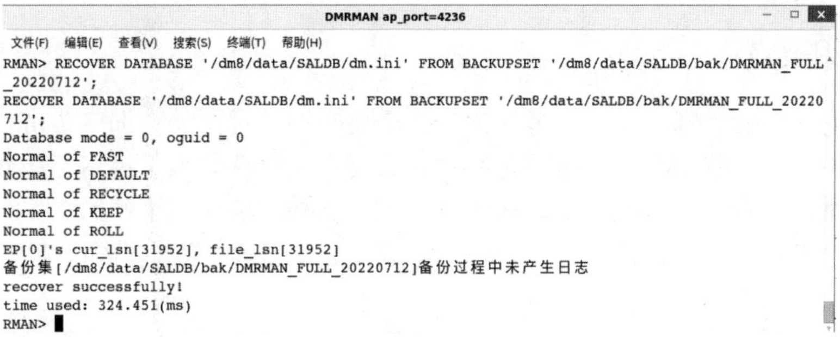

DMRMAN ap_port=4236

文件(F) 编辑(E) 查看(V) 搜索(S) 终端(T) 帮助(H)
RMAN> RECOVER DATABASE '/dm8/data/SALDB/dm.ini' FROM BACKUPSET '/dm8/data/SALDB/bak/DMRMAN_FULL_20220712';
RECOVER DATABASE '/dm8/data/SALDB/dm.ini' FROM BACKUPSET '/dm8/data/SALDB/bak/DMRMAN_FULL_20220712';
Database mode = 0, oguid = 0
Normal of FAST
Normal of DEFAULT
Normal of RECYCLE
Normal of KEEP
Normal of ROLL
EP[0]'s cur_lsn[31952], file_lsn[31952]
备份集[/dm8/data/SALDB/bak/DMRMAN_FULL_20220712]备份过程中未产生日志
recover successfully!
time used: 324.451(ms)
RMAN>

图 8-44　执行结果 2

步骤 3：更新数据库，命令语法结构如下。

RECOVER DATABASE '数据库实例配置文件' UPDATE DB_MAGIC;

以数据库 SALDB 为例，命令语句如下。

RECOVER DATABASE '/dm8/data/SALDB/dm.ini' UPDATE DB_MAGIC;

执行结果如图 8-45 所示。

图 8-45　执行结果 3

步骤 4：数据库还原完成，用户可以使用 dmservice 工具启动数据库。

 ## 任务 8.4　达梦作业管理

➤　任务描述

"工资管理系统"的定期备份可以借助作业管理来实现，以便减轻数据库管理员的工作负担，也可以减少人为因素导致的备份缺失等异常情况。本任务具体要求如下。

（1）使用作业系统对"工资管理系统"设置定期备份。

（2）使用备份集还原"工资管理系统"的数据库。

➤　任务目标

（1）了解作业管理中的基本概念。

（2）掌握创建作业、管理作业等操作。

➤　知识要点

在数据库的日常管理中，有许多日常工作需要定期处理，如数据库备份、定期生成数据库统计报表等，这些工作内容是固定的，且需要重复执行。为了提高工作效率，达梦数据库支持通过作业管理的方式将以上任务自动化，这些需要定期执行的工作可以创建为作业，通过配置作业，调度信息，设置作业的执行频度，以减轻数据库的日常管理工作负担，提高工作效率。

作业系统主要包含以下基本概念：作业、警报、操作员、调度、作业权限。

作业是指由达梦代理程序按照顺序执行的一系列操作，可以是 DMSQL 脚本、定期备份数据库、对数据库数据进行检查等操作，也可以将经常执行的、可重复的操作创建为作业，按照一个或者多个调度的安排在服务器上执行。每个作业由一个或多个作业步骤组成，代表对一个数据库或者服务器执行的动作，每个作业至少有一个作业步骤。

警报是指系统中发生的某种事件，主要用于通知指定的操作员，以便其了解系统中发生的状况，根据警报信息及时做出相应的措施。例如，数据库发生了特定的操作、出错信号或者某个作业执行完成等事件。

操作员是指负责维护达梦服务器运行实例服务的人，可以是一个人，也可以是多人共同承担。在预期的警报（或事件）发生时，可以通过电子邮件或网络发送的方式将警报（或事件）的内容通知给操作员。

调度是指用户定义的作业的执行时间安排，可以是一次性的，也可以是周期性的，当到达指定的时刻时，系统会启动该作业，按照作业的步骤依次执行。

作业权限包含作业的创建、配置和调度等，通常作业的管理是由 DBA 用户来维护的，普通用户如果需要作业管理权限，则需要拥有 ADMIN JOB 权限。

在达梦数据库中，作业的管理需要先创建作业环境，在作业环境中完成作业的创建、配置和调度等内容。作业的相关信息存储在 SYSJOB 模式下的表中，创建作业环境后在模式中可以查看 SYSJOB 模式。在 SYSJOB 模式下共包含 10 张表，用来记录作业相关信息，SYSJOB 模式下每张表的存储内容见表 8-4。

表 8-4　SYSJOB 模式下每张表的存储内容

表名	存储内容
SYSJOBS	用户定义的作业信息，一个作业对应一条记录
SYSJOBSTEPS	作业包括的所有步骤信息，一个作业步骤对应一条记录
SYSJOBSCHEDULES	作业的调度信息，一个作业可以有多条调度信息
SYSMAILINFO	作业管理系统管理员的信息
SYSJOBHISTORIES2	作业的执行情况的日志，作业运行过程中自动写入数据
SYSSTEPHISTORIES2	作业步骤的执行情况的日志
SYSALERTHISTORIES	存储警报发生历史记录的日志
SYSOPERATORS	作业管理系统中所有已定义操作员的信息
SYSALERTS	作业管理系统中所有已定义的警报信息
SYSALERTNOTIFICATIONS	警报需要通知的操作员的信息，即警报和操作员的关联信息

➤ **任务实践**

【例 8-7】创建作业环境，为后期利用作业管理简化"工资管理系统"的定期备份功能。

步骤 1：打开 DM 管理工具，在"对象导航"窗格中找到"代理"选项，在该选项上单击鼠标右键，弹出的快捷菜单如图 8-46 所示。

图 8-46　快捷菜单

步骤 2：单击"创建代理环境"选项，弹出"创建代理环境成功"提示框，如图 8-47 所示。

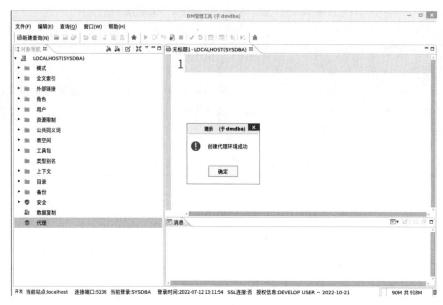

图 8-47　创建代理环境成功

步骤 3：单击"确定"按钮，代理环境创建完成。此时"对象导航"窗格中"代理"选项下出现"作业""警报""操作员"三个文件夹，"模式"选项下出现 SYSJOB 模式，如图 8-48 所示。

图 8-48　代理环境创建完成

【例 8-8】"工资管理系统"预定每个月的 25 日进行备份，每次均进行全量备份。请协助数据库管理员设置一个作业，完成此项任务，将备份操作自动化，简化管理员的工作。

作业的创建主要包含创建作业、设置作业步骤、设置作业调度信息三个步骤。下面依次完成每个步骤。

步骤 1：在 DM 管理工具左侧"对象导航"窗格中的"代理"选项下找到"作业"文件夹，在其上单击鼠标右键，弹出的快捷菜单，如图 8-49 所示。

图 8-49　快捷菜单

步骤 2：单击"新建作业"选项，弹出"新建作业"窗口，填写作业名称、作业描述、通知等，如图 8-50 所示。

图 8-50　"新建作业"窗口

步骤 3：设置作业步骤。单击"选择项"下的"作业步骤"选项，设置作业步骤，如图 8-51 所示。

图 8-51　设置作业步骤

步骤 4：单击"添加"按钮，弹出"新建作业步骤"对话框，如图 8-52 所示。

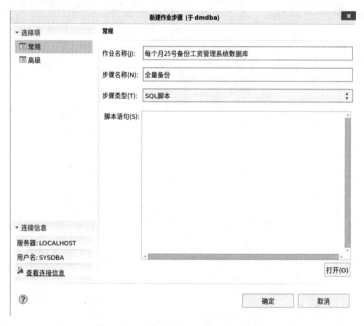

图 8-52　"新建作业步骤"对话框

步骤 5：填写步骤名称，选择步骤类型为"备份数据库"，并填写备份路径等信息，如图 8-53 所示。

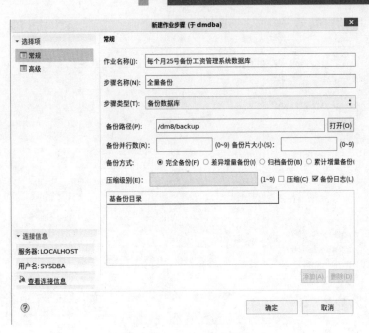

图 8-53　设置作业步骤

步骤 6：单击"确定"按钮，完成作业步骤设置，如图 8-54 所示。

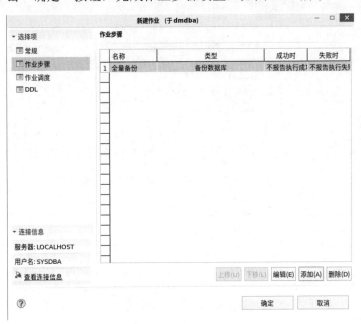

图 8-54　完成作业步骤设置

步骤 7：设置作业调度信息。单击"选择项"下的"作业调度"选项，设置作业调度信息，如图 8-55 所示。

步骤 8：单击"新建"按钮，新建作业调度信息。弹出"新建作业调度"对话框，配置每月执行一次，执行时间为每月 25 日 23 时 50 分 00 秒，如图 8-56 所示。

图 8-55　设置作业调度信息

图 8-56　新建作业调度信息

步骤 9：单击"确定"按钮，完成作业调度配置，如图 8-57 所示。

步骤 10：单击"选择项"中的"DDL"选项，可以查看创建以上作业调度信息所使用的 DMSQL 语句。

步骤 11：单击"确定"按钮，完成作业创建。

步骤 12：作业创建完成后，查看"SYSJOB"模式下 SYSJOBS、SYSJOBSTPES、SYSJOBHISTORIES2、SYSSTEPHISTORIES2 表的信息，查看作业的信息及作业的执行情况，若发现异常应及时处理。

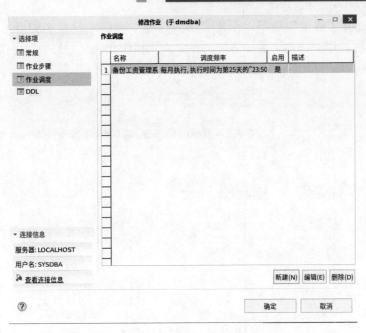

图 8-57 完成作业调度配置

【例 8-9】根据业务需求,发现每个月的 25 日服务器负担较重,管理员需要将预定的备份任务调整到 26 号。请协助数据库管理员修改作业。

步骤 1:在 DM 管理工具左侧的"对象导航"窗格中的"代理"选项下找到"作业"文件夹,选中需要修改的作业,在其上单击鼠标右键,弹出快捷菜单,如图 8-58 所示。

图 8-58 快捷菜单

步骤 2：选择"修改"选项，弹出"修改作业"窗口，如图 8-59 所示，在该窗口中可修改作业名称、作业描述、通知信息、作业步骤和作业调度信息等。将作业调度修改成每月的 26 日执行。

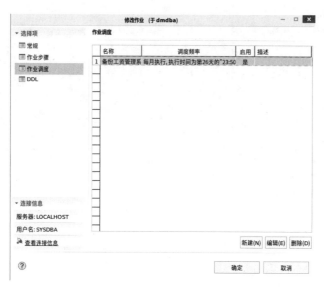

图 8-59　修改作业信息

步骤 3：修改完成之后，单击"确定"按钮，保存修改信息。

【例 8-10】根据业务需求，删除不再需要的作业对象。

步骤 1：在 DM 管理工具左侧的"对象导航"窗格中的"代理"选项下找到"作业"文件夹，选中需要修改的作业对象，在其上单击鼠标右键，在弹出的快捷菜单中选择"删除"选项，弹出"删除对象"窗口，如图 8-60 所示。

图 8-60　"删除对象"窗口

步骤 2：单击"确定"按钮，完成作业对象删除。

项目总结

　　本项目介绍了达梦数据库备份和还原的相关概念，增加了数据库的容灾能力，使用 DM 管理工具、DM 控制台工具、DISQL 命令行工具及 DMRMAN 工具等多种工具和措施来完成对数据库的备份和还原。为了提高数据库管理员的工作效率，本项目介绍了达梦作业管理的相关概念和措施，可以将重复的工作转化为作业，减轻管理员的工作负担。通过本项目的学习，用户可以了解数据库的容灾措施，在意外发生时可以最大限度地保存数据，谨防数据丢失，结合还原、备份、作业管理，规划对"工资管理系统"的备份策略。

考核评价

评价项目	评价要素及标准		分值	得分
素养目标	了解备份和还原的目的及意义		10 分	
	了解数据库归档的基本概念		10 分	
技能目标	了解归档	基本概念	5 分	
		配置归档	8 分	
	了解检查点、重做日志概念		5 分	
	联机备份	能够独立完成数据库备份	10 分	
		能够独立完成用户表空间备份	5 分	
		能够独立完成用户表备份	3 分	
		能够独立完成归档备份	3 分	
		能够独立完成增量备份	5 分	
	脱机备份	能够使用 CONSOLE 完成脱机全备份	8 分	
		能够使用 DMRMAN 完成脱机全备份	8 分	
	还原	能够使用 CONSOLE 完成还原	5 分	
		能够使用 DMRMAN 完成还原	5 分	
	能够制定工资管理系统的备份策略		10 分	
	合计			
收获与反思	通过学习，我的收获： 通过学习，发现不足： 我还可以改进的地方：			

思考与练习

一、单选题

1. 达梦数据库不支持（　　）表空间的备份。
   A. MAIN　　　　　B. TEMP　　　　　C. SYSTEM　　　　D. ROLL
2. 联机进行表备份时，需要使用（　　）工具。
   A. 操作员　　　　B. 调度　　　　　C. 备份　　　　　D. 警报
3. 下列不属于作业管理相关概念的是（　　）。
   A. DM 管理工具　　　　　　　B. DISQL
   C. DMRMAN　　　　　　　　D. DM 控制台工具

二、多选题

1. 下列工具中可以完成达梦数据库的脱机备份的是（　　）。
   A. DM 管理工具　　　　　　　B. DISQL
   C. DMRMAN　　　　　　　　D. DM 控制台工具
2. DM 数据库的数据库状态有（　　）。
   A. OPEN　　　　B. SUSPEND　　　C. MOUNT　　　D. NORMAL
3. 单个备份文件的大小可能是（　　）。
   A. 8 MB　　　　B. 256 MB　　　C. 1024 MB　　　D. 2048 MB
4. 对于 DM 备份和备份文件的论述，下列说法正确的是（　　）。
   A. 一个备份只能有一个备份文件
   B. 一个备份可以有一个或者多个备份文件
   C. 一个备份文件可以属于一个或者多个备份
   D. 一个备份文件只能属于一个备份

三、判断题

1. 达梦数据库支持备份数据加密和压缩功能。　　　　　　　　　　　　　（　　）
2. 达梦数据库可以使用 DM 控制台工具对数据库进行联机备份。　　　　（　　）
3. 联机备份只能对表空间备份，不能对表备份。　　　　　　　　　　　（　　）
4. 联机备份时可以不设置归档。　　　　　　　　　　　　　　　　　　（　　）

四、简答题

1. 哪些工具可以用于数据库的库备份和还原？
2. 哪些工具可以用于做表备份和还原？
3. 为什么要做备份？
4. 达梦数据库提供了哪些措施保证备份数据的安全？

项目 9

扫一扫获取微课

达梦数据库 Web 应用

>> ● 项目场景

　　在企业中，目前"工资管理系统"一般为 Web 应用，通过浏览器进行访问。本项目依托达梦数据库搭建"工资管理系统"数据库，借助 Web 前端技术搭建一个"工资管理系统"网站，主要功能包含员工信息的查询和管理，以及部门信息的查询和管理等，主要介绍了部门管理系统的开发。完成本项目的学习后，读者可以举一反三，完善"工资管理系统"的员工管理、工资管理等功能。

>> ● 项目目标

❶ 完成"工资管理系统"网站的页面开发。

❷ 完成"工资管理系统"的后端开发。

>> ● 技能目标

❶ 了解在"工资管理系统"中如何使用数据库。

❷ 了解在 Web 网站中如何访问数据库。

❸ 了解如何通过 JavaScript、Node.js 等相关技术访问达梦数据库中的数据记录。

>> ● 素养目标

❶ 鼓励学生完善工资管理系统，提出新的想法和解决方案，培养创新意识。

❷ 学生团队合作完成 Web 项目，培养团队成员的合作精神，以提高团队的工作效率和协作能力。

任务 9.1　环境准备

> ### 任务描述

在银河麒麟操作系统 V10 中安装 Node.js，搭建"工资管理系统"的开发环境并安装相关插件。

> ### 任务目标

（1）了解 Web 应用的相关技术。

（2）安装 Node.js 开发环境。

（3）安装 dmdb 插件、cors 插件和 express 插件。

> ### 知识要点

项目 9 采用了 HTML、jQuery、Bootstrap、Node.js、Express 等技术，其中 HTML、jQuery、Bootstrap 用于搭建网站用户能够访问的页面，Node.js、Express 用于连接数据库。Web 应用的相关技术主要有以下几类。

1．HTML

HTML 是 HyperText Markup Language 的缩写，中文名为超文本标记语言。HTML 是一种用于创建网页的语言，运行在浏览器上，可以使用 HTML 来建立 Web 网站，能够表示文字、音频、表格、视频等内容。

2．JavaScript

JavaScript 是一种运行在浏览器端的语言，让 HTML 网页能够响应用户的单击、滚动等操作。

3．jQuery

jQuery 是 JavaScript 的一个函数库，它简化了 JavaScript 的编写，提高了编程的速度。

4．CSS

CSS 是 Cascading Style Sheets 的缩写，中文名是层叠样式表。CSS 用于美化 HTML 创建的网站页面，可以给网站设置颜色、大小、显示位置等。

5．Bootstrap

Bootstrap 是对 CSS 的一个封装，它提供了很多组件和 CSS 样式，方便编程人员快速搭建出漂亮的 HTML 网站。

6. Vue.js

Vue.js 是一套构建用户界面的渐进式框架，融合了 HTML 和 JavaScript，方便了 Web 页面的数据处理。

7. Node.js

Node.js 是一个基于 Chrome V8 引擎的 JavaScript 运行环境，能够让 JavaScript 运行在服务端的开发平台。达梦数据库提供 dmdb 插件，支持通过 Node.js 来访问数据库，完成数据库的添加、删除、更新、查询等操作。

8. Express

Express 是一个保持最小规模且灵活的 Node.js Web 应用程序开发框架，为 Web 和移动应用程序提供一组强大的功能，包括通过各种网络访问其他软件或者客户端、服务器的实用工具和中间件，方便开发人员快速创建强大服务端接口，以供 Web 网站使用。

9. dmdb

达梦公司根据达梦数据库的特点，为开发人员提供了一套达梦 Node.js 访问数据库的驱动接口。

10. cors

cors 是一个插件，可以与 Express 结合使用，能够让服务端支持跨域的功能，即与服务器不在同一台机器或者 IP 地址不同的网页能够提供访问服务端的接口。

➤ **任务实践**

步骤 1：使用 wget 命令，下载 Node.js 的 12.14 版本，安装命令如下。

```
cd /opt
wget https://nodejs.org/dist/v12.14.0/node-v12.14.0-linux-x64.tar.gz
```

在桌面上启动终端，切换到 opt 文件夹下，执行上述命令，执行结果如图 9-1 所示。

图 9-1　执行结果

下载完成后，存放在 opt 文件夹下，文件名为 node-v12.14.0-linux- x64.tar.gz，如图 9-2 所示。

图 9-2　存放并命名文件

步骤 2：解压文件并修改文件权限，将其拥有者改为 root 用户，命令如下。

```
tar -xvf node-v12.14.0-linux-x64.tar.gz
chown -R root:root node-v12.14.0-linux-x64
```

文件解压后，存放在 opt 文件夹下的 node-v12.14.0-linux-x64 文件夹中，执行结果如图 9-3 所示。

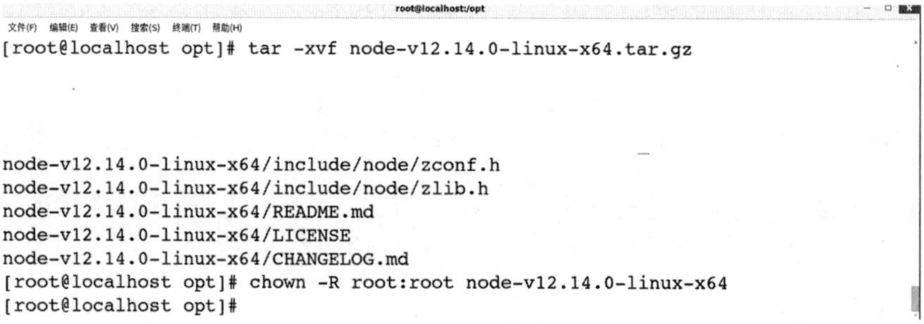

```
文件(F)  编辑(E)  查看(V)  搜索(S)  终端(T)  帮助(H)
[root@localhost opt]# tar -xvf node-v12.14.0-linux-x64.tar.gz



node-v12.14.0-linux-x64/include/node/zconf.h
node-v12.14.0-linux-x64/include/node/zlib.h
node-v12.14.0-linux-x64/README.md
node-v12.14.0-linux-x64/LICENSE
node-v12.14.0-linux-x64/CHANGELOG.md
[root@localhost opt]# chown -R root:root node-v12.14.0-linux-x64
[root@localhost opt]#
```

图 9-3　执行结果

步骤 3：为 Node 可运行程序添加软链接，将 node 和 npm 作为系统命令，以便在终端中随时可以执行 node 命令和 npm 命令，命令如下。

```
ln -s /opt/node-v12.14.0-linux-x64/bin/node /usr/local/bin/
ln -s /opt/node-v12.14.0-linux-x64/bin/npm /usr/local/bin/
```

执行完成后，可以输入查看软件版本的测试命令，确认是否安装完成。测试命令如下。

```
node -v
npm -v
```

创建软链接及测试是否安装成功的执行结果如图 9-4 所示。

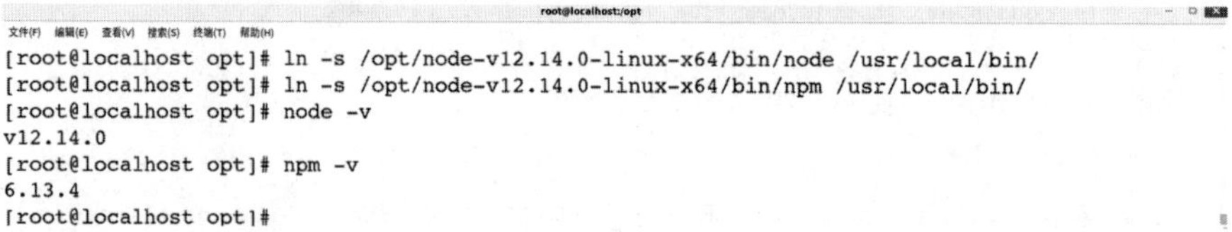

```
文件(F)  编辑(E)  查看(V)  搜索(S)  终端(T)  帮助(H)
[root@localhost opt]# ln -s /opt/node-v12.14.0-linux-x64/bin/node /usr/local/bin/
[root@localhost opt]# ln -s /opt/node-v12.14.0-linux-x64/bin/npm /usr/local/bin/
[root@localhost opt]# node -v
v12.14.0
[root@localhost opt]# npm -v
6.13.4
[root@localhost opt]#
```

图 9-4　创建软链接及测试是否安装成功的执行结果

步骤 4：创建"工资管理系统"的存放文件夹 SALM，并完成项目的初始化。在终端执行以下命令。

```
mkdir -p /opt/SALM
cd /opt/SALM
npm init
```

在初始化的过程中，如果所有的输入命令后都按了 Enter 键，则采用默认内容，初始化工资管理系统项目的执行结果如图 9-5 所示。

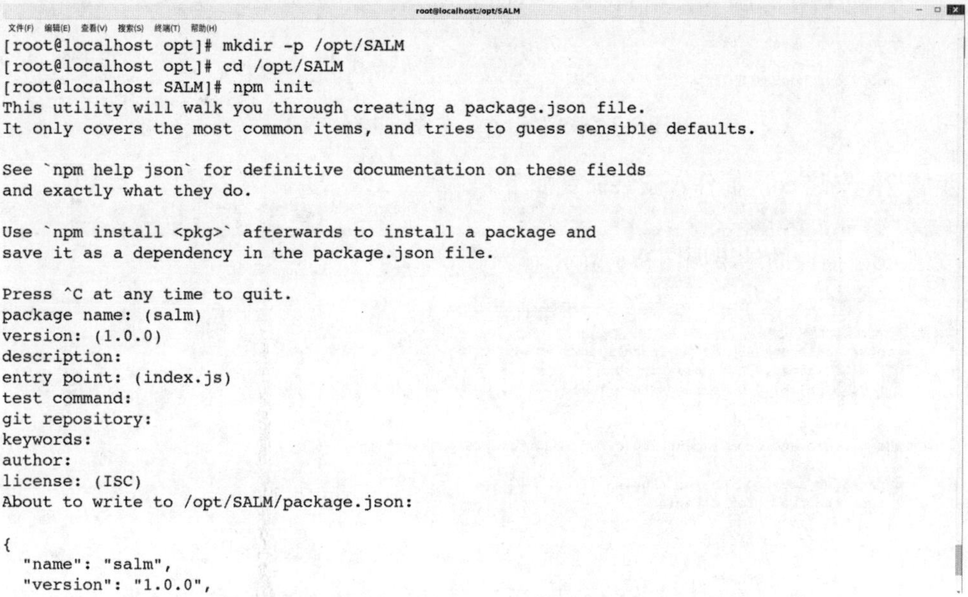

```
文件(F) 编辑(E) 查看(V) 搜索(S) 终端(T) 帮助(H)                              root@localhost:/opt/SALM          _ □ x
[root@localhost opt]# mkdir -p /opt/SALM
[root@localhost opt]# cd /opt/SALM
[root@localhost SALM]# npm init
This utility will walk you through creating a package.json file.
It only covers the most common items, and tries to guess sensible defaults.

See `npm help json` for definitive documentation on these fields
and exactly what they do.

Use `npm install <pkg>` afterwards to install a package and
save it as a dependency in the package.json file.

Press ^C at any time to quit.
package name: (salm)
version: (1.0.0)
description:
entry point: (index.js)
test command:
git repository:
keywords:
author:
license: (ISC)
About to write to /opt/SALM/package.json:

{
  "name": "salm",
  "version": "1.0.0",
```

图 9-5　初始化工资管理系统项目的执行结果

步骤 5：在/opt/SALM 目录下安装 dmdb 插件，安装命令如下。

```
cd /opt/SALM
npm install dmdb -S -D
```

安装 dmdb 插件的执行结果如图 9-6 所示。

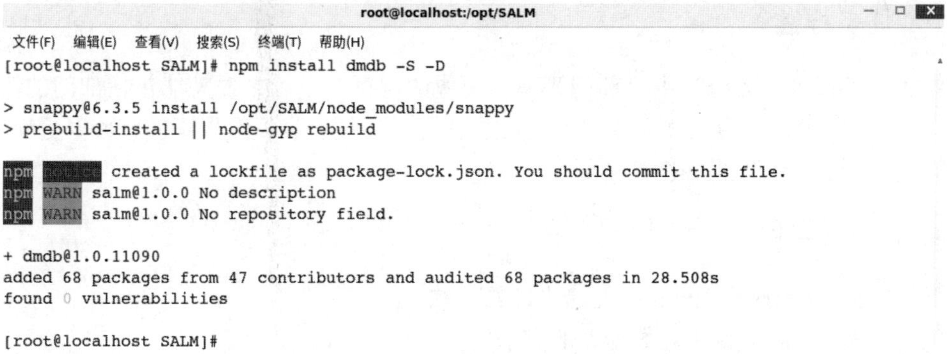

```
文件(F)  编辑(E)  查看(V)  搜索(S)  终端(T)  帮助(H)                        root@localhost:/opt/SALM          _ □ x
[root@localhost SALM]# npm install dmdb -S -D

> snappy@6.3.5 install /opt/SALM/node_modules/snappy
> prebuild-install || node-gyp rebuild

npm NOTICE created a lockfile as package-lock.json. You should commit this file.
npm WARN salm@1.0.0 No description
npm WARN salm@1.0.0 No repository field.

+ dmdb@1.0.11090
added 68 packages from 47 contributors and audited 68 packages in 28.508s
found 0 vulnerabilities

[root@localhost SALM]#
```

图 9-6　安装 dmdb 插件的执行结果

步骤 6：安装 express 插件，安装命令如下。

```
npm install express -S -D
```

安装 express 插件的执行结果如图 9-7 所示。

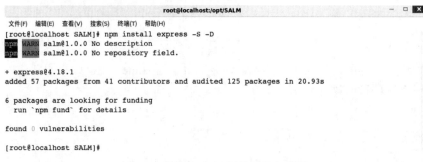

图 9-7　安装 express 插件的执行结果

步骤 7：安装 cors 插件，安装命令如下。

```
npm install cors -S -D
```

安装 cors 插件的结果如图 9-8 所示。

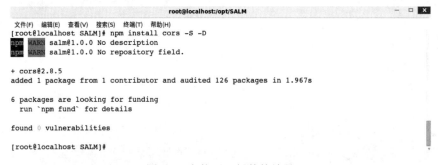

图 9-8　安装 cors 插件的结果

 任务 9.2　部门管理

➢ 任务描述

完成"工资管理系统"中"部门管理"模块的网页开发，主要功能包括部门的添加、删除、修改和查询，实现"工资管理系统数据库"的数据查询、数据添加、数据更新功能。部门管理页面的最终效果如图 9-9 所示。

➢ 任务目标

（1）掌握 Node.js 和 Express 创建接口的方法。
（2）掌握 dmdb 插件访问数据库的方法。
（3）掌握 Node.js 完成达梦数据库的查询、增加、修改、删除数据记录的方法。
（4）掌握 Ajax 技术在 Web 网页和服务端传递消息的方法。

图 9-9 部门管理页面的最终效果

➢ 任务实践

1. 创建服务端应用程序，使其能够查询达梦数据库中"SALM"模式下 DEPT 表中的部门数据。

步骤 1：使用图形化界面进入/opt/SALM 文件夹下，在窗口空白处右击，在弹出的快捷菜单中选择"新建"→"文本文档"选项，如图 9-10 所示。

图 9-10 新建文本文档

步骤 2：将新建的文本文档命名为 server.js。在 server.js 文件上右击，在弹出的快捷菜单中选择"打开"选项，使用记事本工具打开该文件，如图 9-11 所示。

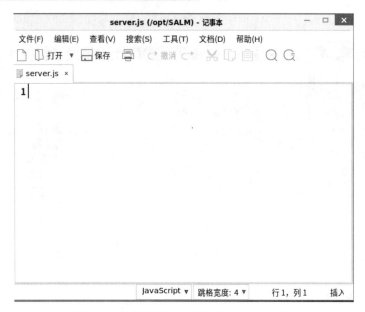

图 9-11　使用记事本工具打开 server.js 文件

步骤 3：在 server.js 文件中输入下列代码，用于解决网站跨域访问的问题，创建数据库连接及连接池。

【代码 9-1】（源码详见 SALM/src/server.js）

```
1    const express = require('express')//引入express插件
2    const app = express()
3    const port = 3000; //服务端使用的端口号为3000
4    const cors = require('cors'); //解决跨域问题
5    const db = require('dmdb'); //引入DM数据库dmdb包
6
7    //解决跨域问题
8    app.use(cors());
9
10   //创建服务端应用，监听存放在port变量中的端口号
11   app.listen(port, () => {
12     console.log(`Example app listening on port ${port}`)
13   })
14
15   var pool, conn; //连接池，连接
16
17   //创建连接池
18   async function createPool() {
19     try {
20       return db.createPool({
21         connectString:
     "dm://SYSDBA:Dameng123@localhost:5236?autoCommit=true",
22         pollMax: 10,
23         poolMin: 1
24       })
```

```
25      } catch (err) {
26        throw new Error('createPoll error: ' + err.message);
27      }
28    }
29    //获取数据库连接
30    async function getConnection() {
31      try {
32        return pool.getConnection(); //从指定连接池中获取连接，返回promise对象
33      } catch (err) {
34        console.log('getConnection error: ' + err.message);
35      }
36    }
```

步骤 4：继续在 server.js 文件中编写查询全部部门信息的模块代码，访问该模块的链接为 http://localhost:3000/api/getAllDept。每个公司可能包含几十个部门，如果将几十张页面显示在一张 Web 页面中，一次查询返回全部的部门信息，那么存在以下两个问题。

（1）查询数据使用时间较长，进入页面需要等待。

（2）页面太长，不利于阅读。

为解决以上两个问题，在设计查询模块时使用分页查询技术，即一次查询一页的内容（一般每页显示 10 条数据记录），用户可以指定当前页码和每页应该显示的数据条数。代码如下。

【代码 9-2】（源码详见 SALM/src/server.js）

```
1    /*创建路由，Web网页可以通过http://localhost:3000/api/getAllDept获取全部部门
     数据*/
2    app.get('/api/getAllDept', async (req, res) => {
3      //接口为分页接口，需要接收要查询的页码及每页包含的条目数
4      let pageNum = req.query.page_num; //接收请求参数page_num获取当前查询页码
5      let pageSize = req.query.page_size; //接收请求参数page_size获取每页条目数
6      let startNo = pageNum * pageSize; //计算当前页需要从第几条数据开始查询
7      let allCount = 0; //记录DEPT表包含的数据总数量
8      var allStr = 'select * from SALM.DEPT'; //查询DEPT表所有的数据，用来做页
     面的分页组件
9      var str = 'select * from SALM.DEPT limit :startNo, :pageSize'; //DMSQL,
     使用limit关键字查询指定开始查询记录，即startNo变量中记录的数值，获取内容的条数，
     即pageSize中存储的数值
10     try {
11       pool = await createPool(); //获取连接池
12       conn = await getConnection(); //获取连接
13       var re = await conn.execute(str,
14         {startNo:{val:startNo}, pageSize:{val: pageSize}},
15         { resultSet: true }); //执行查询指定页的数据，将结果以resultSet的格式返回
16       //处理返回的部门信息
17       var result = await re.resultSet.getRows(10); //每次获取10行数据
18       //获取部门总数
19       allCount = await conn.execute(allStr, [], {resultSet: true});//执行
     查询指定页的数据，将结果以resultSet的格式返回
20       allCount = await allCount.resultSet.getRowCount(); //获取查询记录的数
```

目，即工资管理系统中的部门数量

```
21        //将处理部门信息，存放在returnResult的data中，按照json格式存储
22        var data = [];
23        result.forEach(deptItem => {
24          if(deptItem && deptItem.length == 3){
25            var dept = {
26              deptId: deptItem[0], //部门编号
27              deptName: deptItem[1], //部门名称
28              deptLoc: deptItem[2] //部门地址
29            }
30            data.push(dept);
31          }
32        });
33        //整理返回给Web请求的结果集
34        var returnResult = {
35          pageNum: pageNum, //当前页面
36          data: data, //当前页需要展示的10条部门数据
37          length: allCount //工资管理系统部门总数，用于分页
38        }
39        res.json(returnResult);
40      } catch (err) {
41        throw new Error('execute DMSQL error: ' + err.message);
42      } finally {
43        try {
44          await conn.close(); //关闭连接
45          await pool.close(); //关闭连接池
46        } catch (err) {
47          console.log('close connection error: ' + err.message);
48        }
49      }
50    });
```

步骤 5：保存 server.js 文件。在终端中使用 node 命令，执行 server.js 文件，命令如下。

```
cd /opt/SALM/
node server.js
```

启动服务端程序的执行结果如图 9-12 所示。

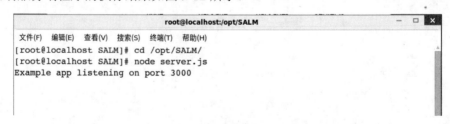

图 9-12　启动服务端程序的执行结果

步骤 6：测试接口是否可用。测试方法为打开浏览器，在浏览器地址栏中输入下列地址 "http://localhost:3000/api/getAllDept?page_num=0&page_size=10"。其中，page_num 表示当前查询的页码；page_size 表示每页包含 10 条数据。浏览器接收到返回数据，使用

浏览器访问接口成功的显示结果如图 9-13 所示。

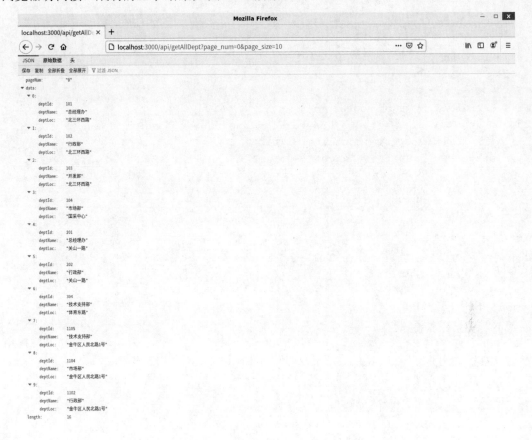

图 9-13　使用浏览器访问接口成功的显示结果

步骤 7：编写部门管理页面的 Web 网页。创建文件夹/opt/SALM/src/html，用来存放 Web 网页。在 html 文件夹下创建 deptMan.html 文件，该文件为部门管理页面的 HTML 文件，可以使用记事本工具打开文件 deptMan.html，输入以下代码并保存。

【代码 9-3】（源码详见 SALM/src/html/deptMan.html）

```
1    <!DOCTYPE html>
2    <html lang="en">
3    <head>
4      <!-- 部门管理页面 -->
5      <meta charset="UTF-8">
6      <meta http-equiv="X-UA-Compatible" content="IE=edge">
7      <meta name="viewport" content="width=device-width,
     initial-scale=1.0">
8      <link rel="shortcut icon" href="../img/logo.ico" />
9      <title>工资管理系统</title>
10     <!-- bootstrap css -->
11     <link rel="stylesheet"
     href="../bootstrap-3.4.1-dist/css/bootstrap.min.css" />
12     <link rel="stylesheet" href="../css/common.css" />
13     <!-- jquery , bootstrap需要依赖jquery-->
```

```
14      <script src="../lib/jquery-3.6.0.min.js"></script>
15      <!-- bootstrap js -->
16      <script src="../bootstrap-3.4.1-dist/js/bootstrap.min.js"></script>
17
18   </head>
19
20   <body>
21    <div id="dept_container">
22      <nav class="navbar navbar-inverse navbar-fixed-top">
23        <div class="container-fluid">
24          <div class="navbar-header">
25            <a class="navbar-brand" href="#">工资管理系统</a>
26          </div>
27          <div id="navbar" class="navbar-collapse collapse">
28            <ul class="nav navbar-nav navbar-right">
29              <li><a href="#"><span class="glyphicon glyphicon-user"
30                   aria-hidden="true"></span><span>个人中心
     </span></a></li>
31            </ul>
32
33          </div>
34        </div>
35      </nav>
36      <div class="container-fluid">
37        <div class="row">
38          <!-- 左侧菜单栏 -->
39          <div class="col-sm-3 col-md-2 sidebar">
40            <ul class="nav nav-sidebar">
41              <li><a href="index.html">员工管理 <span
     class="sr-only">(current)</span></a></li>
42              <li class="active"><a href="">部门管理</a></li>
43              <li><a href="#">岗位管理</a></li>
44              <li><a href="#">薪资等级管理</a></li>
45              <li><a href="#">工资查询</a></li>
46            </ul>
47          </div>
48          <div class="col-sm-9 col-sm-offset-3 col-md-10 col-md-offset-2
     main">
49            <h1>部门管理</h1>
50            <div class="row" style="line-height: 50px;">
51              <div class="col-lg-4">
52                <label>部门编号: </label><input type="text"
     style="line-height: 24px;" v-model="searchId" />
53              </div>
54              <div class="col-lg-4">
55                <label>部门名称: </label><input type="text"
     style="line-height: 24px;" v-model="searchName" />
56              </div>
57              <div class="col-lg-4">
```

```
58                    <button class="btn btn-primary" @click="search()">查询
       </button>
59                    <button class="btn btn-success" @click="addDept()">新增
       </button>
60                 </div>
61              </div>
62              <div class="">
63                 <!-- 部门信息列表 -->
64                 <table class="table table-bordered table-hover">
65                    <thead>
66                      <tr>
67                        <th>部门编号</th>
68                        <th>部门名称</th>
69                        <th>部门地址</th>
70                        <th>操作</th>
71                      </tr>
72                    </thead>
73                    <tbody>
74                      <!-- 使用Vue.js的v-for指令循环生成表格条目 -->
75                      <tr v-for="item in tableData">
76                        <td>{{ item.deptId }}</td>
77                        <td>{{item.deptName}}</td>
78                        <td>{{item.deptLoc}}</td>
79                        <td>
80                          <button type="button" class="btn btn-primary"
81                            v-on:click="edit(item.deptId)">编辑</button>
82                          <button type="button" class="btn btn-danger"
83                            v-on:click="remove(item.deptId)">删除</button>
84                        </td>
85                      </tr>
86                    </tbody>
87                 </table>
88                 <!-- 表格下方的分页栏目 -->
89                 <nav aria-label="...">
90                    <ul class="pagination">
91                      <li @click="prevPage()" v-bind:class="{'disabled':
       currentPage == 0}">
92                          <a href="#" aria-label="Previous"><span
       aria-hidden="true">&laquo;</span></a>
93                      </li>
94                      <li v-for="(item,index) in pageLength"
       v-bind:class="{'active': index==currentPage}"
95                        @click="getPage(index)">
96                          <a href="#">{{item}}</a>
97                      </li>
98                      <li v-bind:class="{'disabled': currentPage == pageLength
       - 1}">
99                          <a href="#" aria-label="Next" @click="nextPage()">
100                           <span aria-hidden="true">&raquo;</span>
```

```
101              </a>
102            </li>
103          </ul>
104        </nav>
105      </div>
106    </div>
107  </div>
108 </div>
109 <!-- 编辑和新增部门时显示的弹窗,编辑状态包含当前部门的数据且部门编号不能修改 -->
110 <div class="modal fade" id="myModal" tabindex="-1" role="dialog"
    aria-labelledby="myModalLabel"
111     aria-hidden="true">
112   <div class="modal-dialog">
113     <div class="modal-content">
114       <div class="modal-header">
115         <button type="button" class="close" data-dismis="modal"
    aria-hidden="true"
116             v-on:click="closeDia()">x</button>
117         <h4 class="modal-title">部门信息</h4> <!-- 弹窗的标题 -->
118       </div>
119       <div class="modal-body">
120         <div>
121           <label>部门编号: </label>
122           <input type="text" class="form-control"
    v-model="newDept.id" :disabled="deptNoDisabled"
123               placeholder="输入部门编号" />
124         </div>
125         <div>
126           <label>部门名称: </label>
127           <input type="text" class="form-control"
    v-model="newDept.name" placeholder="输入部门名称" />
128         </div>
129         <div>
130           <label>部门地址: </label>
131           <input type="text" class="form-control"
    v-model="newDept.loc" placeholder="请输入部门地址" />
132         </div>
133       </div>
134       <div class="modal-footer">
135         <button type="button" class="btn btn-default"
    data-dismis="modal"
136             v-on:click="closeDia()">关闭</button>
137         <button type="button" class="btn btn-primary"
    v-on:click="saveDept()">保存</button>
138       </div>
139     </div>
140   </div>
141 </div>
142 </div>
```

```
143
144    </body>
145    <!-- 引入vue -->
146    <script src="../lib/vue.min.js"></script>
147    <!-- 引入deptMan对应的js文件,用于向服务端请求数据并展示在html页面上 -->
148    <script src="../js/deptMan.js"></script>
149
150    </html>
```

在 deptMan.html 文件上单击鼠标右键,选择使用浏览器打开,运行效果如图 9-14 所示。

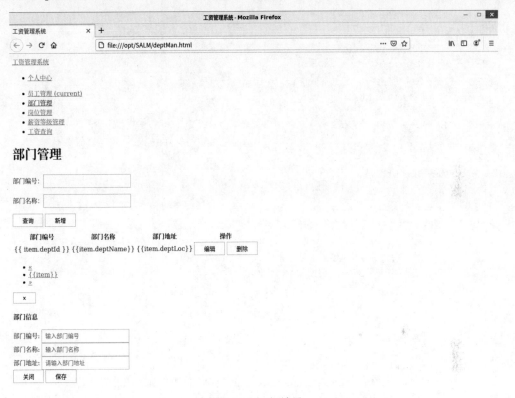

图 9-14　运行效果

步骤 8:准备项目使用的库文件包含 CSS 和 JavaScript 两种库文件。其中 CSS 主要使用 Bootstrap,可以从其官网下载 bootstrap-3.4.1-dist,将其解压之后存放在/opt/SALM/src 文件夹下;JavaScript 主要使用 jQuery 和 Vue.js,分别从官网下载 jquery.3.6.0.min.js 及 Vue.js 的 2.6.14 版本的 vue.min.js,将以上两个库文件存放在/opt/SALM/src/lib 下。

步骤 9:编写部门管理页面使用的 JavaScript 文件,在/opt/SALM/src/js 文件夹下创建文件 deptMan.js。该文件用来完成从服务端获取数据查询到的部门数据,传递给 deptMan.html 页面并展示(在【代码 9-3】第 148 行引入 deptMan.js)。deptMan.js 文件代码如下。

【代码 9-4】(源码详见 SALM/src/js/deptMan.js)

```
1    //部门管理
2    var vm = new Vue({
3      el: '#dept_container',
4      data: {
```

```
5      getUrl: 'http://localhost:3000/api/getAllDept', //查询全部部门信息的查
询接口链接
6      tableData: [], //存放部门信息数据
7      pageLength: 0, //符合查询条件的数据一共多少页
8      currentPage: 0, //当前页码
9      newDept: { //设置用来存放新增部门的数据
10        id: '',
11        name: '',
12        loc: ''
13      },
14      page_size: 10,
15      searchId: '',
16      searchName: '',
17      deptNoDisabled: false,
18      saveType: 1 //1为更新，2为新增
19    },
20    created: function(){
21      this.getTableData();
22    },
23    methods:{
24      //获取部门数据
25      getTableData: function(){
26        var that = this;
27        $.ajax({
28          type: 'get',
29          dataType: 'json',
30          contentType: 'application/json',
31          url: that.getUrl,
32          data: {
33            page_num: that.currentPage,
34            page_size: 10
35          },
36          success:function(json){
37            that.tableData = json.data; //存储查询到的部门信息
38            that.pageLength = Math.ceil(json.length / 10) ; //将返回数据存储
在组件的data中
39          },
40          error: function(err){
41            console.log(err);
42          }
43        })
44      },
45      getPage: function(pageNum){ //翻页，响应分页组件上页码上的单击事件
46        this.currentPage = pageNum; //设置当前页面的页码
47        this.getTableData(); //根据当前页面的页码，重新查询页面应该展示的部门信息
48
49      },
50      prevPage: function(){ //上一页，响应分页组件上 "<<" 的单击事件
51        this.currentPage -= 1; //向前翻页的页码为当前页-1
52        if(this.currentPage < 0) { //容错处理，页码不能小于0
53          this.currentPage = 0;
```

```
54            }
55            this.getTableData();//根据当前页面的页码,重新查询页面应该展示的部门信息
56        },
57        nextPage: function(){ //下一页,响应分页组件上">>"的单击事件
58            this.currentPage += 1;//向后翻页的页码为当前页+1
59            if(this.currentPage >= this.pageLength) { //容错处理,页码不能大于最
大页码
60                this.currentPage = this.pageLength - 1;
61            }
62            this.getTableData();//根据当前页面的页码,重新查询页面应该展示的部门信息
63        }
64    }
65    })
```

代码说明:第 25~44 行是从服务端获取的全部部门数据,通过使用 Ajax 技术访问链接(http://localhost:3000/api/getAllDept?page_num=0&page_size=10)获得部门全部数据,通过 Vue.js 的动态绑定技术将其展示到部门管理页面中。

此时在浏览器中打开部门管理页面(file:///opt/SALM/src/html/deptMan.html),添加部分样式及获取服务器端数据后的部门管理页面如图 9-15 所示。

图 9-15 添加部分样式及获取服务器端数据后的部门管理页面

步骤 10:对页面样式做最后的调整,让其更加美观。创建文件夹/opt/SALM/src/css,在该文件夹下创建文件 common.css。common.css 文件代码如下。

【代码 9-5】(源码详见 SALM/src/css/common.css)

```
1    body {
2        padding-top: 50px;
3    }
```

```
4
5        .navbar-fixed-top {
6         border: 0;
7        }
8        .sidebar {
9         display: none;
10       }
11      @media (min-width: 768px) {
12       .sidebar {
13        position: fixed;
14        top: 51px;
15        bottom: 0;
16        left: 0;
17        z-index: 1000;
18        display: block;
19        padding: 20px;
20        overflow-x: hidden;
21        overflow-y: auto;
22        background-color: #f5f5f5;
23        border-right: 1px solid #eee;
24       }
25      }
26
27      .nav-sidebar {
28       margin-right: -21px; /* 20px padding + 1px border */
29       margin-bottom: 20px;
30       margin-left: -20px;
31      }
32      .nav-sidebar > li > a {
33       padding-right: 20px;
34       padding-left: 20px;
35      }
36      .nav-sidebar > .active > a,
37      .nav-sidebar > .active > a:hover,
38      .nav-sidebar > .active > a:focus {
39       color: #fff;
40       background-color: #428bca;
41      }
42      .main {
43       padding: 20px;
44      }
45      @media (min-width: 768px) {
46       .main {
47        padding-right: 40px;
48        padding-left: 40px;
49       }
50      }
```

```
51      .main .page-header {
52        margin-top: 0;
53      }
```

此时，部门管理页面的查询部门信息记录的功能已经完成。用浏览器再次打开或刷新页面（file:///opt/SALM/src/html/deptMan.html），部门管理页面的显示结果如图 9-16 所示。

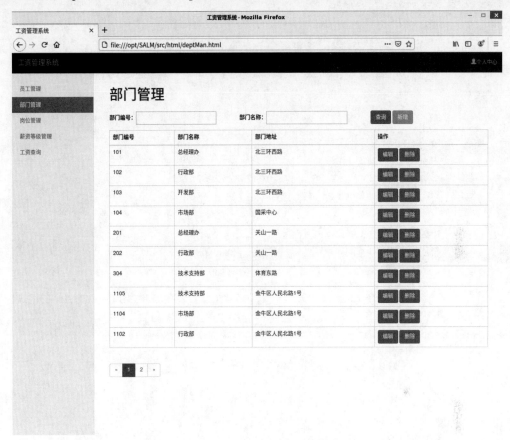

图 9-16　部门管理页面的显示结果

步骤 11：单击部门列表下方的分页组件，如单击下面的"2"，可以查看下一页的列表信息。

2. 完成部门管理中根据部门编号、部门名称来查询的功能。该模块使用 Node.js 访问达梦数据库的"工资管理系统"数据库，根据条件查询数据表 SALM.DEPT 中的数据记录。

步骤 1：如果定义链接"http://localhost:3000/api/searchDept"为根据条件查询数据表 SALM.DEPT 中数据记录的路由，那么需要在/opt/SALM/src/server.js 文件中继续添加如下代码。

【代码 9-6】（源码详见 SALM/src/server.js）

```
1    //创建路由，根据部门编号和部门名称获取符合条件的部门数据
2    app.get('/api/searchDept', async (req, res) => {
3        const pageNum = req.query.page_num; //接收请求参数page_num获取当前查询
     页码
4        const pageSize = req.query.page_size; //接收请求参数page_size获取每页
```

```
          条目数
5         const deptId = req.query.deptId; //接收请求参数deptId获取部门编号
6         const deptName = req.query.deptName; //接收请求参数deptName获取部门名称
7         var str = 'select * from SALM.DEPT where dname like :deptName '; //
      根据部门名称模糊查询
8      if(deptId){
9        str += 'and deptno = :deptId '; //根据部门ID精确查询
10     }
11     var countStr = str;
12     str += 'limit :startNo, :pageSize';
13     let startNo = pageNum * pageSize;
14     let allCount = 0; //记录总页数
15
16     try {
17       pool = await createPool(); //获取连接池
18       conn = await getConnection();//获取连接
19       var re = await conn.execute(str,
20         {startNo:{val:startNo},
21         pageSize:{val: pageSize},
22         deptId: {val: deptId},
23         deptName: {val: deptName}
24         },
25         { resultSet: true }); //获取满足条件的记录,将结果以resultSet的格式返回
26
27       var result = await re.resultSet.getRows(10);
28       //获取部门总数
29        //处理获取的结果
30       allCount = await conn.execute(str,
31         {startNo:{val:startNo},
32         pageSize:{val: pageSize},
33         deptId: {val: deptId},
34         deptName: {val: deptName}
35         },
36         { resultSet: true }); //执行查询指定页的数据,将结果以resultSet的格式
      返回
37       allCount = await allCount.resultSet.getRowCount(); //获取查询到的
38       //将员工信息存放在returnResult的data中,按照json格式存储
39       var data = [];
40       result.forEach(deptItem => {
41         if(deptItem && deptItem.length == 3){
42           var dept = {
43             deptId: deptItem[0], //部门编号
44             deptName: deptItem[1], //部门名称
45             deptLoc: deptItem[2] //部门地址
46           }
47           data.push(dept);
48         }
```

```
49          });
50          //整理返回结果集
51          var returnResult = {
52            pageNum: pageNum, //页码
53            data: data,
54            length: allCount  //部门总数，用户分页
55          }
56          console.log(returnResult);
57          res.json(returnResult);
58        } catch (err) {
59          throw new Error('execute DMSQL error: ' + err.message);
60        } finally {
61          try {
62            await conn.close(); //关闭连接
63            await pool.close();//获取连接
64          } catch (err) {
65            console.log('close connection error: ' + err.message);
66          }
67        }
68      });
```

步骤 2：修改 server.js 文件后，需要重启 node 服务，新添加的接口才会生效。方法是在启动 node server.js 的终端中，按 "Ctrl+C" 组合键，退出应用程序。之后再次输入 "node server.js" 命令，按回车键即可，重启 node 服务操作如图 9-17 所示。

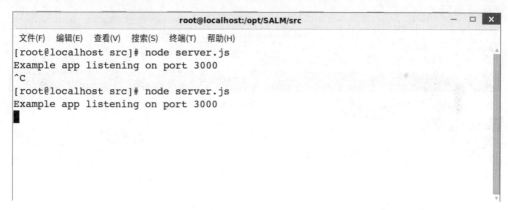

图 9-17　重启 node 服务操作

步骤 3：在/opt/SALM/src/js/deptMan.js 文件中添加部门管理页面 "查询" 按钮的响应，在/opt/SALM/src/html/deptMan.html 文件中为 "查询" 按钮绑定了单击事件的处理函数 "search"，因此需要在/opt/SALM/src/js/deptMan.js 文件中添加 "search" 函数，vm.methods 方法中的 nextPage 方法（【代码 9-4】中的第 63 行）后。"search" 函数的代码如下。

【代码 9-7】（源码详见 SALM/src/js/deptMan.js）

```
1      ,search: function(){
2          //根据部门编号和部门名称查找符合条件的部门信息
3          var that = this;
4          $.ajax({
```

```
5          type: 'get',
6          dataType: 'json',
7          contentType: 'application/json',
8          url: 'http://localhost:3000/api/searchDept', //根据条件查询部门信
   息的服务器链接
9          data: {
10         deptId: that.searchId,
11         deptName: '%'+ that. searchName+ '%', //部门名称，数据库中对字符串模
   糊匹配可以使用%
12         page_size: that.page_size,
13         page_num: that.currentPage
14         },
15         success:function(json){
16           that.tableData = json.data;
17           that.pageLength = Math.ceil(json.length / 10) ;
18         },
19         error: function(err){
20           console.log(err);
21         }
22       })
23     }
```

步骤 4：在图 9-16 的部门管理页面的"部门编号"中输入部门编号，如"101"，单击"查询"按钮后进行精确查询，查询部门编号为 101 的部门信息，如图 9-18 所示。若不存在记录，则列表内容为空。

图 9-18 根据部门编号精确查询部门信息

步骤 5：在如图 9-16 所示的部门管理页面的"部门名称"中输入部门名称，如"总经理"，单击"查询"按钮，进行模糊查询，查询到部门名称中包含"总经理"字样的部门信息，如图 9-19 所示。按照部门编号和部门名称查询的功能已经完成。

图 9-19　根据部门名称模糊查询部门信息

3. 完成部门管理中新增部门的功能。该模块使用 Node.js 访问达梦数据库的"工资管理系统"数据库，在数据表 SALM.DEPT 中增加数据记录。

步骤 1：如果定义链接"http://localhost:3000/api/addDept"为向数据表 SALM.DEPT 中新增数据记录的路由，那么需要接收从 Web 网页传入的部门编号、部门名称、部门地址信息，在/opt/SALM/src/server.js 文件中继续添加如下代码。

【代码 9-8】（源码详见 SALM/src/server.js）

```
1    //创建路由信息，新增部门数据
2    app.get('/api/addDept', async (req, res) => {
3      const deptId = req.query.deptId; //接收请求参数deptId部门获取编号
4      const deptName = req.query.deptName; //接收请求参数deptName获取部门名称
5      const deptLoc = req.query.deptLoc; //接收请求参数deptLoc获取部门地址
6     var str = 'insert into SALM.DEPT values(:deptId, :deptName, :deptLoc);';
     //新增部门信息
7      try {
8        pool = await createPool(); //创建连接池
9        conn = await getConnection(); //创建连接
10       var re = await conn.execute(str,
11         {deptId:{val:deptId}, deptName:{val: deptName},
     deptLoc:{val:deptLoc}},
12         { resultSet: true }); //执行新增数据的DMSQL语句
13       //整理返回结果集
14       var returnResult = {
15        code: '200' //执行成功
16       }
17       res.json(returnResult);
18     } catch (err) {
19       //整理返回结果集
20       var returnResult = {
21         code: '-1', //执行失败
22         message: err.message //错误信息
23       }
```

```
24        res.json(returnResult);
25        throw new Error('execute DMSQL error: ' + err.message);
26      } finally {
27      try {
28        await conn.close(); //关闭连接
29        await pool.close();//关闭连接池
30      } catch (err) {
31        console.log('close connection error: ' + err.message);
32      }
33    }
34  })
```

步骤 2：修改了 server.js 文件后，需要重启 node 服务。

步骤 3：在/opt/SALM/src/js/deptMan.js 文件中添加部门管理页面"新增"按钮的响应，在/opt/SALM/src/html/deptMan.html 文件中为"新增"按钮绑定了单击事件的处理函数"addDept"，该方法首先会展示在填写部门信息的弹窗上，并完成存放部门信息的已声明对象 newDept 的初始化，将 id、name、loc 均设置为空。由于新增部门和修改部门的操作非常相似，因此两个操作共用同一个弹窗，即【代码 9-3】中第 110～141 行中间定义的弹窗。由于保存数据时新增部门数据和修改部门数据的服务端链接不同，所以在 vm.data 中定义 saveType 变量，用于区分两个不同的操作，当 saveType 值是"1"时，为部门数据更新，当 saveType 值是"2"时，为部门数据新增。

在"search"函数后新增"addDept"函数，该函数代码如下。

【代码 9-9】（源码详见 SALM/src/js/deptMan.js）

```
1   addDept: function(){ //新增部门
2     this.deptNoDisabled = false; //设置部门编号窗口可编辑
3     this.newDept.id = ''; //重置部门编号
4     this.newDept.name = '';//重置部门名称
5     this.newDept.loc = '';//重置部门地址
6     this.saveType = 2; //新增
7     //显示新增/编辑部门信息弹窗
8     $('#myModal').modal('show');
9   }
```

此时单击部门管理页面的"新增"按钮，可展示出"部门信息"的弹窗，如图 9-20 所示。

图 9-20　"部门信息"对话框

步骤 4：为"部门信息"弹窗中的"关闭"按钮设置响应，在/opt/SALM/src/html/

deptMan.html 文件中为"关闭"按钮绑定了单击事件的处理函数"closeDia"，因此在 /opt/SALM/src/js/deptMan.js 文件中定义"closeDia"函数。在"addDept"函数后添加如下代码。

【代码 9-10】（源码详见 SALM/src/js/deptMan.js）

```
1      ,closeDia: function(){ //关闭部门信息弹窗
2          //关闭编辑/新增窗口
3          $('#myModal').modal('hide');
4      }
```

此时单击"部门信息"弹窗中的"关闭"按钮或右上角的"×"按钮均可关闭该弹窗。

步骤 5：在/opt/SALM/src/js/deptMan.js 文件中定义"saveNewDept"函数，该函数将用户输入的部门信息数据通过 Ajax 技术，调用【代码 9-8】中定义的"http://localhost:3000/api/addDept"链接保存到数据库中。在"closeDia"函数后添加如下代码。

【代码 9-11】（源码详见 SALM/src/js/deptMan.js）

```
1      ,saveNewDept: function(){ //新增部门信息
2       var that = this;
3       $.ajax({
4         type: 'get',
5         dataType: 'json',
6         contentType: 'application/json',
7         url: 'http://localhost:3000/api/addDept', //新增部门信息的服务器链接
8         data: { //通过vue.js的数据绑定获得用户输入的新增部门数据
9           deptId: that.newDept.id,
10          deptName: that.newDept.name,
11          deptLoc: that.newDept.loc
12        },
13        success:function(json){
14          if(json.code == '200') {
15            //关闭部门信息弹窗
16            that.closeDia();
17            //提示用户保存成功
18            alert('保存成功');
19            //更新整个表格
20            that.getTableData();
21          } else {
22            alert('保存失败' + json.message);
23          }
24        },
25        error: function(err){
26          console.log(err);
27        }
28      });
29     }
```

步骤 6：为"部门信息"弹窗中的"保存"按钮设置响应，在/opt/SALM/src/html/deptMan.html 文件中为"保存"按钮绑定了单击事件的处理函数"saveDept"，因此在 /opt/SALM/src/js/deptMan.js 文件中定义"saveDept"函数。在"saveNewDept"函数后添加

如下代码。

【代码 9-12】（源码详见 SALM/src/js/deptMan.js）

```
1        ,saveDept: function(){
2            //保存部门信息
3            var that = this;
4            $('#myModal').modal('hide'); //隐藏部门信息弹窗
5            //判断数据是否合法
6            if(!(this.newDept.id)) {
7                alert('请输入部门编号');
8                return ;
9            }
10           //判断数据是否合法
11           if(!(this.newDept.name.length > 0)) {
12               alert('请输入部门名称');
13               return ;
14           }
15           //判断数据是否合法
16           if(!(this.newDept.loc.length > 0)) {
17               alert('请输入部门地址');
18               return ;
19           }
20           //根据操作类型选择"新增部门"或"更新部门信息"
21           if(that.saveType == 2) { //新增部门
22               that.saveNewDept(); //调用新增部门方法
23           } else {
24               //TODO: 等待编写更新部门信息的代码
25           }
26       }
```

此时新增部门信息已经完成。在如图 9-20 所示的窗口中输入部门编号、部门名称和部门地址，然后单击"保存"按钮，新增部门成功，如图 9-21 所示。

图 9-21　新增部门成功

4. 完成部门管理中修改部门信息的功能。该模块使用 Node.js 访问达梦数据库的"工资管理系统"数据库，修改数据表 SALM.DEPT 中的数据记录。

步骤 1：如果定义链接"http://localhost:3000/api/updateDept"为更新数据表 SALM.DEPT 中数据记录的路由，那么需要接收从 Web 网页传入的部门编号、部门名称、部门地址信息。在/opt/SALM/src/server.js 文件中继续添加如下代码。

【代码 9-13】（源码详见 SALM/src/server.js）

```
1   //创建路由信息，更新部门信息
2   app.get('/api/updateDept', async (req, res) => {
3     const deptId = req.query.deptId; //接收请求参数deptId获取部门编号
4     const deptName = req.query.deptName; //接收请求参数deptName获取部门名称
5     const deptLoc = req.query.deptLoc; //接收请求参数deptLoc获取部门地址
6     var str = 'update SALM.DEPT set DNAME=:deptName,location=:deptLoc where
    DEPTNO =:deptId;'; //根据部门ID更新部门数据的DMSQL
7     try {
8       pool = await createPool(); //创建连接池
9       conn = await getConnection(); //创建连接
10      var re = await conn.execute(str,
11        {deptId:{val:deptId}, deptName:{val: deptName},
    deptLoc:{val:deptLoc}},
12        { resultSet: true }); //执行新增数据的DMSQL语句
13        //整理返回结果集
14        var returnResult = {
15          code: '200' //执行成功
16        }
17      res.json(returnResult);
18    } catch (err) {
19      //整理返回结果集
20      var returnResult = {
21        code: '-1', //执行失败
22        message: err.message //错误信息
23      }
24      res.json(returnResult);
25      throw new Error('execute DMSQL error: ' + err.message);
26    } finally {
27      try {
28        await conn.close(); //关闭连接
29        await pool.close();//关闭连接池
30      } catch (err) {
31        console.log('close connection error: ' + err.message);
32      }
33    }
34  });
```

步骤 2：修改 server.js 文件后，需要重启 node 服务。

步骤 3：修改部门信息的操作是通过单击部门管理页面中展示部门记录的表格最后一列中的"编辑"按钮实现的。该按钮绑定了单击事件的处理函数"edit"，该方法把接收部

门编号作为参数，将被选中的部门信息填写在部门信息弹窗对应的位置，并将部门编号输入框设置为不可编辑，之后显示"部门信息"弹窗，然后在/opt/SALM/src/js/deptMan.js 文件中的"saveDept"函数后添加"edit"函数，代码如下。

【代码 9-14】（源码详见 SALM/src/js/deptMan.js）

```
1      ,edit: function(deptId){
2          //编辑部门信息
3          var that = this;
4          this.saveType = 1; //设置标记位，当前操作为修改
5          //获取部门的信息
6          this.tableData.forEach(dept => {
7            if(dept.deptId == deptId){  //通过数据绑定将原部门信息数据展示到页面上
8              that.newDept.id = deptId,
9              that.newDept.name = dept.deptName,
10             that.newDept.loc = dept.deptLoc
11           }
12         });
13         //通过vue.js的数据绑定将部门编号输入框设置为不可编辑
14         this.deptNoDisabled = true;
15         //显示编辑窗口
16         $('#myModal').modal('show');
17       }
```

此时，单击"编辑"按钮，修改部门信息的显示结果如图 9-22 所示。

图 9-22　修改部门信息的显示结果

步骤 4：在/opt/SALM/src/js/deptMan.js 文件中定义"saveNewDept"函数，该函数将用户输入的部门信息数据通过 Ajax 技术，调用【代码 9-8】中定义的"http://localhost:3000/api/addDept"链接并保存到数据库中。在"closeDia"函数后添加如下代码。

【代码 9-15】（源码详见 SALM/src/js/deptMan.js）

```
1      ,updateDept(){  //更新部门信息数据
2        var that = this;
3        $.ajax({
4          type: 'get',
5          dataType: 'json',
6          contentType: 'application/json',
7          url: 'http://localhost:3000/api/updateDept',  //更新部门信息的服务器
```

```
        链接
8                 data: { //通过vue.js的数据绑定获得用户输入的部门数据
9                   deptId: that.newDept.id,
10                  deptName: that.newDept.name,
11                  deptLoc: that.newDept.loc
12                },
13                success:function(json){
14                  if(json.code == '200') {
15                    //关闭部门信息弹窗
16                    that.closeDia();
17                    //提示用户保存成功
18                    alert('更新成功');
19                    //更新当前表中被修改的数据
20                    for(var index = 0; index < that.tableData.length; index ++){
21                      var temp = that.tableData[index];
22                      if(temp.deptId == that.newDept.id) {
23                        that.tableData[index].deptName = that.newDept.name;
24                        that.tableData[index].deptLoc = that.newDept.loc;
25                      }
26                    }
27                  } else {
28                    alert('保存失败' + json.message);
29                  }
30                },
31                error: function(err){
32                  console.log(err);
33                }
34              });
35            }
36          }
```

步骤 5：修改/opt/SALM/src/js/deptMan.js 文件中的"saveDept"函数，在【代码 9-12】的第 24 行后添加更新代码的方法调用，代码如下。

【代码 9-16】（源码详见 SALM/src/js/deptMan.js）

```
1     that.updateDept(); //更新部门信息
```

此时更新部门信息功能已经完成，在图 9-23 的部门信息弹窗中编辑部门名称及部门地址信息后，单击"保存"按钮，即可完成部门数据的保存。

5. 完成部门管理中删除部门信息功能。该模块使用 Node.js 访问达梦数据库的"工资管理系统数据库"，删除数据表 SALM.DEPT 中的数据记录。

步骤 1：如果定义链接"http://localhost:3000/api/deleteDept"是通过部门编号删除数据表 SALM.DEPT 中数据记录的路由，那么需要接收从 Web 网页传入的部门编号。在/opt/SALM/src/server.js 文件中继续添加如下代码。

【代码 9-17】（源码详见 SALM/src/server.js）

```
1     //根据部门编号删除部门
2     app.get('/api/deleteDept', async(req, res)=> {
3       var str = 'delete from SALM.DEPT where deptno=:deptId;commit;';
4       const deptId = req.query.deptId; //部门编号
5       try {
```

图 9-23　更新部门信息成功

```
6        pool = await createPool();
7        conn = await getConnection();
8
9      var re = await conn.execute(str,
10        {deptId:{val:deptId}},
11        { resultSet: true }); //执行删除语句
12       //整理返回结果集
13       var returnResult = {
14        code: '200' //执行成功
15        }
16      res.json(returnResult);
17    } catch (err) {
18      //整理返回结果集
19      var returnResult = {
20        code: '-1', //执行失败
21        message: err.message //错误信息
22        }
23      res.json(returnResult);
24      throw new Error('execute DMSQL error: ' + err.message);
25    } finally {
26      try {
27        await conn.close(); //关闭连接
28        await pool.close();//关闭连接池
29      } catch (err) {
30        console.log('close connection error: ' + err.message);
31      }
32    }
33    })
```

步骤 2：修改 server.js 文件后，需要重启 node 服务。

步骤 3：删除部门信息的操作是通过单击部门管理页面中展示部门记录的表格最后一列中的"删除"按钮实现的。该按钮绑定了单击事件的处理函数"remove"，该方法把接收部门编号作为参数，将被选中的部门从数据库及当前展示页面删除。由于删除操作是不可逆的操作，所以需要二次确认，以防用户误操作。在/opt/SALM/src/js/deptMan.js 文件中的

"updateDept"函数后添加"remove"函数，代码如下。

【代码 9-18】（源码详见 SALM/src/js/deptMan.js）

```
1       remove: function(deptId){//删除部门
2         //二次确定
3         var sure = confirm('确定删除该部门?');
4         var that = this;
5         if(sure) {  //确认删除
6           $.ajax({
7             type: 'get',
8             dataType: 'json',
9             contentType: 'application/json',
10            url: 'http://localhost:3000/api/deleteDept', //删除部门信息的服务
       器链接
11            data: {
12              deptId: deptId
13            },
14            success:function(json){
15              if(json.code == '200') {
16                alert('删除成功');
17                //更新整个表格
18                that.getTableData();
19              } else {
20                alert('删除失败' + json.message);
21              }
22            },
23            error: function(err){
24              console.log(err);
25            }
26          })
27        }
28      }
```

此时删除部门信息功能已经完成，单击部门管理列表中的"删除"按钮，弹出二次确认窗口，如图 9-24 所示。若单击"确定"按钮，则将该部门从数据库中删除；若单击"取消"按钮，则保留该部门。

图 9-24　二次确认窗口

此时，部门管理页面功能已经全部实现，用户可以依据本任务举一反三，完成"工资管理系统"的其他页面及功能。

 # 项目总结

本项目介绍了如何创建"工资管理系统"的 Web 应用，依托部门管理功能，通过使用 HTML、CSS、JavaScript、Vue.js、Node.js 等技术实现，主要功能包括部门添加、查询、编辑、删除等操作，结合以上功能的学习，用户可以了解 Web 网站对达梦数据库中的数据进行查询、新增、更新和删除的原理。通过本项目的学习，用户可以了解 Web 应用中数据库所处的位置，了解数据如何在数据库和 Web 网页中进行流转。

考核评价

评价项目	评价要素及标准		分值	得分
素养目标	能够有创意的完善工资管理系统		10 分	
	能够提供团队分工方案		10 分	
技能目标	数据库	能够设计工资管理系统数据库	10 分	
	Nodejs	能够搭建开发环境	10 分	
		能够安装 dmdb 插件	8 分	
		能够连接数据库	8 分	
		能够查询数据库中员工信息	8 分	
		能够修改数据库中员工信息	8 分	
		能够新增员工信息	8 分	
	能够完成网页部门管理页面		10 分	
	能够完成工资管理系统的测试		10 分	
合计				
收获与反思	通过学习，我的收获： 通过学习，发现不足： 我还可以改进的地方：			

思考与练习

一、单选题

1. 达梦数据库为支持 Node.js 提供的插件是（　　）。
　　A．cors　　　　　　B．express　　　　　C．dmdb　　　　　　D．jQuery

2．（　　）插件能够使 Express 支持跨域功能。
　　A．cors　　　　　　B．express　　　　　C．dmdb　　　　　　D．jQuery

3. 达梦数据库使用 Node.js 插件，提供的创建连接池的方法为（　　）。
　　A．createPool()　　　　　　　　　　B．require("dmdb")
　　C．poolAttrs()　　　　　　　　　　D．getConnection()

4. 达梦数据库使用 Node.js 插件，一次读取多行 resultSet 中的数据需要使用（　　）函数。
　　A．close()　　　　B．getRow()　　　　C．getRows()　　　　D．getRowCount()

二、多选题

1. 使用 Node.js 访问达梦数据库时，下列函数中，可以读取 resultSet 对象中的数据的是（　　）。
　　A．close()　　　　B．getRow()　　　　C．getRows()　　　　D．getRowCount()

2. 使用 Node.js 访问达梦数据库时，创建连接池时连接串需要包含（　　）。
　　A．登录用户名　　　　　　　　　B．用户密码
　　C．端口号　　　　　　　　　　　D．是否自动提交事务

三、判断题

1. 达梦数据库支持使用 Node.js 访问数据库。　　　　　　　　　　（　　）
2. 使用 Node.js 可以完成达梦数据库中数据的删除操作。　　　　　（　　）
3. 使用 Node.js 创建的数据库连接不能指定事务的提交方式。　　　（　　）
4. 数据库连接使用完成之后不需要手动关闭。　　　　　　　　　　（　　）
5. 关闭数据库连接和连接池的先后顺序为先关闭连接池再关闭连接。（　　）

四、简答题

1. 阐述"工资管理系统"中的员工管理应该具备的功能。

2. 在"工资管理系统"中，删除员工的信息会存在哪些问题？为了保证数据的完整性，采用哪些方法可以标记数据的删除，但仍旧将数据保存在数据库中以防误删操作呢？

"工资管理系统"后台数据库综合项目评价

班级		学号		姓名	
项目	评价标准	评价方式			得分小计
		自我评价	教师评价		
项目 1	能够完成"工资管理系统"数据库的 E-R 图设计				
项目 2	能够正确安装"工资管理系统"后台数据库软件				
项目 3	能够创建"工资管理系统"后台数据库实例,并进行应用和运维				
项目 4	能够调整后台数据库 SALDB 相关参数,实现数据库性能优化(调整 buffer 区、调整 sql 缓冲区、调整排序区、增加工作线程数)				
项目 5	能够创建后台数据库 SALDB 的表空间 TSAL				
项目 6	能够运用基本的 DML 语句;能够使用常见函数;能够创建"工资管理系统"相关表(Dept 表——部门信息表,EMP 表——员工信息表,SALGRADE——表工资等级表,SALARY 表——工资表);能够创建"工资管理系统"相关表数据的录入和约束,以及索引和试图				

续表

项目	评价标准	评价方式		得分小计
		自我评价	教师评价	
项目 7	能够为"工资管理系统"创建用户 SALM；能够为"工资管理系统"创建一套权限管理方案			
项目 8	能够使用达梦作业功能为"工资管理系统"定制一套容灾备份方案（全库备份、增量备份、逻辑备份）			
项目 9	能够使用 Node.js 访问达梦数据库，完成数据库中数据的添加、删除、更新			
期末汇报	期末项目汇报内容完整合理，汇报讲述流畅清晰，能够正确回答授课教师的提问			
得分总计		综合等级	指导教师签字	
收获与反思	通过学习，我的收获： 通过学习，发现不足：			

填写说明：

1. 项目评分标准：熟练掌握项目内容，能够在完成项目的基础上进行举一反三，得分范围 8～10 分；基本掌握项目内容，能够按照项目实践步骤完成基本操作，得分范围 5～7 分；未掌握项目内容，无法自主完成"工资管理系统"后台数据库项目实践，得分范围 0～4 分。

2. 各项评价采用 10 分制，根据项目评分标准的符合程度进行打分。

3. 得分小计按以下公式计算。

得分小计=自我评价×40%+教师评价×60%

4. 综合等级按 A（90≤总分≤100）、B（75≤总分<90）、C（60≤总分<75）、D（总分<60）四个级别填写。